日本音響学会 編

The Acoustical Society of Japan

音響サイエンスシリーズ 3

聴覚モデル

森　周司　　香田　徹

編

香田　徹　　日比野浩

任　書晃　　倉智嘉久

入野俊夫　　鵜木祐史

鈴木陽一　　牧　勝弘

津﨑　実

共著

コロナ社

刊行のことば

われわれは，音からさまざまな情報を読み取っている。言葉の意味を理解し，音楽の美しさを感じることもできる。音は環境の構成要素でもある。自然を感じる音や日常を彩る音もあれば，危険を知らせてくれる音も存在する。ときには，音や音楽を聴いて，情動や感情が想起することも経験する。騒音のように生活を脅かす音もある。人間が築いてきた文化を象徴する音も多数存在する。

音響学は，音楽再生の技術を生みかつ進化を続け，新しい音楽文化を生み出した。楽器の奏でる繊細な音色や，コンサートホールで聴く豊かな演奏音を支えているのも，音響学である。一方で，技術の発達がもたらした騒音問題に対処するのも，音響学の仕事である。

さらに，コミュニケーションのツールとして発展してきた電話や携帯電話の通信においても音響学の成果が生かされている。高齢化社会を迎え，聴力が衰えた老人のコミュニケーションの支援をしている補聴器も，音響学の最新の成果である。視覚障害者に，適切な音響情報を提供するさまざまな試みにも，音響学が貢献している。コンピュータやロボットがしゃべったり，言葉を理解したりできるのも，音響学のおかげである。

聞こえない音ではあるが，医療の分野や計測などに幅広く応用されている超音波を用いた数々の技術も，音響学に支えられている。魚群探査や潜水艦に用いられるソーナなど，水中の音を対象とする音響学もある。

現在の音響学は，音の物理的な側面だけではなく，生理・心理的側面，文化・社会的側面を包含し，極めて学際的な様相を呈している。音響学が関連する技術分野も多岐にわたる。従来の学問分野に準拠した枠組みでは，十分な理解が困難であろう。音響学は日々進化を続け，変貌をとげている。最先端の部分では，どうしても親しみやすい解説書が不足がちだ。さらに，基盤的な部分でも，従来の書籍で十分に語り尽くせなかった部分もある。

音響サイエンスシリーズは，現代の音響学の先端的，学際的，基盤的な学術的話題を，広く伝えるために企画された。今後は，年に数点の出版を継続していく予定である。音響学に関わる，数々の今日的トピックを，次々と取り上げていきたい。

本シリーズでは，音が織りなす多彩な姿を，音響学を専門とする研究者や技術者以外の方々にもわかりやすく，かつ多角的に解説していく。いずれの巻においても，当該分野を代表する研究者が執筆を担当する。テーマによっては，音響学の立場を中心に据えつつも，音響学を超えた分野のトピックにも切り込んだ解説を織り込む方針である。音響学を専門とする研究者，技術者，大学で音響を専攻する学生にとっても，格好の参考書になるはずである。

本シリーズを通して，音響学の多様な展開，音響技術の最先端の動向，音響学の身近な部分を知っていただき，音響学の面白さに触れていただければと思う。また，読者の皆さまに，音響学のさまざまな分野，多角的な展開，多彩なアイデアを知っていただき，新鮮な感動をお届けできるものと確信している。

音響学の面白さをプロモーションするために，音響学関係の書物として，最高のシリーズとして展開し，皆様に愛される，音響サイエンスシリーズでありたい。

2010年3月

音響サイエンスシリーズ編集委員会

編集委員長　岩宮眞一郎

ま　え　が　き

Helmholtz の科学的研究（1863）を契機にして誕生した聴覚理論は，Békésy の基底膜振動の進行波理論（1928～1960）で検証され，その後の Rhode（1971），Sellick et al.（1982），Robles et al.（1986）らの基底膜振動の詳細な観察を促した。近年の Brownell et al.（1985），Hudspeth（1985），Zheng et al.（2000）らの研究に代表される蝸牛の能動的活動（Cochlear Amplification）の機序の解明により，ヒトの驚くべき聴覚能力，例えばわずか 0.2 %の差の異なる二つの周波数の弁別能力，120 dB の広帯域のダイナミックレンジなどを説明できる原始情報がようやく 21 世紀に入り一通り出そろったようである。

一方，音の高さ（ピッチ）や大きさ（ラウドネス）等の音響心理学的事象は，もっぱら蝸牛の解剖学的構造や生理学的機能をもとに議論され，Fletcher（1953），Zwicker（1957）の臨界帯域，Patterson の聴覚フィルターモデル（1974）の提案に至っている。これらの説やモデルは，聴覚を理論的に説明しようとするものとして，聴覚モデルと総称される。

聴覚モデルは国内外で聴覚現象の研究全般をリードしてきたが，日本では聴覚モデルを包括的に取り扱った書籍や出版物はきわめて少ない。長い歴史をもつ聴覚モデルや最新の計測技術で観測された各種実験結果の全容を研究者が知る機会は限られている。Schouten の主張（1970）のように，聴覚を理解するために必要な三大学問分野（生理学，心理学，数理学）間のたがいに密接な補完関係に鑑み，本書では，これまでの代表的な聴覚モデルと最新の聴覚モデルに言及した。さらには音響心理学や音響生理学の関連研究，蝸牛の能動的活動の基盤となる有毛細胞の分子生化学的機構，蝸牛以降の聴覚系に特有の生理現象とそのモデルを取り上げ，聴覚モデルに基づくラウドネス計算法や聴覚モデルの動作のシミュレータといった工学的手法も紹介した。

各章の執筆は，上記の内容に精通していると編者が判断した研究者に担当していただいた。しかし，これだけの広範囲でかつ横断的研究分野に及ぶ聴覚研究をもらすことなく紹介することは，少数の編著者だけではとうてい及ぶことではない。また編著者の興味や関心で題材を取り上げたので内容に偏りがあるが，若い研究者が聴覚とその機構の理論的側面に興味を持つきっかけになれば幸いである。

最後に，本書を出版する機会を与えてくださった日本音響学会とコロナ社，そして多忙ななか執筆を快諾していただいた著者の方々に深く感謝する。

2011年6月

森　周司，香田　徹

執筆分担

1章，2章	香田　徹
3章	日比野浩・任　書晃・倉智嘉久
4章	入野俊夫
5章	鵜木祐史・鈴木陽一
6章	牧　勝弘
7章	津崎　実・入野俊夫

目　　次

第1章　音の高さのモデル

第2章　蝸牛の物理的機構とそのモデル

第3章 内耳有毛細胞機能の分子生物学的基盤とそのモデル

第4章 聴覚フィルタの心理物理実験とモデル

第5章　音の大きさのモデル

第6章　聴覚中枢神経系の生理現象とそのモデル

第7章　シミュレータによる内部表現と特徴量

第1章 音の高さのモデル

聴覚に関するヘルムホルツ（Helmholtz）の科学的研究を契機にして誕生した**聴覚理論**は，もっぱら音の高さ（ピッチ）の知覚を考察の対象としている。本書では，解剖学的・生理学的知見に基づいて，高さの知覚やそのほかの聴覚心理学的現象を，数式あるいはそのほかの手段で説明（表現あるいは模擬）しようとする研究を**聴覚モデル**と総称する[1)]†1。本章では，聴覚理論の成り立ちを概観しよう†2。

1.1 古典的聴覚説

音の高さが何によって決まるかという**時間説**と**周波数説**（または**場所説**）との対立は，19世紀半ばのゼーベック（Seebeck）とオーム（Ohm）との論争に端を発する。ゼーベック[13),14)]は，サイレンでつくった空気の衝撃波（インパルス波）では，その発生間隔に応じた高さが聞こえることを実験的に示して時間説を主張した。

一方，オームは「f Hzの高さを聞くとき，刺激音のなかに正弦波成分 $\sin 2\pi ft$ が必ず存在する」（これは**オームの純音**の定義であり，**オームの法則**と呼ばれる）と主張するとともに，フーリエ理論（1822年）により，ゼーベックの刺激音中に正弦波成分が存在することを数値的に明らかにして周波数説を

†1　肩付数字は各章末の引用・参考文献番号を表す。

†2　古典的聴覚説についての詳細な報告としては，Green[2)]の成書が，また，日本語による優れた報告として竹内[3)]や亀田[4)]などがあげられる。音の高さに関する有名な総合報告として，Small[5)]やde Boer[6)]，Plomp[7)]らの成書がある。また，日本語のものとして，大串[8)]，吉田・亀田[9)]，江端[10),11)]，香田[1)]のほか，最近の入手可能な優れた成書Moore[12)]などがある。これらの詳細な参考文献は充実している。

主張した。

これに対し，ゼーベックはサイレンを工夫して正弦波成分をほとんど含まない刺激音に対してもそれを含む場合と高さは同じであることを観察し，オームに反論した。しかし，オームは聴覚的錯覚と説明して実質的にはオームの敗北となった。

その後，ヘルムホルツ[15)] は，オームの法則を拡張して，「複合音は基本周波数成分とその高調波成分とに分解され，その基本周波数に応じた高さを有する」と主張し，これを**オームの音響法則**と命名した。また，ヘルムホルツはその周波数分析は内耳蝸牛で行われると考え，当時の生理学的知見（2.1 節参照）を援用して，蝸牛内の基底膜を共鳴器群とする**共鳴説**を主張した。この説は**周波数説**（または，共鳴器の固有周波数が基底膜上の位置で異なるので**場所説**とも呼ばれる）に属する。

さらに彼は，基本周波数成分を取り除いても音の高さは変わらない実験事実に対し，聴覚系の非直線性による**ひずみ波成分**（**差音**）の発生の考え，**耳性ひずみ説**（**差音説**）で説明し，音の高さに関する種々の現象を場所説で説明しようとした。なお，彼は有名な**ヘルムホルツの位相律**：「楽音については耳は位相を感じない」を発表したが，その適用範囲として雑音などの非周期音や非楽音を除外して楽音に限定していたことはおおいに注目すべきである。

耳性内ひずみ説と結合音　　複数個の純音を同時に入力すると，ほかの音が聞こえることは 18 世紀の頃から知られていた。これらの音はしばしば**結合音**（combination tones）と呼ばれる†。この音の存在は，その周波数を含む狭帯域雑音による**マスキング**（第 4，5 章で詳述）や，その周波数近傍の純音との**うなり**（ビート（**beat**），2 周波成分音の包絡線の時間変化の割合，すなわち，2 純音の差音）などの知覚で確認できる。結合音は，蝸牛の基底膜振動（または有毛細胞の毛の振動）に含まれると考えられている。もちろん結合音の存在は聴覚末梢系が非線形であることを意味する。

† 18 世紀のバイオリニストの名を冠して**タルティーニ音**（Tartini tone）とも呼ぶ[7)]。

ヘルムホルツは[15]，「耳は一種の周波数分析器である」とする知覚モデルを提案するとともに，結合音は過剰入力に対する中耳での非線形ひずみで説明できるとした（**耳性内ひずみ説**と呼ばれる）。この説は広く支持されていたが，その後，非線形特性やその発生場所が議論の対象になった。

1.2 Békésy の基底膜振動の進行波モデル

ヘルムホルツ以後，新しい聴覚説が種々提案されたが，1928 年頃からの Békésy の一連の研究が完成するまで[16]，ヘルムホルツの共鳴説の優位は保たれたままであった。Békésy は蝸牛の基底膜，ライスネル膜，蓋膜，コルチ器などの種々の物理的特性を実測して，基底膜が周波数分析に大きな役割を果たしていることを明らかにした。さらに，基底膜の物理的特性に合わせてつくった物理モデルで予想されるいくつかの振動姿態のなかで，**進行波**（travelling wave）が種々の動物の内耳での観察結果と最も近いことを明らかにした。

彼は基底膜上のいくつかの点における振動とアブミ骨振動との比（振幅特性および位相特性）を，駆動周波数とその位置を 2 変数として実測した（図 2.4，図 2.5 参照）。その結果は共鳴説と同様，場所説を示唆したものの，基底膜上に進行波が生じていることを裏付けた。Békésy の実験結果は 2.2 節で，Békésy 以降の実験結果は 2.5 節で紹介する。

物理学・工学の研究者たちにとって最も興味ある聴覚研究の一つは，基底膜振動を表現（あるいは説明）することである。これは Zwislocki[17]，Peterson and Bogert[18]，Fletcher[19] の研究に始まる。1960 年代以後，現在に至るまでの多数の数式的モデルに関しては，2.4，2.5 節を参照されたい。なお，Schouten は[20]，聴覚を理解するための三大分野（生理学，心理学，数理学）間の密接な補完関係の重要性を主張している（第 2 章のコラム「聴覚モデル論小史」参照）。

1.3 微細構造説

Fletcher は[21)]，基本周波数成分がほとんどない複合音の高さに関するゼーベックの実験を再び取り上げた。彼は，700，800，900，1 000 Hz からなる複合音の高さが，**存在しない基本周波数成分音**（missing fundamental）の 100 Hz に対応するという実験結果をヘルムホルツの差音説で説明した。この説明は当時，動物の蝸牛電位で結合音が観測されたこともあり，容易に受け入れられた。なお，Fletcher[22)] が**マスキング**や音の大きさなどの聴覚現象を説明するために導入した**臨界帯域幅**（critical bandwidth）（第 4，5 章参照）の概念は，現在も聴覚の基本的特性として広く受け入れられているとともに，最初に聴覚を数学的に取り扱った点で工学者からも高く評価されている（Fletcher[23)]）。

「存在しない基本周波数成分音」の差音説への反論は，まず，Schouten[24)] の実験から始まった。彼は，周期 1/(200 s) のパルス音（**図 1.1**（a））の高さと 200 Hz の基本周波数成分を除去したパルス音（図 1.1（b））の高さは変わらないことを示した。基本周波数成分の除去は，パルス音に，振幅と位相を適当に調整した 200 Hz の純音を重畳することによって打ち消し，さらにその重畳されたパルス音と 206 Hz の純音との間のビート知覚の有無で除去を確認した[†]。

彼は，図 1.1 のパルス音のようにたくさんの部分音からなる複合音の知覚に関して，「低次の部分音は個別的に知覚され，それらは別々に聞くときの高さと同じ高さを有する。これに対し，高次の部分音は個別的に知覚できず，一つの成分音として一体的に知覚される。“residue” と名付けたその主観的成分音

[†] ビートの知覚が消失するように，第 3 番目の音として結合音と同一の周波数の純音（**打ち消し音**（cancellation tone）と呼ばれる）のレベルや位相を調節して重畳し，消失できたときのレベルや位相をそれぞれ結合音のレベルや位相とみなす。この**打ち消し法**（cancellation method）は，音響心理実験での基本的手法の一つである。非線形現象の解明のために，非線形現象を援用しつつ線形的手段を用いていることは興味深い。

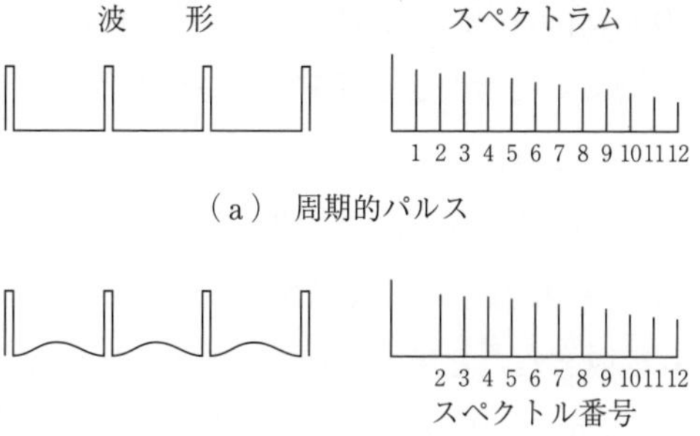

（a） 周期的パルス

（b） 基本波を除いた周期的パルス

図 1.1 ゼーベックが用いたパルス音[6]

は混じり合った鋭い音質を有し，その高さは一体化された波形の周期（すなわち，除去された基本周波数成分の周期）で決まる」と説明した。その高さは **residue pitch** と呼ばれる。なお，ほとんどエネルギーを含まない周波数に対応した高さには，**low pitch**，**periodicity pitch**，**time-separation pitch**，**repetition pitch** などの呼称もあるが（de Boer[6]；Plomp[7,25]），統一のため，ここでは low pitch を用いる。上記の彼の説明は，実験結果の説明にとどまらず，**periodicity theory** と呼ばれる一つの理論となっている。

さらに，Schouten は以下の**振幅変調**（amplitude-modulation, AM）の手法を用いて実験を行い，periodicity theory を強固なものとした。周波数 f の正弦波を周波数 g の正弦波で振幅変調することにより，$f-g$，f，$f+g$ の周波数成分を有する複合音（**振幅変調音**と呼ばれる）が合成される。はじめに，$f=1\,000$, $g=200$ としたときの複合音（200 Hz にはエネルギーはないが，200 Hz を基本周波数とする高調波関係にある複合音）の高さ（low pitch）は 200 Hz の基本周波数成分を含む複合音の高さと等しいことを確認した。つぎに，g を一定にしたまま f を 1 050 Hz に変化させて，最初の複合音の三つの**部分音**を 50 Hz ずつシフトさせた 850，1 050，1 250 Hz からなる（聴覚的には）高調波関係にない複合音をつくった。その結果，low pitch は少々弱く感じられたが，low pitch はほぼ繰返し周期 1/（210 s）のパルス音のそれと一致し，差音説の予測値 200 Hz に対応しないことが明らかになった。なお，調べるべき複合音

（**試験音**と呼ぶ）の low pitch を高調波関係にある複合音（**マッチング音**と呼ぶ）の基本周波数で測ることは，**ピッチマッチング**と呼ばれる。また，高調波関係にある複合音の low pitch とその部分音を一律にシフトさせてつくった高調波関係にない複合音のそれとの差は**ピッチシフト**と呼ばれる。

差音説に対するほかの反証として**マスキング**実験がある。Licklider[26] は，（耳性ひずみにより生成されたと考えられる）基本周波数成分を狭帯域雑音でマスクして，low pitch 知覚における基本周波数成分の重要性を調べた。Small and Campbell[27] や Patterson[28] も同様な実験を行い，基本周波数成分は low pitch 知覚に重要な役割を果たしていないことを明らかにした。

de Boer[29] は，Schouten と同様に，高調波関係にない 5 周波成分音（および 7 周波成分音）と高調波関係にあるそれとのピッチマッチングを行って，そのピッチシフトを系統的に調べるとともに，low pitch が同時に複数個存在することを明らかにした（de Boer[6]）。さらに de Boer は，その実験結果について 2 種類の説明を行った。その一つは，高調波関係にない複合音の時間波形の山と山との時間（pseudo-period と名付けた）に基礎を置く **pseudo-period theory** であり，ほかの一つは，その複合音に周波数上で最も近い高調波関係にあるほかの複合音の基本周波数（pseudo-fundamental と名付けた）に基礎を置く **pseudo-fundamental theory** である。

彼は二つの説が数学的には等価であることを示した。上記の Schouten，de Boer や Licklider の実験結果は，長い間信じられていた場所説に疑問を投げかけ，low pitch の知覚では基本周波数が重要でないことを明らかにしたが，以下のことに注意すべきである。すなわち，low pitch は，純音のピッチのように明瞭なものでなく，そのピッチマッチングは難しいことである。Ritsma[30] は，AM 音の搬送周波数 f，変調周波数 g，変調度 m を変化させて，low pitch の知覚可能な範囲を求め，**図 1.2** の結果を得た。Plomp[25] や Ritsma[31] は，low pitch の知覚にどの範囲の高調波が最も重要であるかを調べた（low pitch の知覚に最も支配的な高調波の周波数帯域は **dominant region** と呼ばれる）結果，基本周波数成分は高調波成分より重要でないことを明らかにした。

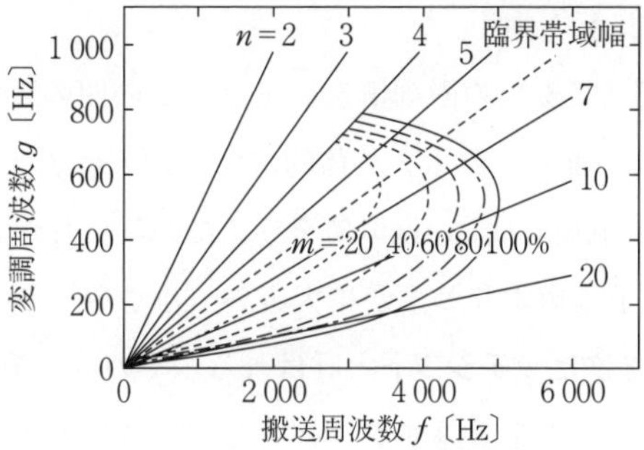

図 1.2　low pitch の知覚される領域[30)]

Schouten, Ritsma and Cardozo は[32)]，de Boer と同様に，搬送周波数 f，変調周波数 g の AM 音と，それとほぼ同じ周波数帯域をもつ高調波関係にある AM 音とのピッチマッチングを行い**図 1.3** の結果を得た。すなわち，AM 音の low pitch としては，三つあるいは四つの高さを聞きとることの可能なこと，および f を g の整数倍（$f=ng$）から Δf だけシフトさせて $f=ng+\Delta f$ とした場合の AM 音の low pitch は，g からほぼ $\Delta f/n$ だけ高くなることを明らかにした。このピッチシフト $\Delta f/n$ は，後述のピッチシフトと区別するために，**第 1 次ピッチシフト**と呼ばれる。これは，明らかに差音説などの場所説では説明のつかない現象である。しかし，彼は，これらの現象を AM 音波形の微細構造を

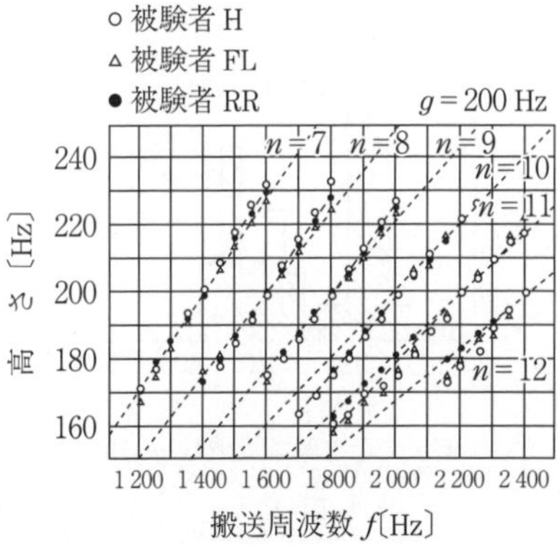

図 1.3　AM 音の高さ（Schouten, Ritsma, and Cardozo[32)]）

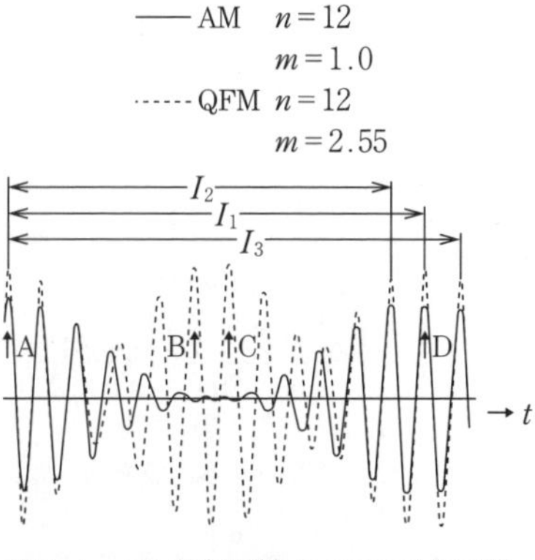

図 1.4　AM 音（実線）と QFM 音（破線）の時間波形と微細構造説の採用する時間間隔（Kohda[33)]）

もとにして以下のように説明した。

図1.4のAM音（実線）の微細構造の山と山との間の時間 I_1, I_2. I_3 から，複数個のlow pitchが推定される。具体的には，$1/I_1$ は f/n と相等しく図1.3の破線のようにlow pitchのよい近似値を与えている。しかし，Δf が正（負）のとき，実測値は予測値よりわずかに大きい（小さい）ことが明らかになった。この差は，**第2次ピッチシフト**と呼ばれる。その後，第2次ピッチシフトは音の高さの知覚モデルを議論するうえでしばしば考察の対象となっているが，現在のところ，結合音の存在がおおいに関係すると考えられている。Schoutenは第2次ピッチシフトに対して説明しなかった。しかし，時間波形の山と山との間の時間がlow pitchを規定するという説は，簡明であるにもかかわらず実験結果をよく表現している。この説は**微細構造説**（fine structure theory）と呼ばれ，発表以後しばらくの間はおおいに支持された（Schouten[20]）。

Ritsma and Engelは[34]，複合音の成分間の位相関係がlow pitchに及ぼす影響を調べるために，AM音の搬送波 f と両側帯波 $f-g$, $f+g$ との位相差を $\pi/2$（AM音の場合，位相差は0である）に変化させて得られる複合音（その波形が周波数変調音に似ていることから，**擬似周波数変調音**あるいは**QFM**（quasi-frequency modulation）**音**と呼ばれる）とAM音とのピッチマッチングを行い，**図1.5**のヒストグラムを得た。図1.5は，QFM音が高調波関係（f が g の整

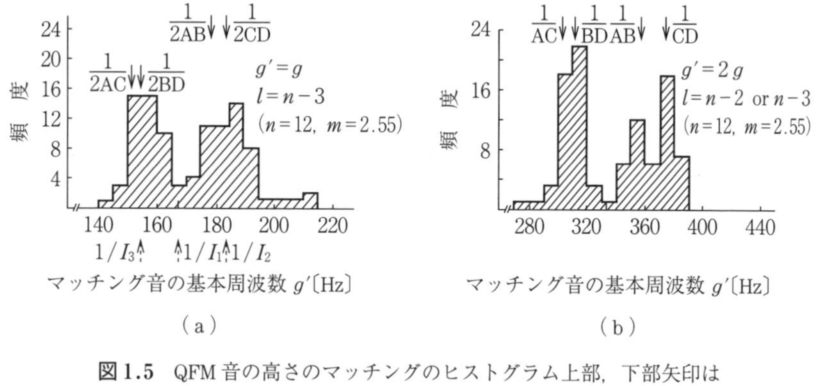

図1.5　QFM音の高さのマッチングのヒストグラム上部，下部矢印はそれぞれRitsma and Engel[34]，Kohda[33]による推定値

数倍である）にあっても，AM音の場合と異なり，そのlow pitchが基本周波数g（あるいはその2倍の$2g$）に一致しないことを示している（図a，bに対応）。彼らは，図1.4の破線のQFM音の時間波形の山と山との間の時間AB，AC，BD，CDなどを2倍した時間2×AB，2×AC，2×BD，2×CDなどが図1.5の高頻度のlow pitchを規定していると考え，微細構造説を裏付けるものと説明した。しかし，Kohdaは[33]，彼らの採用した時間2×AB，2×AC，2×BD，2×CDなどがいずれの山と山との間の時間にも対応しないので，彼らの説明は微細構造説から少し逸脱していることを指摘している。

1.4 Weverの斉射説とLickliderの二元説

Wever and Bray[35]の蝸牛マイクロホン電位の発見以後，微小電極の技術の向上とともに聴覚神経生理学は著しく進歩した。その結果，聴神経の発火はある程度まで刺激音の時間パターンを保存することが明らかになった。Wever[36]は音のピッチ，大きさ，方向知覚などの諸現象を説明するためには，場所説だけでは不十分で，聴神経発火の担う情報をもとにした**頻度説**の導入の必要性を説いた。彼は，1個の神経の発火頻度の限界や発火の不応期があっても発火が音の波形と同期するならば，**図1.6**のように多数の神経が一団となって発火することにより，刺激周波数は発火頻度の形で伝えられるとする説（**斉射説**，volley theory）を提案した。しかも彼は，低周波域では斉射説的に，高周波域では場所説的にピッチが決まると考えた。1960年代後半のウィスコンシン大学の生理学研究グループの精力的研究（例えば，Rose，Brugge，Anderson and Hind[37]，；Hind，Anderson，Brugge and Rose[38]，第2章参照）などで明らかにされた，4〜5 kHzまでの刺激音に対する聴神経の**同期現象**（**phase-lock現象**）は斉射説の有効性を支持している。

low pitchの説明のために，聴神経の発火の果たす役割をモデルに積極的に取り入れた最初の研究者はLicklider[39]である。彼は，**図1.7**の模式図で表されるような聴覚神経回路を考えた。すなわち，左右の蝸牛を表しているFGブ

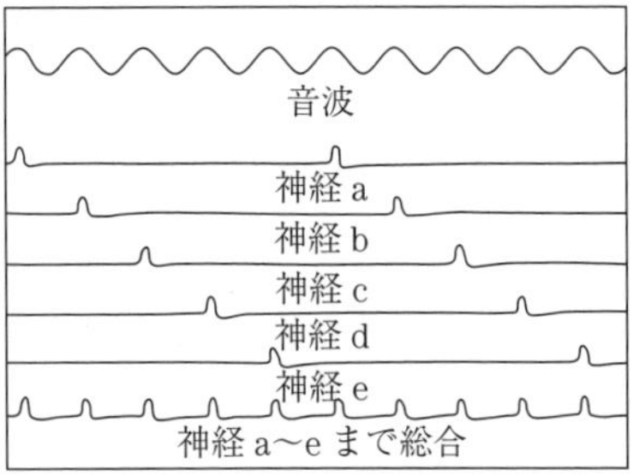

図 1.6　Wever の斉射説[36)]

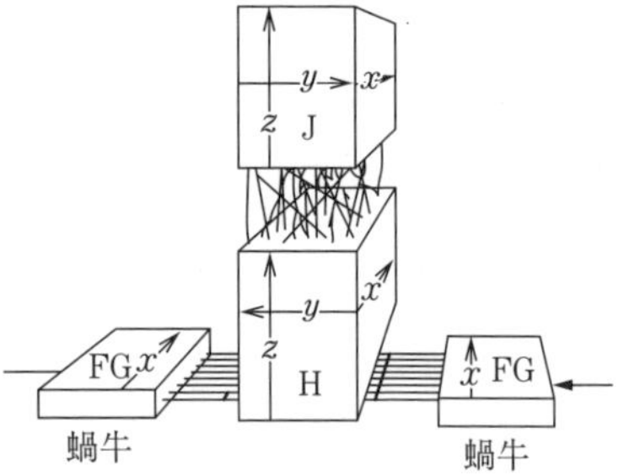

図 1.7　Licklider の二元説[39)]

ロックで刺激周波数は場所 x に変換され，x 点のチャネルごとに H ブロックの y 軸方向で両耳の相関がとられ，z 軸方向で周期性検出のための相関がとられる。H–J ブロックの変換でピッチ知覚が集約的に形成されるとした。なお，彼は，H ブロックには神経回路で構成された自己相関器の存在を仮定するとともに，その相関器の具体的なモデルも与えた。彼のモデルは，周波数情報と時間情報とを同時に利用しているので，**二元説**（duplex theory）と呼ばれる。Wever の斉射説や Licklider の二元説は少し概念的であるが，彼らがその当時すでに**場所ピッチ**と**周期ピッチ**とを区別するとともに，それぞれの検出機構のモデルを与えていたことはおおいに注目すべきである。

1.5　微細構造説に対する反論

Patterson[40)] は，6，12 周波成分音に対して，成分間の位相関係を変えても，その low pitch が変化しないことを示した。また，Wightman[41)] は，Ritsma and Engel の実験の追試を行ったが，Ritsma and Engel の結果と対立する結果を得た。Patterson や Wightman の結果は，微細構造説の不備な点を指摘したものと考えられている。すなわち，成分間の位相関係を変えると複合音の時間波形が大きく変化するので，微細構造説の与える low pitch の推定値も変化するという考えが広く支持されている（Wightman and Green[42)]；Green[2)]；de Boer[6)]）。しかし，Kohda[33)] は，成分間の位相関係を変えると時間波形は大きく変化するものの，時間波形の山と山との間の時間は保存されるので（図1.4参照），微細構造説の与える low pitch の推定値は不変であること，および Ritsma and Engel と Wightman の相対立する結果の原因は**表1.1**のようにマッチング音の違いにあることを指摘している。

表1.1　複合音の高さに関するピッチマッチングにおける試験音とマッチング音[33]

試験音 ＼ マッチング音			AM音 同じ周波数帯域	AM音 異なる周波数帯域	パルス音 low pass	パルス音 band pass	純音
3周波成分音	AM音	調波構造	32) Schouten, Ritsma and Cardozo (1962)	51) Moore (1977)	41) Wightman (1973)		51) Moore (1977)
		非調波構造	32) Schouten, Ritsma and Cardozo (1962)				
	QFM音	調波構造		34) Ritsma and Engel (1964) 51) Moore (1977)	41) Wightman (1973)		51) Moore (1977)
		非調波構造					
6周波成分音	cosine phase	調波構造				40) Patterson (1973)	
	random phase	調波構造				40) Patterson (1973)	
12周波成分音	cosine phase	調波構造				40) Patterson (1973)	
	random phase	調波構造				40) Patterson (1973)	

微細構造説の不備な点としては，成分間の位相関係は low pitch に影響を与えないという実験事実のほかに，成分音を左右の耳に別々に提示しても low pitch は知覚されるという実験結果（Houtsma and Goldstein[43]）が有名である。この結果は，low pitch 知覚がある程度中枢で行われていることを示唆している。また，low pitch の知覚に貢献する dominant region の存在や low pitch が高調波の周波数に影響を受けるという実験事実（de Boer[6]；Plomp[7]）なども微細構造説の不備な点である。これらの結果は，low pitch の知覚にはある程度の周波数分析が必要であり，時間波形だけで low pitch の知覚は論じられないことを示している。さらに，微細構造説ではその考察の対象とする時間波形として何をとるかが問題となる。まず，原入力刺激波形やフィルタ作用を有す

る基底膜の振動波形が考えられるが，神経発火の phase-lock 現象の存在を考慮すると，1 次聴神経の**発火パターン**（excitation pattern）や高次の聴神経の発火パターンなども挙げられる。

以上の候補のなかでいずれをとるかによって，時間波形の山と山の間の時間は当然変わるので，low pitch の推定値もそれぞれ異なる。特に，この問題は結合音の存在とともに第 2 次ピッチシフトに大きな影響を与える。また，複合音がどの程度スペクトル分解されているか否かは，つねに微細構造説の良否に関する議論の中心課題の一つになっているが，スペクトル分離されるとその時間波形はほとんど無意味なものとなる。なお，聴神経の発火パターンに含まれる時間情報は発火の**周期ヒストグラム**や**時間間隔ヒストグラム**（2.3 節参照）に含まれているので（Evans[44)]），微細構造説で採用する時間間隔は発火の時間間隔ヒストグラムから容易に抽出できることが指摘されている（Javel[45)]；Kohda[33)]）。なお，このヒストグラムは Licklider の自己相関関数に相当し，Wightman の自己相関関数といくつかの類似点を有するものの，Wightman の自己相関関数と異なり，成分間の位相関係で影響を受けることに注意しなければならない。

1.6　3 種の現代聴覚モデルとその後の改良モデル

微細構造説と矛盾するいくつかの現象が発表される頃，Wightman[46)] や Goldstein[47)]，Terhardt[48)] は，それぞれ独立に新しい聴覚モデルを発表した。Wightman の **pattern transformation model** は図 **1.8** のブロックダイヤグラムで表される。第 1 段は，聴覚末梢系を表現した周波数分解能の粗い帯域フィルタ群であり，第 2 段は，神経回路で構成されたフーリエ変換器であり，第 3 段は，第 2 段の出力波形のピーク位置（時間の次元を有する）を検出する部分である。その逆数が low pitch の推定値を与える。

Goldstein の **optimum processor model** は，**図 1.9** のブロック図で表される（Goldstein，Gerson，Srulovicz and Furst[49)]）。第 1 段は左，右耳の蝸牛での

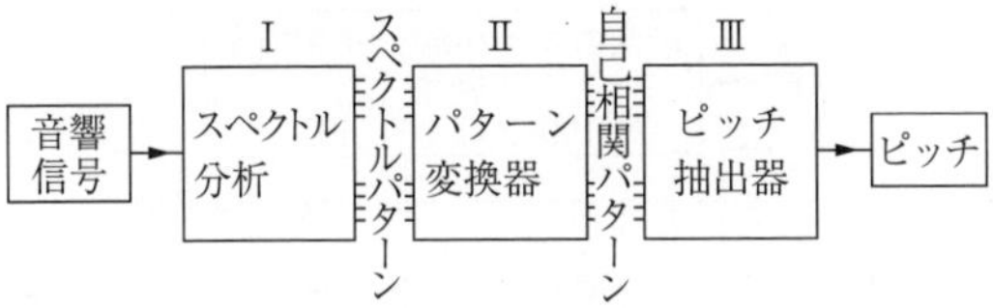

図 1.8　Wightman の pattern transformation model[41),46)]

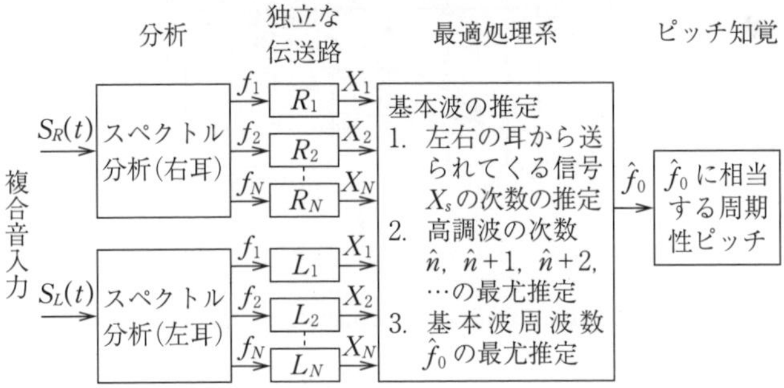

図 1.9　Goldstein の optimum processor model[47)]

粗いスペクトル分析を示し，第2段は粗い周波数分解能を表現するために導入された雑音のある伝送路であり，そこでは，得られた周波数情報 f_1, f_2, …, f_n が正規分布をなす確率変数 X_1, X_2, …, X_n に変換される。第3段ではこれらの確率変数から複合音の基本周波数や高調波の最適予測が，統計学の最尤(ゆう)推定法に基づく方法で行われる。なお，この最適予測は，大雑把にいえば，de Boer の pseudo-fundamental theory で採用される周波数情報に雑音の影響を考慮したことに相当する。しかも，この theory は de Boer の pseudo-period theory と等価であるので，雑音の影響が小さければ Goldstein の最尤推定法の与える low pitch の推定値と微細構造説のそれとは元来大差がないと考えられる。

Terhardt の **virtual pitch theory** は，**図 1.10** のように，左右上下のブロック部を有する学習マトリックスで表現される。左と上のブロック部でそれぞれ入力信号のスペクトルピッチの手がかり（spectral pitch cues）とその最低のスペクトルピッチの手がかりが抽出され，これをもとにして，analytic mode

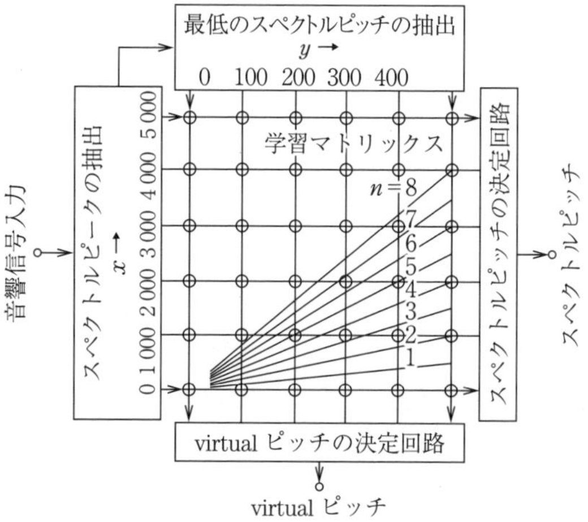

図 1.10　Terhardt の virtual ピッチ theory[48)]

ではスペクトルピッチが右ブロック部で得られ，synthetic mode では virtual ピッチが学習マトリックスを通して下ブロック部で得られる。スペクトルピッチを純音の高さに対応させ，virtual ピッチを複合音のそれに対応させた。

これらのモデルは，いずれも聴覚末梢系での粗いスペクトル分析および中枢でのパターン認識などの情報処理機構の存在を仮定している。de Boer[50)] はこれらのモデルには数学的に密接な関係があることを示している。これらのモデルは，複数の高さが聞きとれることや low pitch の知覚強度，あいまいさや高調波関係にない複合音の low pitch，第 1 次ピッチシフトなどの種々の心理音響現象を説明できる。しかしながら，第 2 次ピッチシフトに関しては，これらのモデルは微細構造説と同様，モデルの入力音に結合音の存在を仮定[49)] しないと説明できない。微細構造説の不備な点を改善するために提案されたこれらの三つのモデルは，確かに種々の実験結果を表現できるが，いずれのモデルも単純な理論である微細構造説に比べ非常に複雑である。これらのモデルに共通する最大の特徴は，いずれのモデルも複合音はある程度スペクトル分解されると仮定し，そのスペクトル情報だけを考察の対象としているので，モデルの与える low pitch の推定値はいずれも成分間の位相関係に依存しないことである。

なお，Moore[51] は，AM 音と QFM 音の low pitch を測定し，両者の値は不変であるが，その low pitch 知覚の明確さ（明瞭度）が異なることを発表している。この結果は Wightman のそれと対立しているが，AM 音と QFM 音の low pitch にたとえ差があっても非常にわずかであることを示している。このことに関連して，Terhardt や Goldstein はそれぞれのモデルの一部変更や拡張により，Moore の結果が説明可能であることを述べている。low pitch が成分間の位相関係に依存するか否かについては見解が分かれたままになっているので，さらに詳細な実験が必要であろう（Nordmark[52]）。しかしながら，多くの人々は「これらの現代聴覚モデルの与える low pitch の推定値は成分間の位相関係に依存せず，また，low pitch は第 1 次近似として複合音のスペクトル周波数だけで決定される」という考え方を支持し，時間説の旗色が悪いようである。しかしながら，聴神経の同期現象を考えると，聴覚系で発火の時間情報を利用していないと考えることはむしろ不自然である（Evans[53]；Roederer[54]；Javel[45]；Kohda[33]）。大串[55]；Ohgushi[56] は聴神経の発火の生理学的知見をもとにして聴神経発火の時間情報の重要性を説いている。さらに，大串[57] は，「pitch を**音の高さ**（tone height）と**音調性**（tonality, tone chroma）との二つの要素に分け，前者はおもに場所情報により，後者は時間情報により生じる」とする考え方を提案している。いずれにしても，聴覚系は時間情報と周波数情報とを有効に活用していると考える Licklider の二元説は自然であろう。

その後，Patterson[58] は，位相シフトに関する検知は高い高調波からなる複合音の場合が容易であること，Houtsma and Smurzynski[59] は，高い高調波からなる複合音のピッチ知覚と低い高調波からなる複合音のそれとは定量的に異なることをそれぞれ指摘している。また，Meddis and Hewitt[60),61] や Meddis and O'Mard[62] らは聴神経発火計算モデルの発火確率に基づいた相関関数でピッチ知覚の説明を試みている。この種の相関関数の原型は Lickleider のモデルの相関関数に依拠している。

引用・参考文献

1) 香田　徹：聴覚モデル，新編 感覚・知覚心理学ハンドブック（大山　正，今井省吾，和気展二 編），pp.1007-1019，誠信書房（1994）
2) D. M. Green：An introduction to hearing, Hillsdale, New Jersey：Lawrence Erlbaum Associates, chap.7, pp.172-199 (1976)
3) 竹内義夫：聴覚理論，心理学，3. 感覚，八木　冕（監修），苧阪良二（編），pp.83-120，東京大学出版会（1975）
4) 亀田和夫：音響会誌，**35**, pp.383-394 (1979)
5) A. M. Small, Jr.：Foundation of Modern Auditory Theory 1, ed. by J. V. Tobias, NewYork：Academic Press, pp.3-54 (1970)
6) E. de Boer, In W. D. Keidel and W. D. Neff (Eds.), Auditory system：clinical and special topics, Berlin, Springer-Verlag, pp.479-583 (1975)
7) R. Plomp, Aspects of Tone Sensation, London：Academic Press, Chap.2, pp.26-40, Chap.7, pp.111-142 (1976)
8) 大串健吾：応用物理，**48**, pp.318-324 (1979)
9) 吉田登美男，亀田和夫：聴覚の心理．聴覚と音声（新版），三浦種敏（編），電子通信学会，pp.73-240 (1980)
10) 江端正直：音響会誌，**36**, pp.261-264 (1980)
11) 江端正直：高さ，聴覚ハンドブック（難波精一郎 編），ナカニシヤ出版，pp.44-89 (1984)
12) B. C. J. Moore, in Handbook of Perception and Cognition, second edition, series editors by E. C. Carerette and M. P. Friedman, Academic Press (1995)
13) A. Seebeck, Ann. Phys. Chem., **53**, pp.417-436 (1841)
14) A. Seebeck, Ann. Phys. Chem., **60**, pp.449-481 (1843)
15) H. Helmholtz：On the Sensation of Tone as a Philosophical Basis of the Theory of Music, The Second English Edition, the fourth German Edition of 1877, Dover Publications, Inc, New York (1954)
16) G. V. Békésy：Experiments in Hearing, New York：McGraw-Hill (1960)
17) J. Zwislocki, Acta Oto-Laryngologica Suppl., **72** (1948)
18) L. C. Peterson and B. P. Bogert, JASA, **22**, pp.369-381 (1950)
19) H. Fletcher, JASA, **23**, pp.637-645 (1951)
20) J. F. Schouten：Frequency analysis and Periodicity Detection in Hearing,ed.by R. Plomp and G. F. Smoorenburg, Leiden：Sijithoff, pp. 41-58 (1970)
21) H. Fletcher, JASA, **6**, pp.59-65 (1934)
22) H. Fletcher：Review of Modern Physics, **12**, pp.47-65 (1940)

23) H. Fletcher：Speech and hearing in communication, New York：Van Norstrand (1953)
24) J. F. Schouten：Five Articles on the Perception of Sound, Institute for Perception, Eindhoven (1938-1940)
25) R. Plomp, JASA, **41**, pp.1526-1533 (1967)
26) J. C. R. Licklider, JASA, **26**, p.945 (A) (1954)
27) A. M. Small, Jr. and R. A. Cambell, JASA, **33**, pp.1570-1576 (1961)
28) P. D. Patterson, JASA, **45**, pp.1520-1524 (1969)
29) E. de Boer, Nature, **178**, pp.535-536 (1956)
30) R. J. Ritsma, JASA, **34**, pp.1224-1229 (1967)
31) R. J. Ritsma, JASA, **43**, pp.191-198 (1967)
32) J. F. Schouten, R. J. Ritsma and B. L. Cardozo, JASA, **34**, pp.1418-1424 (1962)
33) T. Kohda, J. Acoust. Soc. Jpn, **6**, pp.79-88 (1985)
34) R. J. Ritsma and F. L. Engel, JASA, **36**, pp.1637-1644 (1964)
35) E. G. Wever and C. W. Bray, PNAS, **16**, pp.344-350 (1930)
36) E. G. Wever, Theory of Hearing, NewYork：Wiley (1949)
37) J. E. Rose, J. F. Brugge, D. J. Anderson and J. E. Hind, J. Neurophysiology, **30**, pp.769-793 (1967)
38) J. E. Hind, D. J. Anderson, J. F. Brugge and J. E. Rose, J. Neurophysiology, **30**, pp.794-816 (1967)
39) J. C. R. Licklider, Psychology：A study of a science, ed. by S. Koch, NewYork：McGraw-Hill, pp.253-268 (1959)
40) P. D. Patterson, JASA, **53**, pp.1565-1572 (1973)
41) F. L. Wightman, JASA, **54**, pp.397-406 (1973)
42) F. L. Wightman and D. M. Green, American Scientist, **62**, pp.20-215 (1974)
43) A. J .M. Houtsma and J. L. Goldstein, JASA, **51**, pp.520-529 (1972)
44) E. F. Evans：Handbook of Sensory Physiology,V/2, Auditory System-Physiology (CNS). Behavioral Studies Psychoacoustics, ed. by W. D. Keidel and W. D. Neff, Berlin：Springer-Verlag, pp.1-108 (1975)
45) E. Javel, JASA, **68**, pp. 133-146 (1980)
46) F. L. Wightman, JASA, **54**, pp.407-416 (1973)
47) J. L. Goldstein, JASA, **54**, pp.1496-1516 (1973)
48) E. Terhardt, JASA, **55**, pp.1061-1069 (1974)
49) J. L. Goldstein, A. Gerson, P. M. Srulovicz and M. Furst, JASA, **63**, pp.486-497 (1978)
50) E. de Boer, In E. F. Evans and J. P. Wilson (Eds.), Psychophysics and Physiology of hearing, London：Academic Press, pp.323-335 (1977)
51) B. C. J. Moore：Psychophysics and Physiology of Hearing,ed.by E. F. Evans and J.

P. Wilson, London：Academic Press, pp.349–358 (1977)

52) J. O. Nordmark, Handbook of Perception 4 Hearing, ed. by E. C. Carterette and M. P. Friedman, pp.243–282 (1978)

53) E. F. Evans：Psychophysics and Physiology of Hearing, ed.by E. F. Evans and J. P. Wilson, London：Academic Press, p.347 (1977)

54) J. G. Roederer：Introduction to the Physics and Psychophysics of Music, New York：Springer-Verlag (1979)

55) 大串健吾，音響会誌，**32**, pp.710–719 (1976)

56) K. Ohgushi, JASA, **64**, pp.764–771 (1978)

57) 大串健吾，音響会誌，**32**, pp.300–309 (1976)

58) P. D. Patterson, JASA, **82**, pp.1560–1586 (1987)

59) A. J .M. Houtsma and J. Smurzynski, JASA, **87**, pp.304–310 (1990)

60) R. Meddis and M. J. Hewitt, JASA, **89**, pp.2866–2882 (1991)

61) R. Meddis and M. J. Hewitt, JASA, **89**, pp.2883–2892 (1991)

62) Meddis and O'Mard, JASA, **102**–3, pp.1811–1820 (1997)

第2章

蝸牛の物理的機構とそのモデル

本章では，まず，音響情報のフーリエ分析器である基底膜振動にかかわる蝸牛の物理機構および蝸牛コルチ器の生理学的知見を概観する。つぎに，聴覚理論や聴覚末梢系のモデル，特に基底膜振動のモデルと聴神経発火のそれを学ぶ。

2.1　聴覚末梢系の生理

「音は，空気のなかを伝搬する振動が耳に達して生じる感覚である」という考えは，17世紀中期のガリレオやメルセンヌの研究に始まるとされている。音響学や音響工学の起こりや研究の歴史は専門書に譲るが，ここでは音と人間とのかかわりを中心に紹介する[1)]。

図2.1はヒトの聴器の略図である。構造的には，**外耳**，**中耳**，**内耳**の3部に分けられる。外耳は，耳介で集められた音のエネルギーを**外耳道**を介して**鼓膜**に伝える役目を担う。鼓膜の空気振動は，中耳の三つの小骨（**ツチ骨**，**キヌタ骨**，**アブミ骨**）を経由して内耳入り口の**前庭窓**と呼ばれる小さな面積の膜を外から振動させる。内耳部分は，約3回転したかたつむりの殻に似た形状をしているので**蝸牛**と呼ばれている。前庭窓の振動は，蝸牛のなかを満たしているリンパ液（**外リンパ液**と呼ばれる）のなかの振動に変換される。三つの耳小骨は，空気の固有音響インピーダンスと外リンパ液のそれとのインピーダンス整合の役目を果たす。なお，蝸牛（内耳）出口にあたるのは**蝸牛窓**である。

図2.2の断面図にみられるように，蝸牛のなかは**中央階**（**蝸牛管**）を隔てて，**前庭階**，**鼓室階**と呼ばれている上下二室に分割される。上下二室は，外リ

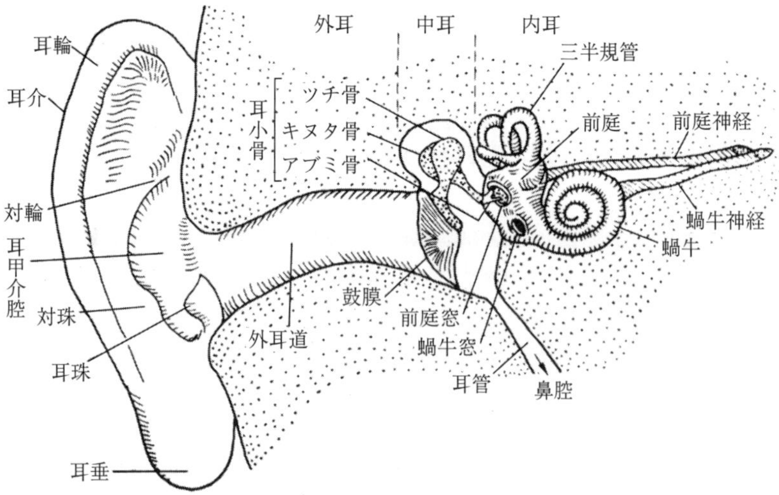

図 2.1　ヒトの聴器の略図[2)]

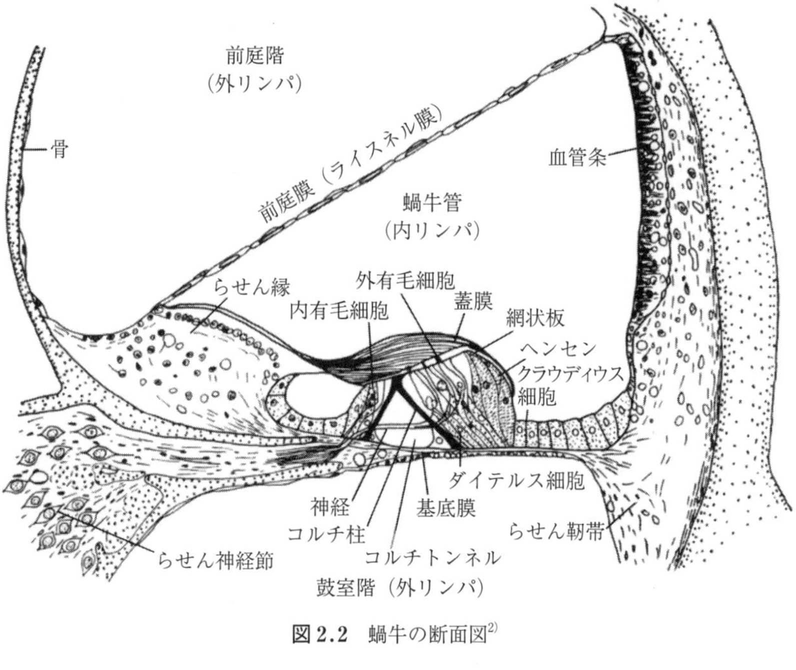

図 2.2　蝸牛の断面図[2)]

ンパ液で満たされているが，蝸牛の奥の**蝸牛頂**と呼ばれる小穴を介して外リンパ液が流入する。蝸牛管には外リンパ液とは別のイオン組成のリンパ液（**内リンパ液**）が満たされており，感覚受容器細胞である**有毛細胞**とその支持細胞などからなる**コルチ器**，**基底膜**，**蓋膜**などがある。前庭窓に伝えられた音響振動は，外リンパ液を介して基底膜の振動へと変換される。基底膜の振動は**図 2.3**に示したように，流体力学的に見れば，前庭階との仕切りである**ライスネル膜**は存在しないものとみなすことができ，かつリンパ液に満たされた1次元状に延びた管（長軸を x 軸とする。その全長は約 35 mm）を二分する膜の上下振動（この軸を y 軸とする）とみなすことができる。音の知覚に関する原情報は基本的にはすべて基底膜振動に含まれると考えられる。もちろん，外耳道入り口での音圧，鼓膜圧，アブミ骨端圧間の伝達特性を考慮しなければならないが，その周波数特性は実験データによると，約 100 Hz から 2～3 kHz まではほぼ一定の低域通過の周波数特性を示すので，従来から議論の対象は，もっぱら基底膜振動に関する周波数特性であった。以上のことは 1950 年頃までに Békésy の研究[3] で明らかになったものである†。基底膜振動特性を解明するための研究の歴史は古い。

最近の生理実験結果で外有毛細胞の重要な二つの機能として，入力機械振動に対する高感度なセンサー機能と基底膜振動へのフィードバック機能による

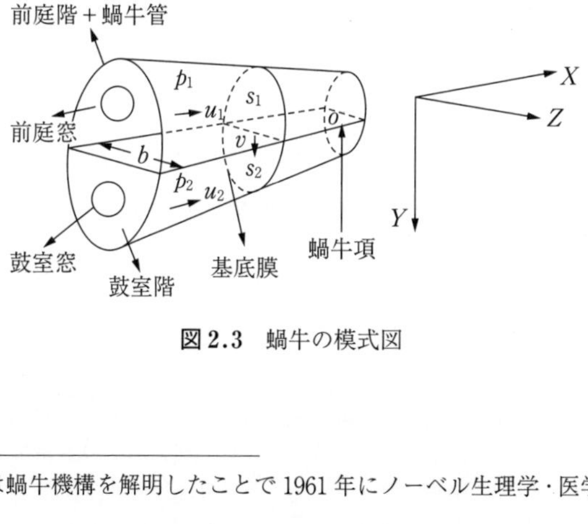

図 2.3 蝸牛の模式図

† Békésy は蝸牛機構を解明したことで 1961 年にノーベル生理学・医学賞を受賞した。

蝸牛の能動的活動，**蝸牛増幅**（cochlear ampflier）†が明らかになった。この結果，広い周波数範囲でかつ鋭い周波数選択性や広い**ダイナミックレンジ**を有するヒト聴覚の機序解明が，聴覚末梢系のレベルで一挙に前進した。これらは20世紀後半から21世紀初頭で明らかにされたので，19世紀のヘルムホルツ，20世紀のBékésyに続き，Cochlear Mechanicsの研究歴史の第3期にあたる[5)]。

最新の基底膜振動特性[6)～8)]，蝸牛の物理的機構モデル[9)～14)]や蝸牛の電気生理学[5), 15)～21)]などにはそれぞれ優れた総説がある。なお，蝸牛の物理的機構モデルは国際研究集会[22)]で議論されている。

2.2 ヘルムホルツの共鳴説とBékésyの進行波説

1.1節では，先人の科学者たちが音の知覚現象を通じて時間波形を特徴付けるパラメータである**周期**と**周波数**という概念を，どのように認識および論争したかの**聴覚理論**の歴史を概観した。**古典的聴覚説**以降，聴覚生理学で得られた最近の数々の知見は聴覚にかかわる諸現象を理解するうえで重要であろう。

ヘルムホルツ以後，新しい聴覚説が種々提案されたが，Békésyの一連の研究[3)]が完成するまで，ヘルムホルツの共鳴説の優位は保たれたままであった。Békésyによる基底膜振動の観測結果は共鳴説と同様，場所説を示唆したものの，基底膜上に**図2.4**に示したような**進行波**（travelling wave）が生じていることを明らかにした。彼は，**図2.5**に示すように，基底膜上のいくつかの点における振動とアブミ骨振動との比（すなわち，周波数特性の振幅特性および位相特性）を，駆動周波数と位置の二変数関数として実測した。図から基底膜振動を通して入力音響周波数の位置への変換が行われ，蝸牛が一種の**周波数分析（フーリエ解析）器**の役割を果たしていることは明らかであろう。

† Davis[4)]は基底膜振動進行波の小振幅の立上り部を増幅するための能動システムを**蝸牛増幅**（cochlear amplifier）と命名し，外有毛細胞がその重要な役割を果たすと考えた。なお，増幅の定義は研究者により異なる（2.5.4項参照）。

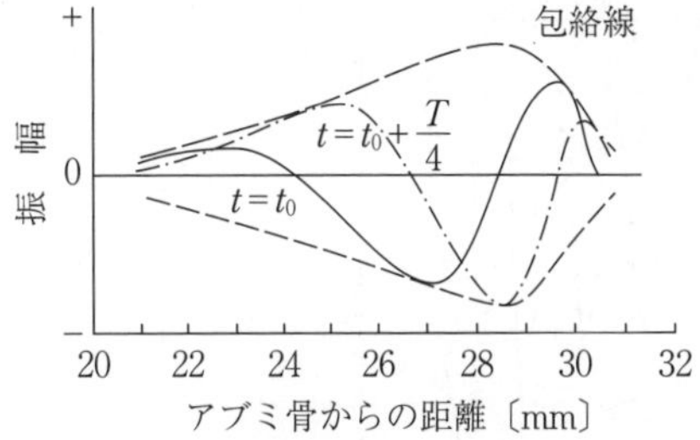

図 2.4 基底膜上を伝わる進行波
(Békésy[3] Fig. 11.59)

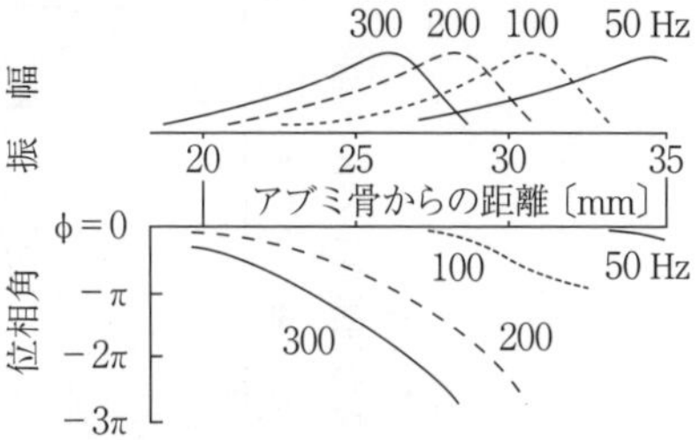

図 2.5 Békésy の実験データ
(Békésy[3] Fig. 11.58)

2.3 聴覚1次ニューロンの興奮現象

〔1〕 聴神経発火の周波数特性と位相同期　図2.2にみられるように，基底膜上には感覚受容器細胞である有毛細胞とその支持細胞などで構成されているコルチ器が乗っている。感覚細胞は，**内毛細胞**が1列に，**外毛細胞**が3列に並んでいる。このうち，外毛細胞は後述のように異なる機能を有しているが，いずれも細胞上部に毛が生えている。有毛細胞を覆っている**蓋膜**（tectorial membrane）と基底膜とが同位相で上下（y 軸方向）に振動すると，内リンパ液に浸っている毛が z 軸方向にたわむ。この毛に加わる機械的な力が有毛細胞で**蝸牛マイクロフォニックス**（cochlear microphonics, **CM**）と呼ばれる受容器電位に変換される†。CMにより，有毛細胞と**シナプス結合**している聴神経へ**神経伝達物質**が放出され聴神経は**興奮**（**放電**）する（内耳にみられる電気現象の詳細は第3章参照）。したがって，有毛細胞は音響刺激に対する機械的振動（鼓膜の振動や毛のたわみなど）から電気信号への変換器の役割を果たしている。

図 2.6 の神経応答特性は，純音刺激の周波数をパラメータにして，神経がインパルスを発生し始める純音の最低レベルをプロットしたものである[26]。そ

† CMは，最初Wever and Bray[23]により発見され，その後のTasaki, Davis and Eldredger[24]による測定では，多周波数成分音の刺激に対する蝸牛のいくつかの点でのCMは基底膜振動と同様な時間波形を有することが確認された。

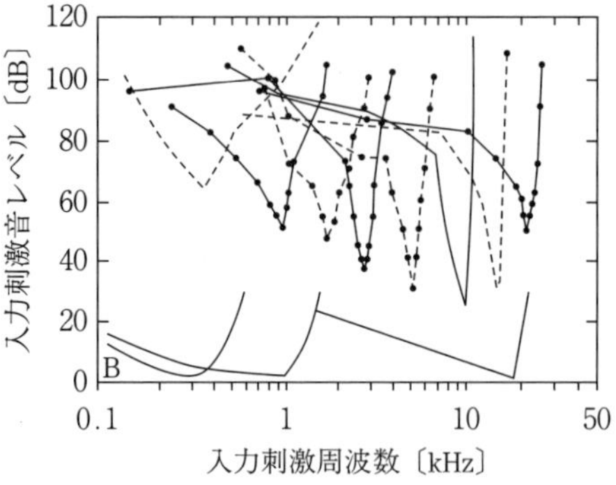

図 2.6　聴神経の応答特性と基底膜振動の周波数特性（Evans[25] Fig.9B）

のＶ字型の曲線の内側の領域は**応答野**と呼ばれ，谷に相当する周波数は**特徴周波数**（または**最適周波数**）と呼ばれている。神経の応答特性は，図 2.5 の基底膜振動の周波数特性（図 2.6 の下部に実線の直線で併記）をある程度反映しているが，神経の周波数特性の高（低）周波数側での傾斜は約 300 dB/oct（150 dB/oct）であるのに対し，Békésy の測定結果では約 24 dB/oct（6 dB/oct）であるので，神経活動は基底膜振動に比べ鋭い共振特性を有している。

なお，聴神経の共振特性の鋭さの指標として，特徴周波数 f_c と f_c での最低レベルより 10 dB 高いレベルに対する応答野の帯域幅 Δf との比 $Q_{10\mathrm{dB}}=f_c/\Delta f$ がしばしば採用される。低い特徴周波数より高い特徴周波数の神経のほうが大きい $Q_{10\mathrm{dB}}$ を有することが知られている。

シナプス結合部での伝達物質は，通常，刺激がなくてもランダムな時間にわずかづつ放出され，聴神経にインパルス的電位変化（**興奮**と呼ぶ）を促す。この興奮は**自発性放電**（spontaneous firing, **SP**）と呼ばれ，そのインパルスの発生間隔は不規則であるが，その頻度は毎秒約 50～100 回程度である。**図 2.7** に示すように[27]，音刺激により伝達物質の放出効率が高まり，聴神経は興奮する。図 2.7（ａ）に示すように[28]，聴神経は基底膜振動のある特定の位相で興奮するが，その極性は有毛細胞の毛のたわみの向きによるものと考えられている。図（ｂ）は，**合成周期**（compound period）**ヒストグラム**である。これは

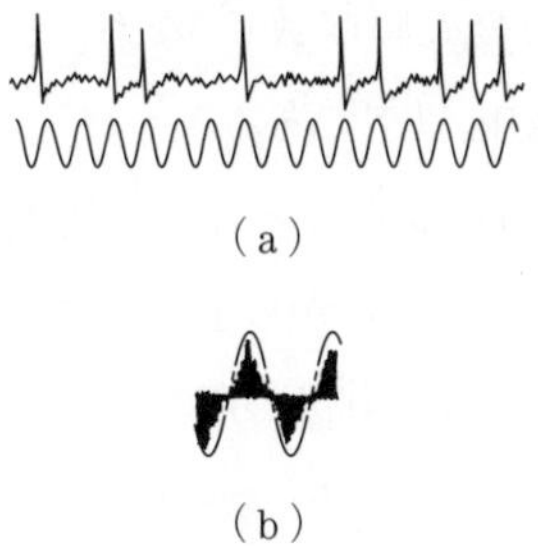

図 2.7 聴神経の発火と合成周期ヒストグラム[28)]

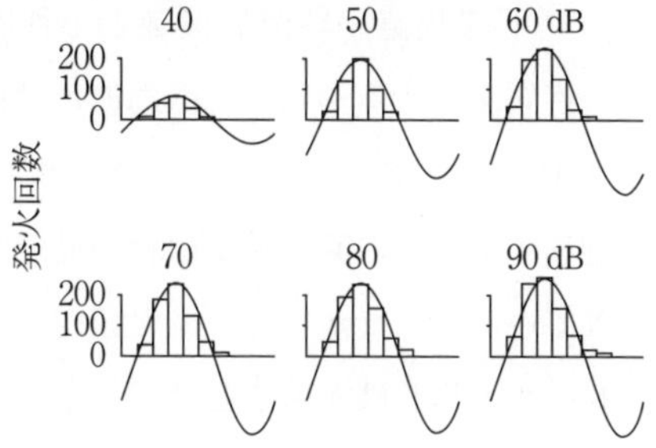

図 2.8 純音刺激に対する聴神経発火の位相ヒストグラム[29)]

刺激純音の位相で発火時刻を集計した**周期**（period）**ヒストグラム**とその逆相入力に対するヒストグラムの反転ヒストグラムとから合成したものである。**図 2.8** は，種々の入力レベル（上部数値）の純音に対する周期ヒストグラムである[29)]。図から**発火の整流特性**のほかに，発火頻度は波形の大きさにほぼ比例するという phase-lock（**位相同期**）**の性質**を有すること，およびその性質は大きな入力刺激に対してもほぼ保存されることが見てとれる。phase-lock の性質は，**図 2.9** の発火時刻の**時間間隔**（interval）**ヒストグラム**[30)] からも容易に

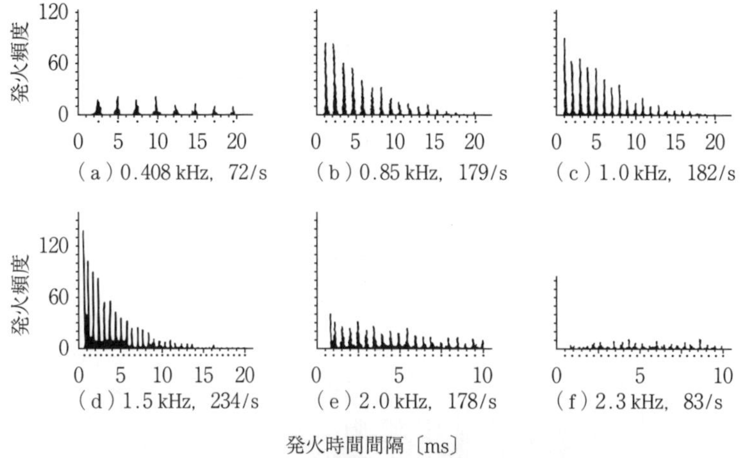

図 2.9 純音刺激に対する聴神経発火の時間間隔ヒストグラム[30)]

わかる（下部数値は特徴周波数と1秒間当りの発火頻度数）。なお，phase-lock の性質を有する神経の特徴周波数は約 3～5 kHz 以下である。

図 2.10 に示したように[31]，興奮の頻度は刺激音のレベルとともに増大するが，飽和する。この**飽和現象**は聴神経の有する不応期特性から生じていると考えられている。したがって，発火頻度だけからは，入力刺激の周波数はもちろん，レベルも推しはかることはできない。

図 2.11（a）は四つの異なる聴神経の特徴周波数（上部数値）の**バースト音**（tone bursts）に対する発火の **PST**（post-stimulus time）**ヒストグラム**である[27]。図（b）は異なる入力レベル（上部数値）の**バースト雑音**（noise

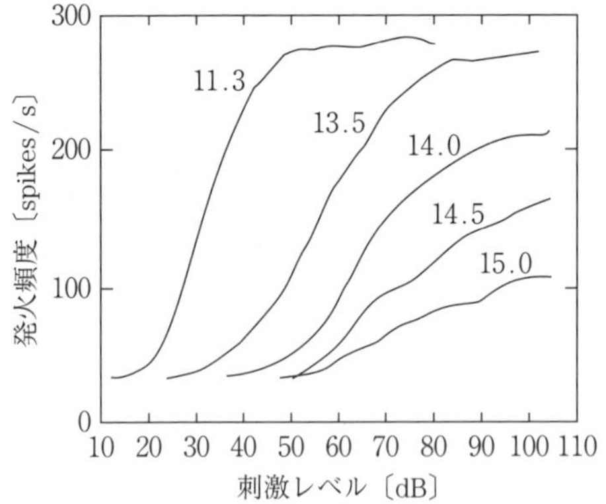

図 2.10　音刺激の強さと聴神経の発火率との関係[31]

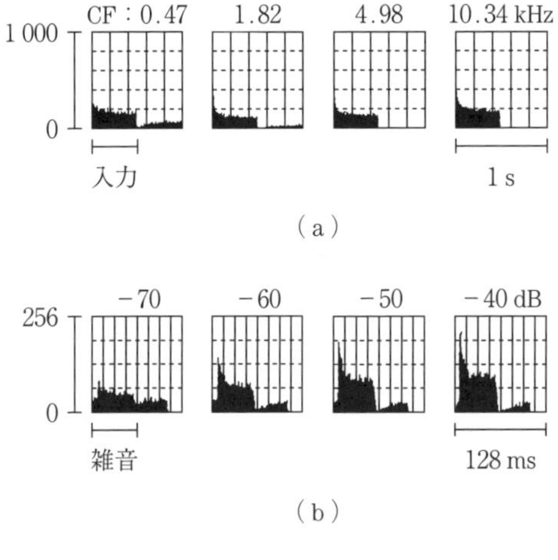

図 2.11　聴神経発火の PST ヒストグラム[27]

bursts）に対する応答を示したものである。2音刺激に対する聴神経発火にもphase-lockの性質はみられる。**図2.12**（a）は80 dBの0.798 kHz純音（f_1）と1.064 kHz純音（f_2）を重畳させた入力（第2音のレベルは可変パラメータ）に対する聴神経発火の周期ヒストグラムである。図（a）には，両音のレベルと位相（それぞれの単独音入力時の周期ヒストグラムの位相から両音の位相差を算出）から計算した波形も同時に掲げている。図（b）は0.538 kHz，0.807 kHzの二つの純音に対する合成周期ヒストグラムである[33]。上図の数値は，両音の位相差であり，両音のレベルと位相から推定した入力波形も併記している。

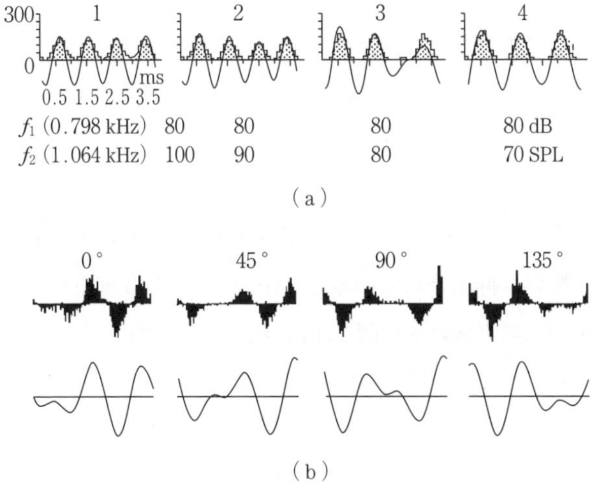

図2.12　2音刺激に対する聴神経の応答[33),36]

〔2〕 **2音抑圧現象**　　神経発火の飽和特性は，**非線型の入出力関係**を意味するが，聴神経発火で観測される非線型現象の典型例は，**2音抑圧現象**（two-tone suppression or inhibition）であろう。なお，英語の**suppression**と**inhibition**とに対し，それぞれ**抑圧**や**抑制**という日本語訳があてられているが，前者はおもに1次聴ニューロンにおける現象を意味し，後者は蝸牛核のような聴覚高次ニューロンにおける現象，例えば，**lateral inhibition**（**側抑制**）（神経間のシナプス結合による各種感覚の尖鋭化機構のモデル）を意味するものと

して，しばしば区別して用いられている。この現象は，特徴周波数と等しい周波数の純音を入力して神経を興奮させている状態下で第2音として，応答野外の領域の周波数の純音を重畳し，第2音のレベルを上げていくとその神経が応答しなくなる現象である。

図2.13は，この現象に関するいくつかの生理実験結果をまとめたものである[28]。図（a）の上部，下部は[34]，それぞれ80 dBでかつ0.8 kHzのバースト音，そのバースト音に77 dBでかつ11.3 kHzの純音を重畳させた入力音に対する発火パターンである。重畳させた場合，発火は抑圧されていることが見てとれる。図（b）では[28]，第1音（△印で示した周波数，レベル）による発火頻度が，その音に重畳させた第2音によりある程度の割合で抑圧されたときの第2音の周波数とレベルの範囲（**抑圧野**と呼ぶ）を斜線で示している。なお，○印を結んだ曲線は応答野を示す。図（c）の左図，右図は[28]，それぞれ100 msでかつ左端の数値のレベルのバースト音，そのバースト音に8.08 kHzでかつ28 dBの純音を重畳させた入力音に対する聴神経発火のPSTヒストグラムである。この場合も抑圧されていることがわかる。2音抑圧現象に関連して，さらに興味深い生理実験結果を**図2.14**に掲げる[35]。図（a）は上から順にそれぞれ無入力音（SP），59 dBの10.0 kHz純音（f_1），69 dBの12.15 kHz純音（f_2），両音を重畳させた入力に対する聴神経（その最適周波数は**結合音**$2f_1-f_2$の周波数に近い7.88 kHzである）のPSTヒストグラムである。なお，図にSPや最下部に図示された刺激呈示時間での応答がそれぞれ示されている。

一方，図（b）は上から順にそれぞれ4.13 kHzの純音（f_1），5.5 kHzの純音（f_2），両音を重畳させた入力刺激に対する聴神経（その最適周波数は2.69 kHzであり，結合音$2f_1-f_2$の周波数に近い）の周期ヒストグラムである。なお，両音は4：3の高調波関係にあるので，周期ヒストグラムは基本周波数の周期に同期させている。これらの図から，聴神経は第1音，第2音のいずれにも単独では発火しないにもかかわらず，同時に両音を入力すると発火し，しかも自発性放電ですら抑圧されること，およびその発火はほぼ$2f_1-f_2$の周波数に同期してphase-lockの性質を有していることが見てとれる。これらの2音抑圧

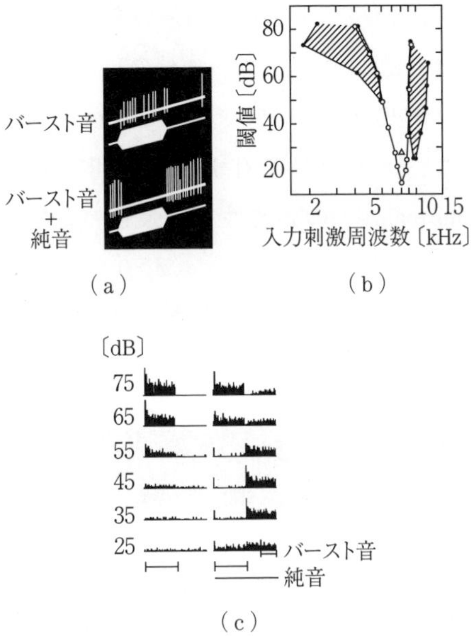

図 2.13 聴神経の２音抑圧現象[28)]

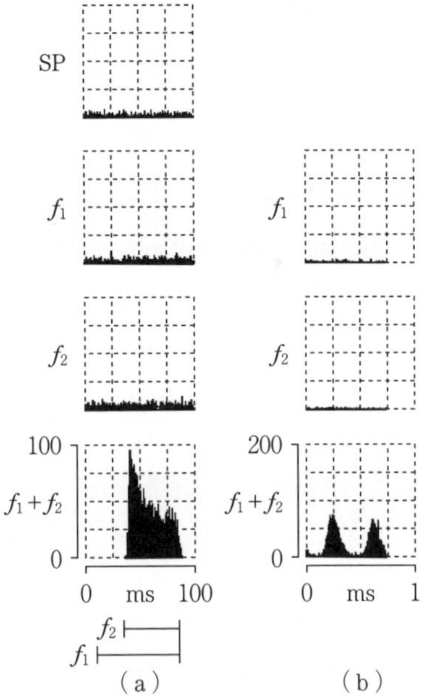

図 2.14 聴神経の結合音に対する応答[35)]

現象は典型的な非線形現象であるが，神経応答はある種の線形的様相も示す。すなわち，図 2.14（b）のように，聴神経が $2f_1-f_2$ 音に位相同期している状態にさらに適当な位相とレベルの $2f_1-f_2$ 音を重畳すると，その位相同期は消失する[35)]。

〔3〕 非線形特性とひずみ成分のレベル　k 次のべきの入出力特性 $L(x)=x^k$ を有するシステムへの入力 $x(t)=\alpha_1\cos 2\pi f_1 t+\alpha_2\cos 2\pi f_2 t$ に対する出力には，**原音**（primary tones），f_1，f_2（$>f_1$）のほかに，周波数 $|mf_1 \pm nf_2|$，$m+n=k$，大きさ $\alpha_1{}^m\alpha_2{}^n$ の高調波（**結合音**（combination tone）と呼ぶ）が存在する。被験者が容易に知覚できる結合音は，2次の結合音 f_2-f_1（**差音**（difference tone）と呼ばれる）や $2f_1-f_2$，$3f_1-2f_2$ であり，また，f_1 と f_2 との差が小さい場合には，結合音 f_1-n（f_2-f_1）（$n=1, 2, 3, \cdots$）は $n=6$ 次まで知覚できる。[37)] α_1，α_2，f_1，f_2 をパラメータにして結合音のレベルや周波

数の知覚範囲などを求める心理実験がなされた結果（特に，$2f_1-f_2$ が精力的に調べられている），多項式型特性では結合音のレベルの振る舞いを説明できないことが明らかになった。ひずみ成分の発生箇所やひずみ成分のレベルなどを説明するためのモデルがいくつか提案されている。Goldstein[38] や Smoorenburg[39] は，非線形特性として，入力信号に対する**自動利得調節**（automatic gain control）や**正規化**（normalize）の必要性を主張し，また，Pfeiffer[40] や Smoorenburg[39),41] は非線形特性（$L(x)=x^{\nu}$，$x>0$ のとき，$L(x)=-|x|^{\nu}$，$x<0$ のとき）を提案している。おもな非線形性の発生箇所は中耳や有毛細胞の整流特性としている。

2.4 聴覚末梢系のモデル

聴覚末梢系の情報処理過程は，前述の生理学的知見に基づいた**図 2.15** のようなブロック図でしばしばモデル化される[42]。以下では，そのなかで最も議論の対象とされる基底膜振動のモデルと聴神経の興奮現象のそれを紹介しよう。

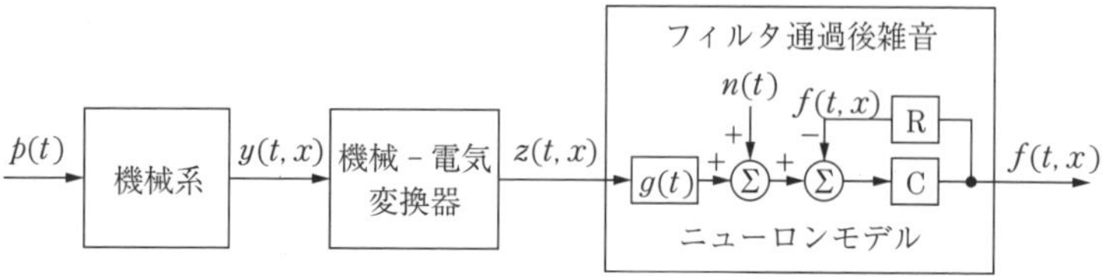

図 2.15　聴覚末梢系のモデル[42]

2.4.1 Gabor の聴覚分解能理論と Flanagan の伝達関数モデル

Shannon とともに情報理論の創始者として知られている Gabor は[43)†] 信号解析のための時間と周波数の同時表現理論を用いて，ヒトの時間・周波数分解能に関する心理実験データを説明するためには，内耳の機構では不十分で，何らかの神経活動の援用が必要であることを説いた。

† Gabor は holography の発明者として，1971 年にノーベル物理学賞を受賞した。

物理学・応用数学者がほかの聴覚研究者に与えた大きな示唆の一つは，蝸牛内のリンパ液や膜の流体力学・運動力学的考察に基づいた基底膜振動を表現する研究であろう。次項でこれらを紹介するが，その前に Flanagan の数式モデル[44] を取り上げる。彼は，駆動角周波数 ω のアブミ骨変位 $D_s(j\omega)$ とアブミ骨端からの距離 x 点の基底膜変位 $D_b(x, j\omega)$ との比である有理関数型の伝達関数

$$F(x, j\omega) = \frac{D_b(x, j\omega)}{D_s(j\omega)}$$

$$= \begin{cases} c_1 \beta^{4+r} \cdot \dfrac{j\omega + \varepsilon}{j\omega + \gamma} \cdot \dfrac{1}{\left[(j\omega + \alpha)^2 + \beta^2\right]^2} \cdot e^{-j\omega T} \\[2ex] c_2 \beta^{5+r} \cdot \dfrac{j\omega}{\left[(j\omega + \alpha)^2 + \beta^2\right]^3} \cdot e^{-j\omega T} \\[2ex] c_3 \beta^{4+r} \cdot \dfrac{(j\omega)^2 + 2\alpha j\omega + (\alpha^2 - \beta^2/3)}{\left[(j\omega + \alpha)^2 + \beta^2\right]^3} \cdot e^{-j\omega T} \end{cases} \qquad (2.1)$$

を提出した†。ただし，β は x 点の共振角周波数で β^{4+r}，β^{5+r} は正の係数 c_i，$1 \leqq i \leqq 3$ とともに，共振の大きさを調整するパラメータである。

2.4.2 基底膜振動の流体力学的モデル

図 2.3 の上部の前庭階のアブミ骨端に角周波数 ω の音響振動が加えられたとする。S_1，S_2 をアブミ骨端からの距離 x 点の前庭階，鼓室階の断面積とする。u_1，u_2 を x 点の前庭階，鼓室階におけるリンパ液の x 方向の粒子速度とすれば，区間 $(x,\ x + dx)$ の前庭階の容積 $S_1 dx$ に単位時間で流入するリンパ液の質量は

$$\rho\left\{S_1(x) u_1(x) - S_1(x + dx) u_1(x + dx)\right\} \cong -\rho \frac{\partial (S_1 u_1)}{\partial x} dx \qquad (2.2)$$

ただし，ρ はリンパ液の密度である。このとき，基底膜に垂直方向（y 軸，前庭階から鼓室階への方向を正とする）の変位が生じるとする。膜の変位速度を v とし，膜の幅を b とすれば，その容積 $S_1 dx$ の y 軸方向に単位時間で流入す

† Patterson の**聴覚フィルタ**[45),46)] は伝達関数型の範疇に入る（第 4 章参照）。

るリンパ液の質量は $-\rho bvdx$ である。これらの和は，この部分の質量の時間変化 $\dfrac{\partial(\rho S_1 dx)}{\partial t}$ と相等しいので，次式の前庭階でのリンパ液の**連続の方程式**を得る。

$$S_1 dx \frac{\partial \rho}{\partial t} = -\rho \frac{\partial (S_1 u_1)}{\partial x} dx - \rho bvdx \tag{2.3}$$

一方，鼓室階では，添え字1を2に変えて，かつ膜の変位速度 v の向きに注意すれば，次式の前庭階でのリンパ液の連続の方程式を得る。

$$S_2 dx \frac{\partial \rho}{\partial t} = -\rho \frac{\partial (S_2 u_2)}{\partial x} dx + \rho bvdx \tag{2.4}$$

つぎに，x 点での前庭階，鼓室階のリンパ液の圧力をそれぞれ p_i，$(i=1,\ 2)$ とすれば，両容積 $S_i dx$ に働く力は，それぞれの容積の x 軸方向の前面と後面での圧力差

$$\left\{S_i(x)\,p_i(x) - S_i(x+dx)\,p_i(x+dx)\right\} \cong -\frac{\partial (S_i p_i)}{\partial x} dx \qquad (i=1,\ 2) \tag{2.5}$$

により生じたものであるから，これらは，前庭階，鼓室階でのリンパ液の粘性による損失分（単位体積当りの損失抵抗を R_i とする）と慣性力（＝質量×加速度）との和に等しいので，次式の**ニュートンの運動方程式**を得る。

$$R_i S_i dx u_i + \rho S_i dx \frac{\partial u_i}{\partial t} = -\frac{\partial (S_i p_i)}{\partial x} dx \qquad (i=1,\ 2) \tag{2.6}$$

なお，アブミ骨端で駆動された振動により，前庭階や鼓室階でのリンパ液の圧力 p_i や密度 ρ が，その平衡値 $p_i = p_0$，$\rho = \rho_0$ からそれぞれ $p_i = p_0 + \delta p_i$，$\rho = \rho_0 + \delta\rho_{\rm i}$ に変化したとし，さらに微小変化の仮定：$\delta p_i \ll p_0$，$\delta\rho_i \ll \rho_0$，$\dfrac{\partial(\delta p_i)}{\partial x} \cong 0$，$\dfrac{\partial S_i}{\partial x} \cong 0$，$(i=1,\ 2)$ をおく。また，リンパ液中の音速 c_i に関する**ラプラスの断熱変化の式**：$c_i^2 = \dfrac{\delta p_i}{\delta \rho_i}$，$(i=1,\ 2)$ と微小変化の仮定に注意して上式を式 (2.3)，(2.4) に代入すれば，それぞれ

$$\frac{1}{c_i^2}\frac{\partial\,\delta p_i}{\partial t}+\rho_0\frac{\partial u_i}{\partial x}-(-1)^i\cdot\frac{\rho_0 bv}{S_i}=0 \qquad (i=1,\ 2) \tag{2.7}$$

$\delta p_i=\mathrm{Im}(\sqrt{2}\,P_i e^{j\omega t})$，$u_i=\mathrm{Im}(\sqrt{2}\,U_i e^{j\omega t})$，$v=\mathrm{Im}(\sqrt{2}\,Ve^{j\omega t})$ で定義される複素フェーザ P_i，U_i，$(i=1,\ 2)$，V を導入し，微小変化の仮定と式 (2.6) より

$$(R_i+j\omega\rho_0)U_i=-\frac{dP_i}{dx} \qquad (i=1,\ 2) \tag{2.8}$$

が得られるので，上式を式 (2.7)，$(i=1,\ 2)$ に代入すると

$$\frac{j\omega}{c_i^2}P_i-(-1)^i\cdot\frac{\rho_0 bV}{S_i}=\frac{\rho_0}{R_i+j\omega\rho_0}\frac{d^2P_i}{dx^2} \qquad (i=1,\ 2) \tag{2.9}$$

が得られる。式 (2.9)，$(i=1)$ と $(i=2)$ との差の式に $S^{-1}=S_1^{-1}+S_2^{-1}$，$c=c_1=c_2$，$P=P_1-P_2$，$R=R_1=R_2$ と置いて，さらに，膜の y 軸方向の音響インピーダンス $Z_m=\dfrac{P}{bV}$ を導入すれば

$$(R+j\omega\rho_0)\left(\frac{j\omega}{\rho_0 c^2}+\frac{1}{SZ_m}\right)=\frac{1}{P}\frac{d^2P}{dx^2} \tag{2.10}$$

を得る。ただし，前庭階，鼓室階間の圧力差を表す複素フェーザ P は $\delta p=\delta p_1-\delta p_2=\mathrm{Im}(\sqrt{2}\,Pe^{j\omega t})$ で定義される。式 (2.10) は基底膜で二分されている蝸牛内のリンパ液の**波動方程式**であると解される。この波動方程式は，以下の三つの特殊な場合に少し簡単になるので，しばしば考察されている。

（1） リンパ液を非圧縮性流体とする場合，すなわち，$\dfrac{\partial\rho}{\partial t}=0$，したがって $c\to\infty$（c_i^2 参照）の場合[47]

（2） リンパ液を非粘性流体とする場合，すなわち $R=0$ の場合[48]

（3） リンパ液を非粘性かつ非圧縮性流体とする場合[49]

膜のインピーダンス Z_m は膜の物理的共振特性を考慮して

$$Z_m=j\omega m(x)+r(x)+\frac{1}{j\omega c(x)} \tag{2.11}$$

とおいて，膜の単位面積当りの質量 $m(x)$，抵抗 $r(x)$ やスティフネス $c^{-1}(x)$ や膜の幅 $b(x)$，蝸牛の断面積 $S(x)$ などを実測値から採用すれば，解 P が得られる。しかしながら，上記のいずれの場合においても距離 x の関数である S や Z_m を含むので，その厳密解を得ることは一般に困難であり，数値計算に頼

らざるをえない†。得られたフェーザ P から膜の変位速度フェーザ $V=\dfrac{P}{bZ_m}$ や変位フェーザ $D=\dfrac{V}{j\omega}$ とその時間関数 $d(x,t)=\mathrm{Im}(\sqrt{2}\,De^{j\omega t})$ などが得られる。

なお，式 (2.10) は，情報通信工学でしばしば考察の対象とされる**図 2.16** の**分布定数（伝送）線路**と密接な関係がある。すなわち，図 2.16 の x 点の単位長さ当りの直列インピーダンス Z_s，並列アドミタンス Y_p を有する不均一の伝送線路の x 点の電圧フェーザ V_e や電流フェーザ I_e の満たすべき方程式

$$\frac{dV_e}{dx}=-Z_sI_e,\quad \frac{dI_e}{dx}=-Y_pV_e \tag{2.12}$$

で，両式で一方の変数を消去すると

$$Z_sY_p=\frac{1}{V_e}\frac{d^2V_e}{dx^2},\quad Z_sY_p=\frac{1}{I_e}\frac{d^2I_e}{dx^2} \tag{2.13}$$

となり，これらは式 (2.10) と同型である。図 2.16 の x 点の端子間電圧 V_e を前庭階，鼓室階間の圧力差 P に，漏洩電流 dI_e を膜の変位速度 V に対応させ（共振回路のキャパシタンス間の端子間電圧は膜変位 D に比例），式 (2.10) では

$$Z_s=R+j\omega\rho_0,\quad Y_p=\frac{j\omega}{\rho_0c^2}+\frac{1}{SZ_m} \tag{2.14}$$

に対応する。$c=\infty$ とおいて，Z_m を定めれば，基底膜振動を表現する**図 2.17** の分布定数回路モデル（**古典的伝送路モデル**と呼ぶ）が得られる。モデルの数値計算結果と図 2.5 の Békésy の実験データとの比較結果が報告されている。[10)]

さらに，1980 年代に入って現在に至るまで，多数の流体力学的モデルや数式的モデルが発表されている。このほか，最近では前述の基底膜振動の周波数特性と聴ニューロンの周波数選択性との相違に注意が向けられ，以下に掲げるモデルが提案されている。

（1）　基底膜振動の帯域フィルタ特性のほかに，有毛細胞の毛と内リンパ液

† 式 (2.10) の波動方程式の近似法として，Schroeder の近似解[50)] や WKB 法に基づく Zweig, Lipes and Pierce の議論[51)] がある。

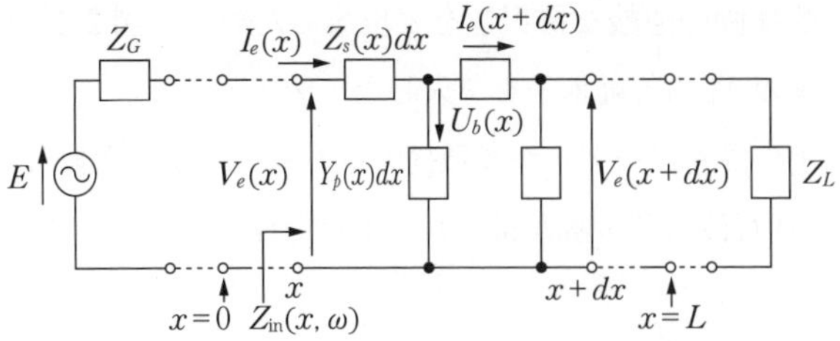

図 2.16　伝送線路による蝸牛の流体力学的モデル

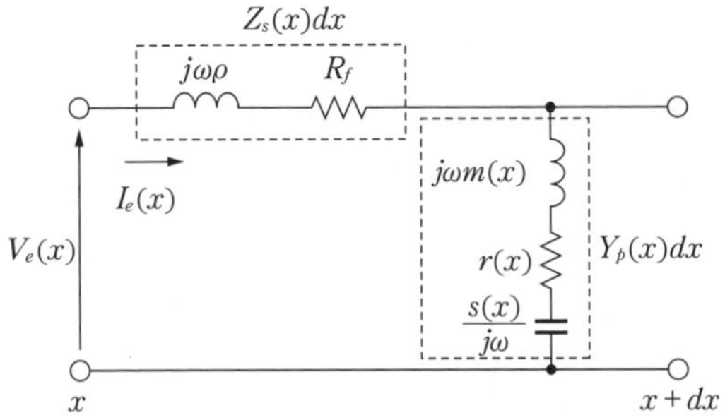

図 2.17　古典的蝸牛モデルの微小区間の等価回路

との流体力学的運動を表現するフィルタ（しばしば**第 2 のフィルタ** (second filter) と呼ばれる）の提案[52), 53)]

（2） 式 (2.10) で表現される流体力学的モデル（蝸牛管内のリンパ液の x 方向の変位 u_1, u_2 や圧力 p_1, p_2 は，いずれも y, z 軸に関して一様であり，膜の y 方向の変位は z 軸に関して一様であると仮定した 1 次元モデル）における膜の y 方向の変位の z 軸に関する非一様性を考慮した 2 次元モデル，リンパ液の運動の y, z 軸に関する非一様性も考慮した 3 次元モデル[54), 55)]

（3） 結合音などを表現するために，有毛細胞の毛とリンパ液との非線形運動を考慮した，図 2.17 の Y_p の抵抗を非線形にした回路モデル[56)]

（4） 他覚的な耳鳴りのような，耳から音が出る現象（**耳音響放射現象**[†]）

---

† 耳音響放射は Gold[57)] により早くからその存在を示唆されていたが，その後の Kemp[58)] の精力的研究により **Kemp echo** と呼称されている。

や基底膜振動の急峻な選択性を表現するために，図 2.17 の分布定数回路モデルの Y_p に能動素子を導入したモデル[59), 60)]

などのように手の混んだモデルが多数提案されているが，数値計算を必要とする†。以下に，進行波の解析解が得られる無反射伝送線路モデルを紹介する。

2.4.3 蝸牛の無反射伝送線路モデル

図 2.16 の分布定数回路で表現される蝸牛の基底膜振動のモデルを考える。前庭窓からの距離 x，入力の駆動角周波数 ω を変数とする，$P(x,\omega)$，$U(x,\omega)$ を前庭窓と鼓室階との圧力差，前庭窓と鼓室階との体積速度差とする。また，$Z_s(x,\omega)$，$Y_p(x,\omega)$ をコルチ器の単位長当りのインピーダンス，基底膜の単位長当りのアドミタンスとする。ただし，P，U，Z_s，Y_p などは一般に複素数である。また，j を虚数単位 $\sqrt{-1}$ とし，$Y_p(x,\ \omega)$ を LCR の直列共振回路

$$Y_p(x,\omega)=\frac{1}{R(x)+j\omega L(x)+\dfrac{1}{j\omega C(x)}} \tag{2.15}$$

とする。図 2.16 の回路にキルヒホッフの法則を適用するとつぎの連立微分方程式

$$\left.\begin{aligned}\frac{\partial P(x,\omega)}{\partial x}&=-Z_s(x,\omega)U(x,\omega)\\ \frac{\partial U(x,\omega)}{\partial x}&=-Y_p(x,\omega)P(x,\omega)\end{aligned}\right\} \tag{2.16}$$

を得る。

特性インピーダンス $Z_0(\omega)=\sqrt{\dfrac{Z_s(x,\omega)}{Y_p(x,\omega)}}$ と伝搬定数 $\gamma(x,\omega)=\sqrt{Z_s(x,\omega)Y_p(x,\omega)}$ を導入することで式 (2.16) は

$$\left.\begin{aligned}\frac{\partial P(x,\omega)}{\partial x}&=-Z_0(\omega)\gamma(x,\omega)U(x,\omega)\\ \frac{\partial U(x,\omega)}{\partial x}&=-Z_0^{-1}(\omega)\gamma(x,\omega)P(x,\omega)\end{aligned}\right\} \tag{2.17}$$

---

† de Boer[54), 55)]，Neely[61)] の参考文献にリストがあるが，最近のモデルに関しては Patuzzi[6)] や de Boer[12)] による詳細な総説がある。

となり

$$\frac{\partial^2 P(x,\omega)}{\partial x^2} - (\ln\gamma(x,\omega))' \frac{\partial P(x,\omega)}{\partial x} - \gamma(x,\omega)^2 P(x,\omega) = 0 \tag{2.18}$$

が得られる。なお，$Z_0(\omega)$ を x と無関係な数としたのは**無反射条件**を満たすためである。式 (2.18)から式 (2.16) の解はある複素数 A，B を用いて

$$\left.\begin{aligned} P(x,\omega) &= Ae^{-\Gamma(0,x,\omega)} + Be^{\Gamma(0,x,\omega)} \\ U(x,\omega) &= Z_0^{-1}(\omega)\left\{Ae^{-\Gamma(0,x,\omega)} - Be^{\Gamma(0,x,\omega)}\right\} \end{aligned}\right\} \tag{2.19}$$

と表せる。ただし

$$\Gamma(b,c,\omega) = \int_b^c \gamma(y,\omega)\,dy \tag{2.20}$$

とおいた。定数 A，B を求めるために，さらに x 点の**入力インピーダンス**

$$Z_{in}(x,\omega) = \frac{P(x,\omega)}{U(x,\omega)} \tag{2.21}$$

と x 点の**反射係数**

$$\rho(x,\omega) = \frac{Be^{\Gamma(0,x,\omega)}}{Ae^{-\Gamma(0,x,\omega)}} = \frac{Z_{in}(x,\omega) - Z_0(\omega)}{Z_{in}(x,\omega) + Z_0(\omega)} \tag{2.22}$$

を導入する。シミュレーションを行ううえで Y_p，Z_0 を初期パラメータとすると，Z_s，γ，Γ の値は定まる。また

$$\rho(0,\omega) = \frac{B}{A} = \frac{Z_{in}(0,\omega) - Z_0(\omega)}{Z_{in}(0,\omega) + Z_0(\omega)} \tag{2.23}$$

$$\rho(L,\omega) = \frac{B}{A}e^{2\Gamma(0,L,\omega)} = \frac{Z_{in}(L,\omega) - Z_0(\omega)}{Z_{in}(L,\omega) + Z_0(\omega)} \tag{2.24}$$

$Z_{in}(L,\omega) = Z_L$ を仮定すると，式 (2.23)，(2.24) から入力インピーダンスは

$$\frac{Z_{in}(0,\omega)}{Z_0(\omega)} = \frac{Z_L(1+e^{-2\Gamma(0,L,\omega)}) + Z_0(\omega)(1-e^{-2\Gamma(0,L,\omega)})}{Z_L(1-e^{-2\Gamma(0,L,\omega)}) + Z_0(\omega)(1+e^{-2\Gamma(0,L,\omega)})} \tag{2.25}$$

さらに $x=L$ での無反射条件：$Z_L = Z_0(\omega)$ の要請は，式 (2.23)～(2.25) から $Z_{in}(0,\omega) = Z_0(\omega)$，$\rho(0,\omega) = 0$ を与える。図 2.16 の $Z_{in}(0,\omega)$ を用いると

$$E = (Z_G + Z_{in}(0,\omega))U(0,\omega) = (Z_G + Z_{in}(0,\omega))\frac{P(0,\omega)}{Z_{in}(0,\omega)}$$

$$P(0,\omega)=\frac{Z_{in}(0,\omega)}{Z_G+Z_{in}(0,\omega)}E=\frac{Z_0(\omega)}{Z_G+Z_0(\omega)}E$$

が得られ，さらに式 (2.19) の第1式に式 (2.23) を用いると $P(0,\omega)=A+B=A(1+\rho(0,\omega))=A$ となるので定数 A を決定できる。式 (2.23) や $P(0,\omega)$ から $B=0$ がわかり，無反射であることが確認できる。式 (2.16) の解は以下で与えられる。

$$P(x,\omega)=P(0,\omega)e^{-\Gamma(0,x,\omega)},\quad U(x,\omega)=U(0,\omega)e^{-\Gamma(0,x,\omega)} \tag{2.26}$$

式 (2.26) の P をフェーザ表示から時間関数に戻すと以下の式になる。

$$p(x,\omega,t)=|A|e^{-(\mathrm{Re}\Gamma(0,x,\omega))}\times\sin(\omega t-\mathrm{Im}\Gamma(0,x,\omega)+\arg A) \tag{2.27}$$

基底膜の振動の様子を**図 2.18** と**図 2.19** に示す。図 2.18 は $t=0$ に固定した様子を示しており，t 軸を追加して3次元化したものが図 2.19 である（これらの図は後に述べる受動状態での基底膜振動である）。

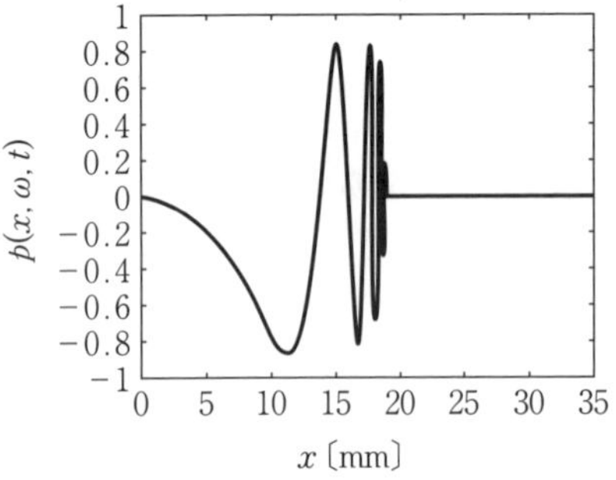

図 2.18　基底膜の振動波形（$f=5$ kHz）

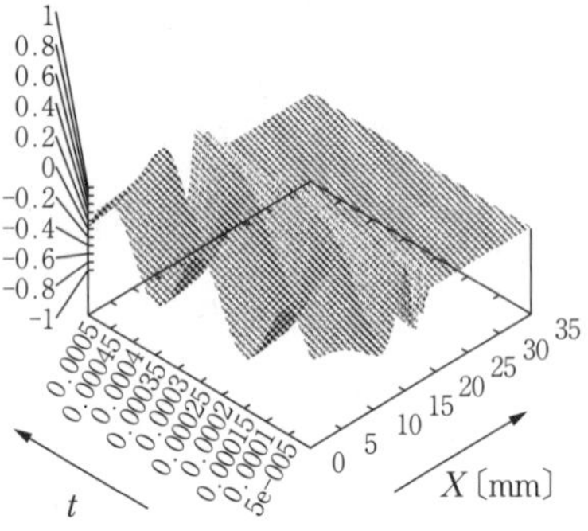

図 2.19　基底膜の振動波形（$f=5$ kHz）

無反射条件と Z_0 の定義から，回路の定数 $Z_s(x,\omega)$ は

$$Z_s(x,\omega)=Z_0^2Y_p(x,\omega) \tag{2.28}$$

実定数特性インピーダンス $Z_0=r$ の場合，$Z_s(x,\omega)$ と $Y_p(x,\omega)$ は逆回路の関係の**図 2.20** の回路となり，大野・香田の**受動モデル**[62] が得られる。

最近の生理学的な実験で，蝸牛内での有毛細胞によるエネルギーの発生が認められつつある。Z_0 が正の実定数のとき，Z_s の実部は正になる。しかし，Z_0 を ω の複素変数：$Z_0=r+j\omega M$ とおくと $Z_0^2=(r^2-\omega^2M^2)+2jr\omega M$ から Z_s の実

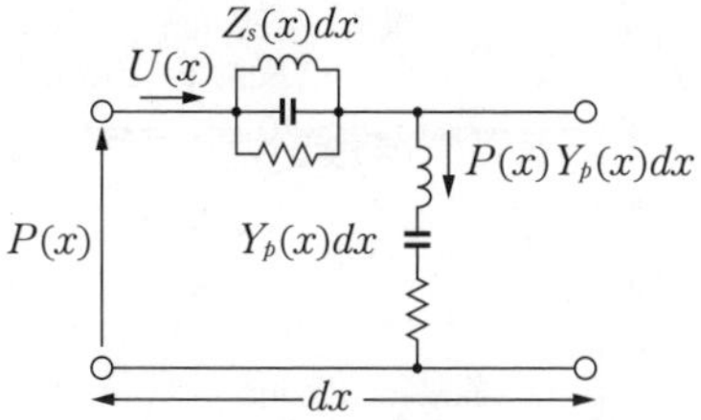

図 2.20 蝸牛の受動的無反射モデル[62)]

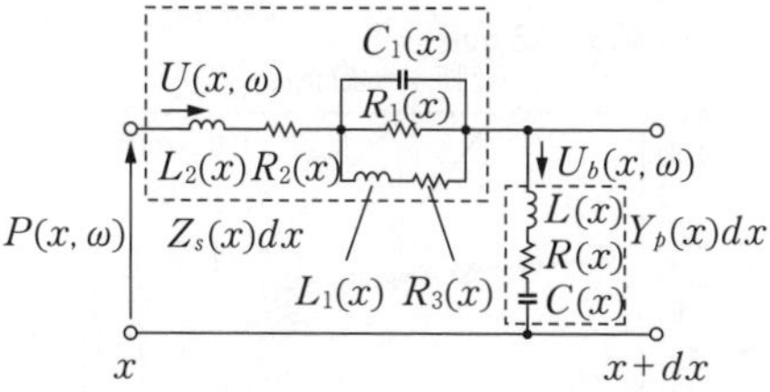

図 2.21 能動的無反射モデル[63)]

部は正負のどちらもありえる。Z_0 が実数か複素数かを，蝸牛の受動・能動に対応させると，図 2.16 の回路の $Z_s(x, \omega)$ と $Y_p(x, \omega)$ はそれぞれ図 2.20，**図 2.21** となる。なお，図 2.17 の古典的な受動モデルの回路は無反射ではない。

Z_s に含まれる抵抗，コイル，コンデンサの各値を $R_s(x)$，$L_s(x)$，$C_s(x)$ とすると，Z_0 が実数 r の場合回路素子の値は Z_0 と Y_p を構成するパラメータ（$R(x)$，$C(x)$，$L(x)$）を用いて次式で与えられる。

$$R_s(x) = \frac{r^2}{R(x)}, \quad L_s(x) = r^2 C(x), \quad C_s(x) = \frac{L(x)}{r^2}$$

Z_0 が複素数 $Z_0 = r + j\omega M$ の場合の具体的な回路を得るには，式 (2.28) を連分数展開する必要がある。その回路表現の一つが図 2.21 である（一般に連分数展開の回路表現は複数存在する）。この回路が**能動モデル**である。図 2.21 の Z_s 内の四角で囲まれた抵抗は x や ω によってその値が負となる場合がある。

Békésy[3)] や 2.5 節で紹介する実験に対応させてモデルの**伝達関数**を

$$F(x, \omega) = \frac{U_b(x, \omega)}{P(0, \omega)} \tag{2.29}$$

と定義しよう。図 2.16 より $U_b(x, \omega) = Y_p(x, \omega) P(x, \omega)$，式 (2.26)，(2.29) から

$$F(x, \omega) = Y_p(x, \omega)\, e^{-\Gamma(0, x, \omega)} \tag{2.30}$$

回路を受動・能動とした場合の伝達関数の様子を**図 2.22～2.25** に示す。受動回路の結果は Békésy らが行った死後の生物から得た実験結果を，能動回路の結果は 2.5 節の生存中の生物から得た実験結果をよく模している。

上記の**無反射伝送線路モデル**[62),63)] は「生体の蝸牛では音入力刺激を伝送するためにエネルギー損失がなく，蝸牛の奥まで音が伝わる」ことを実現するた

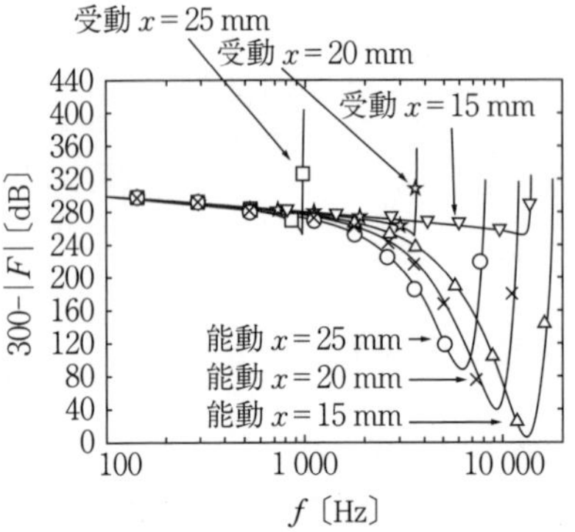

図 2.22 周波数特性-振幅グラフ[64]

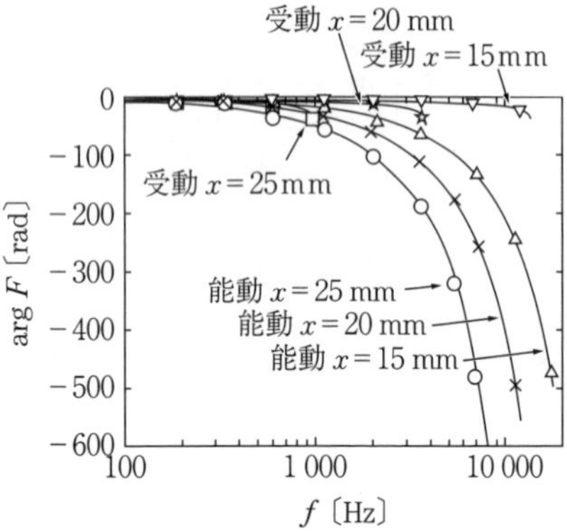

図 2.23 周波数特性-位相グラフ[64]

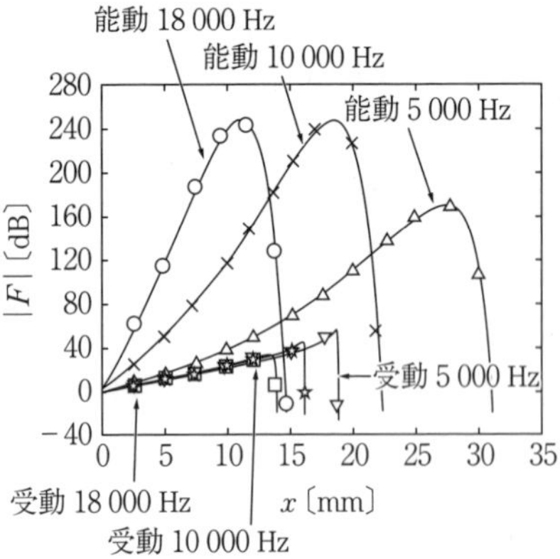

図 2.24 距離特性-振幅グラフ[64]

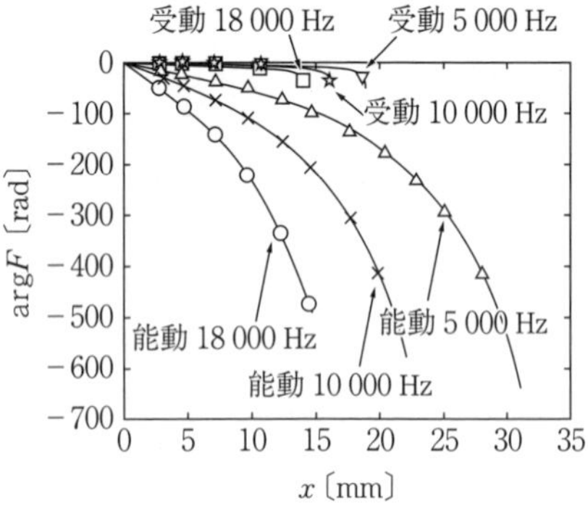

図 2.25 距離特性-位相グラフ[64]

めに，高効率情報伝送の原理に学んだものである。Zweig, Lipes and Pierce[51]は無反射条件として，特性インピーダンスが基底膜の場所によらないほぼ一定の関数であることに言及し，Zwislocki and Kletsky[65]も鋭い周波数特性を得るために基底膜の直列共振器のほかに，蓋膜や有毛細胞にかかわる並列共振回路の必要性や回路の無反射条件を議論した。さらに，香田は，受動と能動の切替えを行う hybrid モデル[66]や流体－機械変換器論を用いて並列共振回路に関する考察[64]を行った。後述の Kemp echo や Cochlear Ampflier の定量化では伝送線路の**入射波・反射波の理論**の重要性が再認識されている。

2.4.4 単一伝達物質の貯蔵庫を有する聴神経発火モデル

聴神経発火のモデルに関する研究は蝸牛内電位の役割を指摘した，Davis[67]や図 2.15 の聴覚末梢系のモデル中に神経モデルを取り込んだ，Siebert[68]，Weiss[42] の研究から約 50 年が経過した。これらの初期モデルでは聴神経の自発性放電の時間間隔ヒストグラムを模擬する**確率モデル**の構築が主眼であった。Weiss はクリック音刺激に対する PST ヒストグラムの模擬を試みた。純音刺激に対する聴神経発火に関する系統的生理実験がウィスコンシン－マジソン校の研究グループで遂行された（例えば文献[29),30),32)]）。

図 2.7（a）のように，純音刺激に対して不規則的に発生する聴神経の興奮は，発火時刻を周期入力の位相ごとに集計すると，図 2.7（b）のように phase-lock の性質を有することがわかる。大野・朱雀[69),70)] は，図 2.7～2.12 に掲げた聴神経発火の生理実験上の知見に基づく，聴神経の興奮現象の**確率論的モデル**を与えている。これは以下の三つの簡単な前提：

前提 1　有毛細胞の**伝達物質の放出**は，基底膜振動の半波整流波形 $s(t)$ と伝達物質の量 $q(t)$，$(0 \leqq q(t) \leqq 1)$ との積で定まる確率で聴神経は発火する。ただし，聴神経が不応期にあれば発火しない。

前提 2　$q(t)$ は伝達物質の放出時に不連続的に減少し，そのほかのときは刺激に関係なく単調に増加する。

前提 3　入力の振幅が十分大きいときは周期ヒストグラムは振幅に無関係である。

を基礎とした。彼らは，前提 3 を用いて前提 2 の伝達物質の増減法則を

（1）　伝達物質の量は放出後は放出前の定数倍である。

（2）　伝達物質は，時間的に同じ割合で増加する。

と定めている。上記の回復特性の具体形として

$$\frac{dq}{dt} = \tau^{-1} q (1 - q^{l}) \quad (l > 0) \tag{2.31}$$

を採用している。彼らは，各種の音響刺激に対するモデルの応答を求め，図 2.11 の PST ヒストグラムにみられる**適応現象**（バースト音に対する PST ヒス

トグラムの入力 on 時の急増（overshoot）や off 時の急減（undershoot））を除いて，モデルが忠実に生理実験結果を表現することを確認した。Schroeder and Hall は彼らとほぼ同時期に独立に伝達物質を考慮したモデルを提出しているが[71]，大入力レベルのときの周期ヒストグラムの**波形保存性**を忠実に再現できない点を含め，生理実験データをそれほどよく表現できていない。これは発火にみられる**自動利得**（automatic gain control，**AGC**）**特性**を規定する，**伝達物質の生成・放出規則**の差異にある[72),73]。その正確な機序の解明は次項の Furukawa et al. による詳細な実験結果[74)～76] や適応現象を示す PST ヒストグラムの実験結果[77)～79] を待たなければならなかった。

2.4.5　複数個の伝達物質の貯蔵庫を有する聴神経発火モデル

伝達物質の生成・放出規則は，キンギョ聴器の神経線維に関する Furukawa et al. による生理実験結果[74),75] を契機にして少しずつ明らかにされた。Furukawa and Matsura は，純音刺激に対するキンギョ聴神経のマイクロフォニック電位と **EPSP**（excitatory post-synaptic potentials）の観測で，前者はほぼ変化しないが，後者は時間経過とともに一定の割合で減少することから，有毛細胞の**神経伝達物質の量子的放出**を明らかにした。さらに，減少率は入力レベルに対してほぼ不変であるほか，入力に対するいくつかの**適応現象**を観測した。彼らは，伝達物質の放出数 m は，**貯蔵庫**にある利用可能な伝達物質量 n と放出確率 p の積 $m=np$ で定まるとし，p は小さいとして**ポアソン過程**で説明を試みたが，生理実験結果との良好な一致は得られなかった。その後，パラメータ m，p，n を $m=\dfrac{\overline{x}}{\gamma}$，$p=1-\dfrac{s^2}{m\gamma^2}+\dfrac{\sigma^2}{\gamma^2}$，$n=\dfrac{m}{p}$ で定め，EPSP の電位 x mV の期待値が二項分布

$$P(x)=\sum_{r=0}^{n}\binom{n}{r}p^r(1-p)^{n-r}\frac{1}{\sqrt{2\pi r\sigma^2}}\exp^{-\frac{(x-\gamma r)^2}{2\sigma^2 r}} \tag{2.32}$$

に従うと仮定し，**EPSP** の平均値 $\overline{x}$，標準偏差 s とシナプス小胞 1 個中の伝達物質量の平均値 γ，標準偏差 σ は生理実験データから求めた。Furukawa et al. のグループは**図 2.26** のように神経発火に寄与する**伝達物質の放出部位**が分布

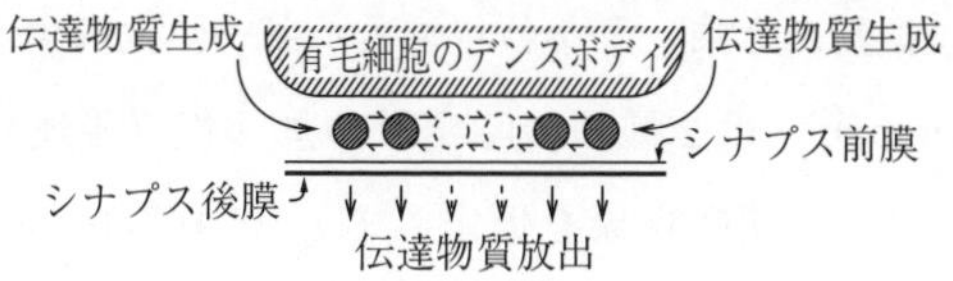

（a）

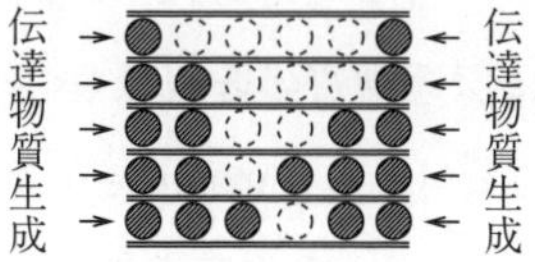

（b）

図 2.26　複数個の神経伝達物質の生成（replenishment）・放出（release）過程のモデル，Fig.8[76)]

し，放出閾値が異なるとする仮説を提唱した[76)]†1。Geisler, Le, and Schwid[80)] や Geisler and Greenberg[81)] は**聴神経発火の古典的モデル**である，大野－朱雀のモデルや Schroeder-Hall のモデルの改善版をそれぞれ提案した。

Schwid and Geisler は[83)]，Furukawa and Matsura の確率モデルで 6 個の独立した伝達物質の放出モデルを採用し，以下の 3 個の仮定：① 低い刺激レベルから高いレベルに応じて，1〜6 個の異なる閾値を有する個別の伝達物質の貯蔵庫から伝達物質が放出される。② 伝達物質の放出は刺激レベルに応じた膜の透過率で支配される。③ 伝達物質の回復は貯蔵庫の順番に行われる。を要請した。このモデルは複数個の伝達物質を導入している点が古典的モデルとの最大の差異である†2。

Ross[84)] は短時間と長時間の適応現象を説明するために 4 個の直列接続したエネルギー貯蔵庫の出力で定まる透過率に比例する平均確率のポアソン過程で発火し，発火の回復過程は RC 回路で表現される数学モデルを提案した。これ

---

†1　神経伝達物質の生成・放出過程やそのモデルについては，Sewell による総説がある[82)]。

†2　モデルの優劣は，シミュレーション結果と物理現象との一致の度合いのほか，モデルの前提の正当性や適用範囲の広さ，パラメータの数の多少などで判定すべきである。特性再現のための安易なパラメータの導入は，モデル構築の意義が問われる。入力レベルや周波数などに依存する複雑な物理現象を，単純なモデルで表現すること自体が困難な作業である。

は，発火が基底膜振動の2乗，すなわちエネルギーに比例するモデルである。

Smith and Brachman[85] は2種類の時定数の加法性（後述の Westerman and Smith の $p(t)$[86]）による適応現象を仮定して，入力強度対発火率の非線形特性[78] を採用したシナプスモデルで高周波のバースト音応答を模擬した。

Meddis は古典的モデルを改善するために，時間 t の関数として有毛細胞の細胞膜透過率 $k(t)$ のほかに伝達物質の貯蔵量 $0<v(t)<1$，伝達物質放出部位近傍に浸出する自由伝達物質（free transmitter）の量 $q(t)$ と伝達物質ゆらぎ量 $c(t)$ を導入し，$v(t)$，$q(t)$，$c(t)$ の生成方程式

$$\left.\begin{aligned}\frac{dv}{dt}&=y(1-v(t))-f(v(t)-q(t))\\ \frac{dq}{dt}&=f(v(t)-q(t))-k(t)q(t)+rc(t)\\ \frac{dc}{dt}&=k(t)q(t)-lc(t)-rc(t)\end{aligned}\right\} \tag{2.33}$$

で記述されるモデル A と，貯蔵量 $v(t)$ の代わりに再生貯蔵量 $w(t)$ を導入した

$$\left.\begin{aligned}\frac{dq}{dt}&=y(1-q(t))+xw(t)-k(t)q(t)\\ \frac{dc}{dt}&=k(t)q(t)-lc(t)-rc(t)\\ \frac{dw}{dt}&=rc(t)-xw(t)\end{aligned}\right\} \tag{2.34}$$

で記述されるモデル B を定義し，発火の確率は両モデルとも $c(t)$ に比例するとする，3個の貯蔵庫のモデル（y，f，r，x，l は定数）を提案した[87),88]。

2.4.6　聴神経発火の PST ヒストグラムにみられる適応現象

Hewitt and Meddis[89] は，哺乳類の内有毛細胞のモデルを8種取り上げて，① 定常状態の入力対発火頻度，② 2成分音適応現象，③ PST ヒストグラム特性にかかわる各種特性，④ 低周波音の位相同期などの相互比較を行った。

Ross[90] は，各種のモデルの与えるバースト音の on-off 時の時間応答特性の PST ヒストグラム再現性の成否の比較を行っている。

Westerman and Smith は[86]，短時間のバースト音に対する聴神経発火の PST ヒストグラムの波形 $p(t)$ が，三つの過程：① 数ミリ秒単位の急速な適応（rapid adaptation），② 60 ms 以上の時定数の短時間適応（short-term adaptation），③ 定常発火状態の重ね合せ：$p(t)=A_r e^{-t/\tau_r}+A_{st}e^{-t/\tau_{st}}+A_{ss}$ で記述した。ただし，τ_r，τ_{st} は 1，2 番目の時定数を，A_r，A_{st}，A_{ss} はそれぞれの過程の振幅を表す。第 1 項は実験的観測は容易ではなく，Furukawa and Matsura の観測は第 2 項に相当し，その時定数は刺激レベルに依存しないことを指摘した。

一方，Yates et. al.[79] は，Smith and Zwislocki[78] のモルモットの PST ヒストグラムの実験データと異なる実験データは $p(t)=A_1+A_2e^{-t/A_3}+A_4t$ で表現すべきであると主張した。両者の相違は前出の Westerman and Smith の $p(t)$ の式で解決できるとする，Smith の回答案[77] をめぐり，パラメータの算出法に関して Meddis と Yates との間で論争が行われ[91]，$p(t)$ の関数近似でも意見が分かれている。なお，Westerman and Smith は[92]，多貯蔵庫間で伝達物質の回復を拡散過程で記述したモデルを提案している。いずれにしろ，Furukawa et al. の生理実験結果からすでに約 30 年が経過したが，いまだ決着はしていないようである。

2.5 Békésy 以降の基底膜振動特性

Békésy の実験結果ののち，Johnstone and Boyle[95]（図 2.6 の下部に破線の直線で併記）や Rhode[96] らは，新しい測定技術を用いて，Békésy より低い音圧レベルで Békésy より鋭い基底膜振動の周波数特性（**図 2.27**）を実測した。**図 2.28**（a）は入力レベルにより特徴周波数や周波数選択性が変わる非線形性を示している。（b）は生体の生死による特性の差を示している。**図 2.29** は一定の基底膜変位に必要な**入力レベル周波数特性**（iso contour，Frequency Tuning Curve と呼ぶ）の結果（Békésy, Rhode, W & J と表記）と聴神経の**閾値特性**（Evans と表記）の実験結果である。図より，両者に大きな差があることがわ

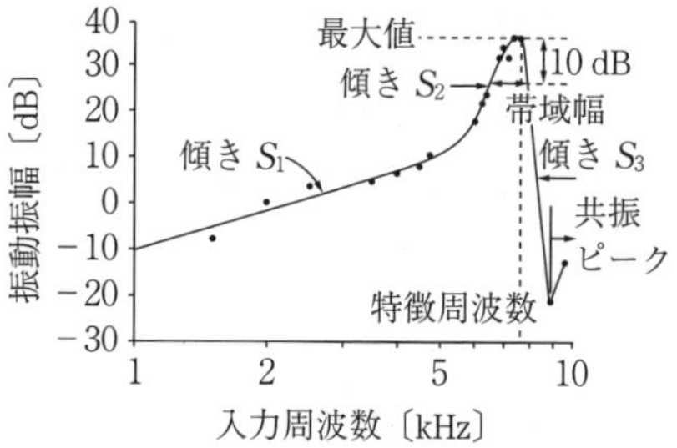

（a）

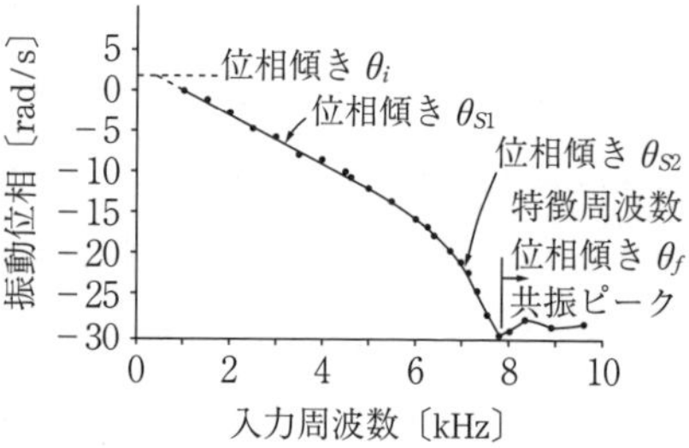

（b）

図 2.27　Rhode の基底膜振動の周波数特性，Fig.1[7)]

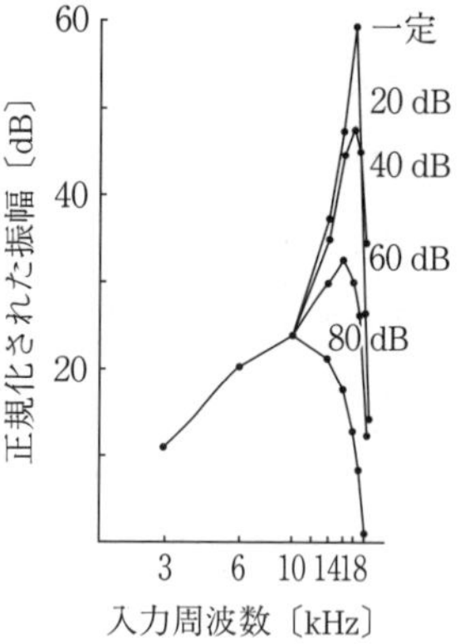

（a）

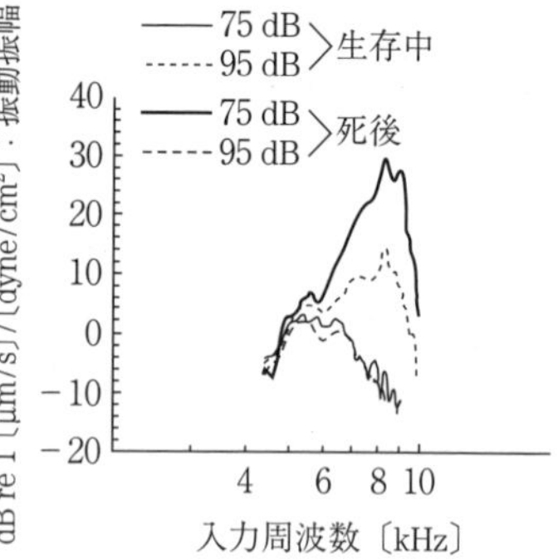

（b）

図 2.28　基底膜振動の周波数特性：（a）：非線形性（Johnstone, Patuzzi and Yates[93)]），（b）：生死による特性差（Ruggero and Rich）[94)]，Dallos, Fig.5[16)]

かる[28)]。当初，両者の差を埋める基底膜 - 聴神経間の**第 2 フィルタ**（second filter）[53),65)] の必要性が主張された。その後，Sellick, Patuzzi and Johnstone[97)]，Johnstone, Patuzzi and Yates[93)] や Robles, Ruggero and Rich[98)] らは，蝸牛の損傷を最小限に抑えた実測を行い，死後の蝸牛の特性と生きた蝸牛のそれとは，異なることを明らかにした[†]。**図 2.30** は基底膜振動，内有毛細胞，聴神経の発火の周波数特性間に，ほぼ差異がないことを示している（Patuzzi and Robertson[99)] や Robles and Ruggero[8)] の総説を参照）。

† 対象生体を変えない（***in vivo***）状態と，少し変えた（***in vitro***）状態とに区別される。

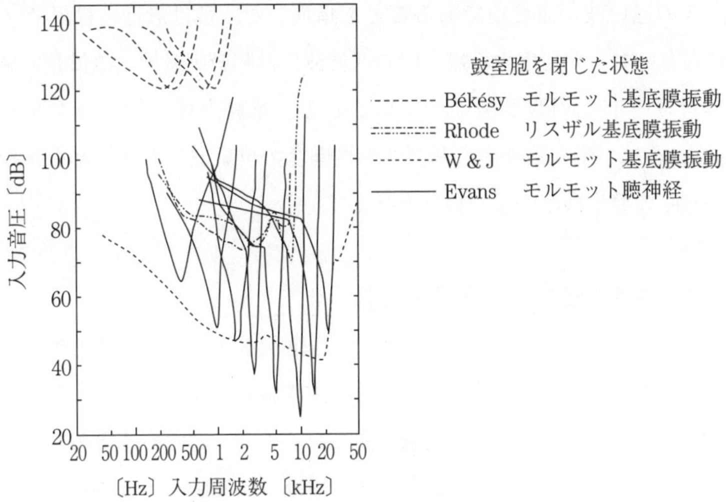

図 2.29 Békésy 以降の実験データ[28)]

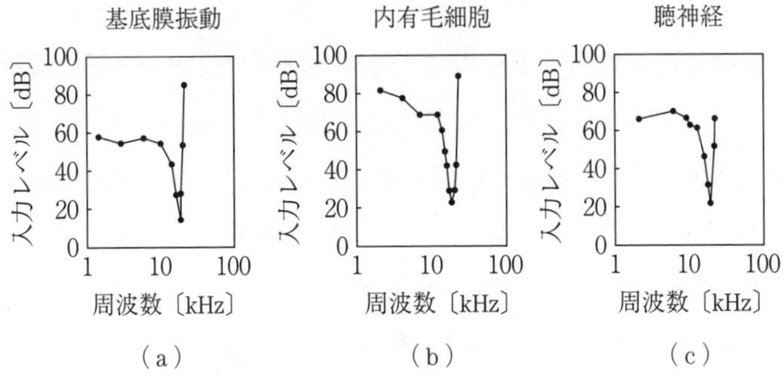

図 2.30 基底膜振動・内有毛細胞・聴神経の各種周波数特性 (Patuzzi and Robertson[99)])

2.5.1 蝸牛管の巨視的2層モデルと Lighthill の進行波解

流体力学者の Lighthill[100)] は，リンパ液で満たされた2層の蝸牛（図 2.3 参照）[†]の仕切りである基底膜の振動が，流体方程式の解の**早い波**と**遅い波**の和で一般に記述できるが，通常の流体力学の問題と異なり，蝸牛基部から頂部へ

† 蝸牛壁を介して隣接する共鳴器特性の先鋭化に関する Huxley[101)] の議論は，蝸牛のかたつむり形構造に対する素朴な疑問として最近再論されている[102)~104)]。

の前向きの遅い波が主要項であることを指摘した。彼は最近の総説で[13]微弱な信号入力に対して発生する蝸牛内の進行波には特徴刺激周波数依存の急激な増幅を行う外有毛細胞が関与していること，増幅と関係がある2.5.4項の**Kemp echo**は，蝸牛頂部から基部への逆向きの早い波であることを指摘し，Kemp echoの発生機序のよい指針を与えている。

2.5.2 外有毛細胞による蝸牛増幅

最近の生理実験結果で明らかにされた，基底膜振動の広範な周波数選択性，ダイナミックレンジ，周波数高分解能性や生体脆弱性などは，ヒトの有する顕著な高感度と周波数弁別能力が説明可能となるので，聴覚の基本問題解決の手がかりを与える。その物理的機構は**蝸牛増幅**（cochlear amplifier）と総称され[17]，入力刺激周波数・レベル依存の蝸牛内に局在する機械的フィードバック（非線形フィルタ）によるとする仮説である。Sellick, Patuzzi and Johnstone[97]の基底膜振動特性を説明するために，外有毛細胞の役割や詳細な機構が1980年から少しずつ明らかにされ，21世紀に入り急速な進歩を遂げたが，いまだ解明すべき課題も多く，精力的に研究が進められている†。蝸牛増幅の機構はmacromechanics（巨視的）とmicromechanics（微視的）のレベルに大別できる。後者の，蝸牛電気生理学・分子生理学的知見に関しては第3章で詳述されるので，本項では前者にかかわる実験結果やそのモデルを紹介する。

Yatesは基底膜変位と外有毛細胞間の運動の相互作用のモデルとして三つの状態を考えた[21]。第1は，基底膜と**網状板**（reticular lamina）間の平衡状態，第2，第3はそれぞれ基底膜変位に伴う外有毛細胞体の伸縮運動[105]，**不動毛**（stereocilia）の変位に伴う基底膜変位である。Hudspethは[18),19]外有毛細胞による機械的増幅の分子レベルのモデルとして，哺乳類の外有毛細胞体側壁のプラズマ膜の伸縮作用と非哺乳類脊椎動物外有毛細胞の**感覚毛の束**（hair bundle）変位の動力源モデルの，**ミオシン**（myosin）モデルと**MET**（mecha-

† 外有毛細胞の最近の研究に関してはよい総説が多数ある[15),20),136]。

noelectrical transduction）チャネルモデルの3種のモデルを提案している（第3章参照）。

Patuzzi[6] は，内・外毛細胞の有する機能を明らかにした。すなわち，内毛細胞の役割は毛の変位に応じた聴神経発火を促進し，外有毛細胞は音響入力に対する基底膜振動 → 毛の変位 → 外有毛細胞電流 → 外有毛細胞細胞体伸縮 → 基底膜振動間のフィードバック作用を有している。この作用は入力刺激周期のサイクルごとに反応する。伸縮運動は有毛細胞の電気的性質の変化をもたらすので，外有毛細胞は一種の MET とみなされる。当初 RC 並列回路を等価回路とする細胞膜は一種の低域フィルタとなるので，高周波数刺激に対する外有毛細胞の応答追従性に疑問が投げかけられていたが，外有毛細胞の頂部/細胞本体が電気的性質が異なる内/外リンパ液に浸っているので，その等価回路は2種の RC 並列回路の直列接続のインピーダンスで表現（第3章参照）できるので，約 22 kHz の刺激周波数までサイクルごとの応答が可能であるとされている[17]。

2.5.3 コルチ器蓋膜の共振特性と第2フィルタ

Zwislocki and Kletsky[65] と Zwislocki[106] は，基底膜振動が鋭敏な周波数選択性を有するためには基底膜特性を表すヘルムホルツ共鳴器のほかに，不動毛や不動毛－蓋膜特性を表す並列共鳴器，第2フィルタが必要であることおよび，基底膜振動が無反射で鋭敏な周波数選択を有する条件を議論している†。Zweig, Lipes and Pierce[51] は，無反射であるための条件として，線路の特性インピーダンスが基底膜の場所によらない関数であることを挙げている。Kim et al.[107] は，モデルの安定計算のために蝸牛の増幅機能が非常に限られた範囲であることを主張し，その後の研究者もこの局在性を採用している。Neely and Kim[60),108] は，それぞれ外有毛細胞の不動毛の共鳴器，不動毛－蓋膜間の共鳴器を考慮した第2フィルタモデルを提案した。これらのほかに，蝸牛増幅に基

† Zwislocki[14] は，1980 年に蝸牛の物理機構に関する JASA の特集号を編集している。

づくコルチ器のモデルが多数提案されているがこれらのモデルはいずれも基底膜インピーダンス $Y_p^{-1}(x)$ と直列に負の実部を有するインピーダンスが付加されている。

Allen は，従来の基底膜の共振回路に直列に蓋膜の共振回路を付加した，RTM（resonant tectorial membrane）モデルを提案した[9),11)]。Hubbard は，二つの容量の電圧制御型電流源を取り入れた，TWAMP（travelling-wave amplifier）モデルを提案した[109)]。両者のモデルはいずれも蓋膜の役割を積極的に取り入れて，不動毛，蓋膜を表現する新たなインピーダンスが図 2.17 の古典的モデルの基底膜インピーダンス $Y_p^{-1}(x)$ に直列に付加されている。

古典的モデルでは，リンパ液で代表される $Z_s(x)$ を介して $Y_p(x)$ が接続されるとしたが，図 2.2 のようにコルチ器の構造は複雑で，ヘルムホルツ共鳴器間の接続をリンパ液だけで代表させることにもともと無理がある。一般的には**図 2.31** のように $Y_p(x)$ を何らかの回路で接続する回路を考慮する必要がある。その際，蝸牛増幅はレベル依存であるので，非線形回路とならざるを得ない。

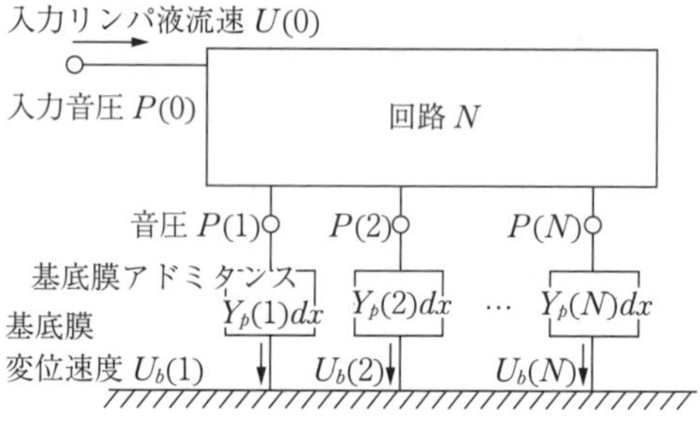

図 2.31　共鳴器を結合する電気回路モデル

前述のように，コルチ器の役割の重要性は古くから示唆されていたが[14),65)]，その直接的観測はなされていなかった。最近，蓋膜の共振特性，外有毛細胞の**ピエゾ圧電素子**（piezoelectric transducer）**的共振特性**が測定されている[110)~113)]。蓋膜の役割に注目したモデルのなかに，蓋膜に発生する進行波モデルや[114),115)]蓋膜のフィルタ特性を測定した結果が知られている[113)]。

一方，有毛細胞の頂部の hair bundle は蓋膜に接しているので，微弱な音刺激による細胞の伸縮に伴い基底膜変位が増幅される。この増幅は負のスティフネス（**非線形能動スティフネス特性**）を有する hair bundle で説明可能であるとされている[116]。これは，非線形振動子の一種であり，hair bundle の静止状態から自励発振へと構造変化するので非線形振動論での Hopf 分岐論を援用して，基底膜振動を Hopf 発振器群で説明しようとする研究[117)~119)]が提案され，従来の非線形能動素子との相違が最近の話題の一つになり，ヘルムホルツ共鳴器の代わりに **Hopf Cochlea** と称した Hopf 発振器に基づく蝸牛モデルで非線形知覚現象を説明しようとする研究が行われている[120)~122)]。

2.5.4 耳音響放射とそのモデル

Kemp は短いクリック音刺激に対して，約 10 ms の遅れの**誘発耳音響放射**（transient-evoked otoacoustic emission，**TEOAE**）と呼ばれる反射音を検出した[58]。これは蝸牛に存在する能動のエネルギー源からの重み付き加重を反映している。音響放射には単一周波数のバースト音に対する**単音放射**（single-tone emission，**STE**）や f_1，$f_2>f_1$ の 2 純音刺激に伴うひずみ音成分 $f_{CD}=2f_1-f_2$ の**ひずみ音耳音響放射**（distortion product otoacoustic emission，**DPOAE**）などがある。OAE に関してはよい総説[123),124)]がある。

Allen and Fahey[125] は非線形性や蝸牛増幅による利得評価のために，**Allen-Fahey の測定法**と進行波理論に基づく圧縮波モデルを提案し，蝸牛増幅はないと結論付けた。この方法では，特徴周波数 f_{CD} の聴神経の発火応答と f_{CD} 成分の耳音響放射を比較する。f_{CD} を一定に保ちつつ，神経発火の一定応答を得るために f_1，f_2 を変化させ f_1，f_2 のレベルを調整した。この方法は比 f_2/f_1 が 1 に近い場合，f_{CD} 成分の進行波よりも f_1 成分のほうが聴神経の発火に与える影響が大きいという欠点を有する。Shera and Guinan[126] は Allen-Fahey 法と異なる方法（第 3 音 $f_3<f_{CD}$ を入力して，これと f_{CD} との第 2 結合音 $f_{CD}^*=2f_3-f_{CD}$ を利用して f_{CD} 成分の進行波を推定する）で同様な実験を行い，広い範囲で蝸牛増幅があると結論付けた。第 2 結合音の利用は 2.3 節の図 2.14 で紹介

した Goldstein and Kiang[35] や Goldstein, Buchsbaum and Furst の方法[127] と同一である。Shera and Guinan[123),128] や Shera[129] は，反射に伴う低レベルで長い遅れ時間を伴う広帯域線形の音響放射や非線形ひずみに伴う音響放射の2種が混在して分布することを論じた。なお，2音刺激 f_1，f_2 に対する音響放射の定量化の際，出力側で前進波と後退波の比である反射係数の**重ね合せ**が成立するとする**擬似線形の反射理論**を援用している[128),130)~132)]。

今後，蝸牛内での非線形・能動活動を侵襲性が少なく観察できる，**電気刺激誘発耳音響放射**（electrically evoked otoacoustic emission，**EEOAE**）[133] の測定結果とそのモデル構築が望まれる。

コラム1

聴覚モデル論小史

2の12乗根を用いて1オクターブを12等分して平均律を定義したメルセンヌ（Mersenne）（1636年），オーム（Ohm）のピッチの周波数説への反論の，ゼーベック（Seebeck）（1841年）の実験, Békésy の進行波論（1928～1960年）などは物理学や数学が聴覚科学の進展の節目で重要な役割を果たした有名な例である。

平均律の歴史は他書に譲るが，メルセンヌの時代には平方根と立方根の概念が確立していた。また，オームは誕生間もないフーリエ級数論（1822年）を援用し，当時物理学の帝王であったヘルムホルツはオーム側に立った。周波数説・時間説論争は，フーリエ級数論における時間と周波数の対称性を考えると，現在の工学者には奇異に感じるが，音の高さの心理実験家や多くの物理学者にさらなる研究を促した。現にヘルムホルツの共鳴説・場所説は Békésy の理論で結実し，Gold，Kemp の耳音響放射，生きた状態に近い基底膜振動特性の観測以降，Brownell et.al. の外有毛細胞体の伸縮運動[105]，Hudspeth の有毛細胞の微細活動の解明[18),19]，Zheng et.al.[134] の Prestin の発見へと，21世紀になり急速な進展を遂げている。また，ヘルムホルツ共鳴器に代わる Hopf 発振器[135] の提案では，「蝸牛モデルはどうあるべきか」の論争[110] を巻き起こしている。元来，聴覚科学は長い研究史を有し，Schouten のモデル論[137] のように，三大学問分野（物理・数学，生理学，心理学）の融合点であるので，一面だけでモデルの優劣を論じるのは早計であろう。

引用・参考文献

1） 村田計一，聴覚の生理，聴覚と音声（新版），三浦種敏（編），電子通信学会，pp.1-72 (1980)

2） 中山　剛，境　久雄 編著，日本音響学会 編：聴覚と音響心理，音響工学講座 6, pp.1-236, コロナ社 (1988)

3） G. V. Békésy, Experiments in Hearing, New York：McGraw-Hill (1960)

4） H. Davis, Hear. Res., **9**, pp.79-90 (1976)

5） P. Dallos, In The Cochlea eds. by P. Dallos, A. N. Popper and R. R. Fay, pp.258-317 (1996)

6） R. Patuzzi, The Cochlea, ed. by P. Dallos, A. N. Popper and R. R. Fay, pp.186-257 (1996)

7） W. S. Rhode, JASA, **57**-5, pp.1696-1703 (1980)

8） L. Robles and M. A. Ruggero, Physiol. Rev., **81**-3, pp.1305-1352 (2001)

9） J. B. Allen, JASA, **68**-6, pp.1660-1670 (1980)

10） J. B. Allen, IEEE ASSP Magazine, **2**-1, 3-29 (1985)

11） J. B. Allen, home / jba / doc / papers / Raven.tex：(RCS version 1.32) (2001)

12） E. De Boer, In The Cochlea eds. by P. Dallos, A. N. Popper and R. R. Fay, pp. 258-317 (1996)

13） J. Lighthill, J. Vibration and Acoustics, **113**, pp.1-13 (1991)

14） J. J. Zwislocki, JASA, **67**-5, pp.1679-1685 (1980)

15） J. Ashmore, Physiol.Rev., **88**, pp.173-210 (2008), JASA, **115**, pp.2178-2184 (2004)

16） P. Dallos, J. of NeuroScience, **12**-12, pp.4575-4585 (1992)

17） P. Dallos and B. N. Evans, Science, **267**, pp.2006-2009 (1995)

18） A. J. Hudspeth, Science, **230**-4727, pp.745-752 (1985)

19） A. J. Hudspeth, Nature, **341**, pp.397-404 (1989)

20） R. H. Withnell, L. A. Schaffer and D. J. Lilly, Ear & Hearing, **23**-1, pp.49-57 (2002)

21） G. K. Yates, in Hearing, Ed. by B. C. J. Moore, Academic Press, pp.41-74 (1995)

22） The International workshop on Mechanisms of Hearing：the 1st in a series in 1983, the 11th in a series in 2011

23） E. G. Wever and C. W. Bray, PNAS, **16**, pp.344-350 (1930)

24） I. Tasaki, H. Davis and D. E. Eldredger, JASA, **26**, pp.765-773 (1954)

25） E. F. Evans, Handbook of Sensory Physiology, V/2, Auditory System-Physiology (CNS). Behavioral Studies Psychoacoustics, ed.by W. D. Keidel and W. D. Neff, Berlin：Springer-Verlag, pp.1-108 (1975)

26） E. F. Evans, J. Physiol. (Lond.), **226**, pp.263-287 (1972)

27）N. Y. -s Kiang, T. Watanabe, E. C. Thomas, in Discharge Patterns of single fibers in the cat's auditory nerve. Cambridge, Mass.：M. I. T. Press（1965）
28）R. M. Arthur, R. R. Pfeiffer, N. Suga, J. Physiol., **212**, pp.593-606（1971）
29）J. E. Rose, J. E. Hind, D. J. Anderson, J. F. Brugge, J. Neurophysiol, 34, pp.685-699（1971）
30）J. E. Rose, J. F. Brugge, D. J. Anderson, J. E. Hind, in Hearing Mechanisms in Veterbrates, eds. by A. V. S. de Reuck, J. Knight, pp.144-168（1968）
31）M. B. Sachs, P. J. Abaas, JASA, **56**, pp.1835-1847（1974）
32）J. E. Hind, D. J. Anderson, J. F. Brugge and J. E. Rose, J. of Neurophysiology, **30**, pp.794-816（1967）
33）T. J. Goblick, Jr., R. R. Pfeiffer, JASA, **46**, pp.924-938（1969）
34）M. Nomoto, N. Suga, Y. Katsuki, J. Neurophysiol., **27**, pp.768-787（1964）
35）J. L. Goldstein and N. Y. S. Kiang, Proc. IEEE, **56**, pp.981-992（1968）
36）J. F. Brugge, D. J. Anderson, J. E. Hind, J. E. Rose, J. Neurophysiol., **32**, pp. 386-407（1969）
37）R. Plomp, Aspects of Tone Sensation. London：Academic Press, Chap.2, pp26-40, Chap.7, pp.111-142（1976）
38）J. L. Goldstein, JASA, **41**, pp.676-689（1967）
39）G. F. Smoorenburg, JASA, **52**, pp.615-632（1972）
40）R. R. Pfeiffer, JASA, **48**, pp.1373-1378（1970）
41）G. F. Smoorenburg, in Facts and Models in Hearing, eds. by E. Zwicker and E. Terhadt, pp.332-343, Springer, Berlin（1974）
42）T. F. Weiss, Kybernetica, **III**-4, pp.153-175（1966）
43）D. Gabor, Proc. of the IEEE, **93**-2, pp.429-457（1946）
44）J. L. Flanagan, The Bell system technical journal, **39**, pp.1167-1196（1960）
45）R. D. Patterson, JASA, **55**, pp.802-809（1974）
46）R. D. Patterson, JASA, **59**, pp.640-654（1976）
47）J. Zwislocki, Acta Oto-Laryngologica Suppl., **72**（1948）
48）L. C. Peterson and B. P. Bogert, JASA, **22**, pp.369-381（1950）
49）H. Fletcher it JASA, **23**, pp.637-645（1951）
50）M. R. Schroeder, JASA, **53**, pp.429-434（1973）
51）G. Zweig, R. Lipes and J. R. Pierce, JASA, **59**, 4, pp.975-982（1976）
52）H.Duifhuis, JASA, **59**, pp.408-423（1976）
53）E. F. Evans and J. P. Wilson, Science, **190**, pp.1218-1221（1975）
54）E. De Boer, Physics Reports, **62**, pp.87-174（1980）
55）E. De Boer, Physics Reports, **105**, pp.141-226（1984）
56）J. L. Hall, JASA, **56**, pp.1818-1828（1974）
57）T. Gold, Proc. of the Royal Society of London, Series B. Biophysical Sciences,

pp.135-881, pp.492-498 (1948)
58) D. T. Kemp, JASA, **64**, pp.1386-1391 (1978)
59) D. T. Kemp, S. D. Anderson, Proc. of Sympo. on Nonlinear and Active Mechanical Processes in the cochlea, Hear. Res. **2** (1980)
60) T. S. Neely, D. O. Kim, Hear. Res., **9**, pp.123-130 (1983)
61) S. T. Neely, JASA, **78**, pp.345-352 (1985)
62) 大野，香田，電子通信学会論文誌，**57-D**, pp.463-470 (1974)
63) 香田　徹，音響会誌，41, pp.519-526 (1985)
64) T. Kohda, T. Une and K. Aihara, In What Fire is Mine Ears：Progress in Auditory Biomechanics, eds. by C. A. Shera and E. S. Olson, pp.578-583 (2011)
65) J. J. Zwislocki and E. J. Kletsky, Science, **24**, pp.639-641 (1979)
66) T. Kohda, In Recent Developments in Auditory Mechanics, eds. by H. Wada, T. Takasaka, K. Ikeda, K. Ohyama and T. Koike, World Scientific, pp.174-180 (1998)
67) H.Davis, Symp. Quant. Biol., **30**, pp.181-190 (1965)
68) W. M. Siebert, Kybernetica, **II**-5, pp.206-215 (1965)
69) 大野，朱雀，電子通信学会論文誌，**57-D**, pp.159-166 (1974)
70) 大野，朱雀，電子通信学会論文誌，**58-D**, pp.352-359 (1975)
71) M. R. Schroeder and J. L. Hall, JASA, **55**, pp.1055-1060 (1974)
72) 大野，香田，聴覚研究会資料，H-51-7, pp.1-6 (1978)
73) 朱雀，(private communication), June 17. (1987)
74) T. Furukawa and S. Matsuura, J. Physiol., **276**, pp.193-209 (1978)
75) T. Furukawa, Y. Hayasida and S. Matsuura, J. Physiol., **276**, pp.211-226 (1978)
76) T. Furukawa, M. Kuno and S. Matsuura, J. Physiol., **322**, pp.181-195 (1982)
77) R. L. Smith, Hear. Res., **19**, pp.89-92 (1985)
78) R. L. Smith and J. J. Zwislocki, Biol. Cybern., **17**, pp.169-182 (1975).
79) G. K. Yates, D. Robertson and B. M. Johnstone, Hear. Res., **17**, pp.1-12 (1985)
80) C. D. Geisler, S. Le and H. A. Schwid, JASA, **65**, pp.985-990 (1979)
81) C. D. Geisler and S. Greenberg, JASA, **72**-5, pp.1359-1363 (1986)
82) W. F. Sewell, In The Cochlea eds. by Dallos, P. Popper, A.N. and R. R. Fay, pp.503-533 (1996)
83) H. A. Schwid and C. D. Geisler, JASA, **72**-5, pt.1, pp.1435-1440 (1982)
84) S. Ross, JASA, **71**, pp.926-941 (1982)
85) R. L. Smith and M. L. Brachman, Biological Cybernetics, **44**, pp.107-129 (1982)
86) L. A. Westerman and R. L. Smith, Hear. Res., **15**, pp.249-260 (1984)
87) R. Meddis, JASA, **79**-3, pp.702-711 (1986)
88) R. Meddis, JASA, **83**-3, pp.1056-1 063 (1988)
89) M. J. Hewitt and R. Meddis, JASA, **90**-2, pt.1, pp.904-917 (1991)
90) S. Ross, JASA, **99**-4, pp.2221-22 381 (1996)

91）R. Meddis and G. K. Yates, Hear. Res., **23**, pp.287-290（1986）
92）L. A. Westerman and R. L. Smith, JASA, **83**-6, pp.2266-2 276（1988）
93）B. M. Johstone, R. Patuzzi and G. K. Yates, Hear. Res., **22**, pp.147-153（1986）
94）M. A. Ruggero and N. C. Rich, Hear. Res., **51**, pp.215-230（1991）
95）B. M. Johnstone and A. J. F. Boyle, Science, **158**, pp.389-390（1967）
96）W. S. Rhode, JASA, **49**, pp.1218-1231（1971）
97）P. M. Sellick, R. Patuzzi and B. M. Johnstone, JASA, **72**, pp.131-141（1982）
98）L. Robles, M. Ruggero and N. C. Rich, JASA, **80**, pp.1364-1374（1986）
99）R. Patuzzi and D. Robertson, Phy. Rev., **68**, pp.1009-1082（1988）
100）J. Lighthill, J. Fluid Mech., **106**, pp.149-213（1981）
101）A. F. Huxley, Nature, **221**, pp.935-940（1969）
102）A. Cho, Science, **311**, p.1087（2006）
103）D. Manoussaki, E. K. Dimitriadis and R. S. Chadwick, PRL, **96**, pp.088701.1-088701.4（2006）
104）D. Manoussaki, R. S. Chadwick, D. R. Ketten, J. Arruda, E. K. Dimitriadis and J. T. O'Malley, PNAS, **106**-16, pp.6162-6166（2008）
105）W. E. Brownell, C. R. Bader and de Y. Ribaupier, Science, **227**, pp.194-196（1985）
106）J. J. Zwislocki, Hear. Res., **9**, pp.103-111（1983）
107）D. O. Kim, S. T. Neely, C. E. Molnar, J. W. Matthews, In G. Van der Brink and F. A. Bilsen（eds.）, Psychophysical, Physiological and behavioral studies in hearing, pp.7-13, Delft: Delft University Press（1980）
108）T. S. Neely, D. O. Kim, JASA, **79**, pp.1472-1480（1986）
109）A. Hubbard, in Concepts and Challenges in the Biophysics of Hearing, eds. by N. J. Cooper and D. T. Kemp, pp.358-360（2008）
110）J. B. Allen, "discussion session, " in Biophysics of the cochlea：From Molecules to Models, eds. by A. Gummer, E. Dalhof, M. Nowtony, M. P. Sherer, World Scientific Sigapore, pp.563-592（2003）
111）H. Cai, B. Shoelson and R. S. Chadwick, PNAS, **101**, pp.6243-6248（2004）
112）K. Grosh, J. Zheng, Y. Zhou, E. de Boer and A. L. Nutall, JASA, **115**, pp.2178-2184（2004）
113）M. P. Scherer and A. W. Gummer, PNAS, USA, **101**-51, pp.17652-17 657（2004）
114）R. Ghaffari, A. J. Aranyosi and D. M. Freeman, PNAS, **104**, pp.16510-16515（2007）
115）R. Ghaffari, A. J. Aranyosi and D. M. Freeman, Concepts and Challenges in the Biophysics of Hearing, eds. by N. J. Cooper and D. T. Kemp, 247-254（2008）
116）P. Martin, A. D. Mehta and A. J. Hudspeth, PNAS, **97**-22, pp.12026-12031（2000）
117）S. Camalet, T. Duke, F. Jülicher, J. Prost, PNAS, **97**, pp.3183-3188（2000）
118）Y. Choe, M. O. Magnasco and A. J. Hudspeth, PNAS, USA, **95**, pp.15321-15326（1998）

119) V. M. Egulitz, M. Ospeck, Y. Choe, A. J. Hudspeth and M. O. Magnasco, PRL, **84**, pp.5232-5235 (2000)
120) A. Kern and R. Stoop, PRL, **91**-12, pp.128101.1-128101.4 (2003)
121) R. Stoop and A. Kern, PRL, **93**-26, pp.268103.1-268103.4 (2004)
122) R. Stoop, W.-H. Steeb, J. C. Gallas and A. Kern, Physica A, **351**, pp.175-183 (2005)
123) C. A. Shera and J. J. Guinan, Jr., in Active Processes and Otoacoustic Emissions, ed. by G. A. Manley, R. R. Fay and A. N. Popper, Springer, Chap.9, pp.305-342 (2008)
124) G. K. Yates and D. L. Kirk, in Psychphysical Physiological Advances in Hearing, ed. by A. Palmer, A. Rees, A. Summerfield and R. Meddis, pp.39-45 (1997)
125) J. B. Allen and P. F. Fahey, JASA, **92**, pp.178-188 (1992)
126) C. A. Shera and J. J. Guinan, Jr., Abstracts of the Midwinter Meeting of the Association for research in Otolaryngology, **51**, SessionF1, Poster (1997)
127) J. L. Goldstein, G. Buchsbaum and M. Furst, JASA, **63**-2, pp.474-485 (1978)
128) C. A. Shera and J. J. Guinan, Jr., JASA, **105**-2, pp.782-798 (1999)
129) C. A. Shera, in Biophysics of the cochlea; From Molecules to Models, eds. by A. Gummer, E. Dalhof, M. Nowtony, M. P. Sherer, World Scientific Sigapore, pp. 439-454 (2003)
130) C. A. Shera and G. Zweig, JASA, **89**-3, pp.1290-1305 (1991)
131) C. A. Shera and G. Zweig, JASA, **93**-6, pp.3333-3352 (1993)
132) G. Zweig and C. A. Shera, JASA, **98**, pp.2018-2047 (1995)
133) G. K. Yates and D. L. Kirk, J. Neuroscience, **18**-6, pp.1996-2003 (1998)
134) J. Zheng, W. Shen, D. Z. He, K. B. Long, L. B. Madson and P. Dallos, Nature, **11**-405, pp.149-155 (2000)
135) P. Martin and A. J. Hudspeth, PNAS, **7**, pp.14306-14311 (1999)
136) 日比野　浩，古河太郎，Equilibrium Res., **64**-6, pp.425-445 (2005)
137) J. F. Schouten：Frequency analysis and Periodicity Detection in Hearing,ed.by R. Plomp and G. F. Smoorenburg, Leiden：Sijithoff, pp. 41-58 (1970)

第3章 内耳有毛細胞機能の分子生物学的基盤とそのモデル

音が内耳蝸牛に伝わると，まず基底膜が振動する（第2章参照）。その際，基底膜は一様に応答するのではなく，音の周波数に従って，高周波，すなわち高音の入力時には基底部が，低周波，すなわち低音の入力時には頂上部が振動する。それに連続して，基底膜の上に分布する聴覚の1次受容器，「有毛細胞」が刺激される。有毛細胞は，音の機械的刺激を電気信号に変換する役割をもつ。変換された信号は，さらにいくつかのステップを経て，最終的に蝸牛神経線維を通じて中枢へと伝わっていく。この音伝達機構は広く脊椎動物に共通であり，同様の有毛細胞は昆虫の聴器にも認められる。哺乳類の有毛細胞は，内有毛細胞と外有毛細胞に分化しており，前者は音を中枢へ伝える役割，後者は音の感度を調節する役割を有する。基底膜を伝わる音振動は，内リンパ液の粘稠性のために減弱するが，おもに外有毛細胞を介して増幅される。一方で，内・外有毛細胞の区別をもたない鳥類や爬虫類は，異なったシステムで音を増幅すると考えられている。本章では，分子生物学的基盤に立脚した蝸牛有毛細胞の構造－機能協関を中心に述べ，その数理モデルを用いた解析も紹介する。

3.1 機械－電気変換器としての有毛細胞

3.1.1 有毛細胞の構造

有毛細胞は，文字どおりその頂上膜に感覚毛を有する（**図3.1**）。ヒトでは，両耳を合わせて32 000個の有毛細胞が蝸牛に，134 000個の有毛細胞が前庭器にある。哺乳類の内耳蝸牛には，内・外の二種類の有毛細胞があり，前者が1列，後者が3列，蝸牛全周に分布する。トリやカメでは，その区別はなく，代わりに外側方向に長さの異なった細胞が配置される。哺乳類の蝸牛は，

150 mmol/l（以下 mM：液体 1 l 当りのミリモル数）のカリウムイオン（K^+），2 mM のナトリウムイオン（Na^+），20 μM のカルシウムイオン（Ca^{2+}）を含み，＋80 mV を示す**内リンパ液**と，通常の細胞外液のイオン組成をもつ**外リンパ液**（150 mM の Na^+，5 mM の K^+，0 mV）で満たされている[1)]。内リンパ液の高 K^+ 濃度は，他の動物種でも認められる。いずれの種の有毛細胞も，感覚毛を有する頂上膜部分のみを内リンパ液に，細胞体を外リンパ液に浸している。細胞体の電位は通常，約－60 mV である。

一つの有毛細胞に感覚毛は 20 本～数十本認められ，哺乳類の蝸牛では，中心から外側の骨壁方向へ向かうほど長い。哺乳類の外有毛細胞の頂部には，3 列の感覚毛が V もしくは U 字型に規則正しく並ぶ[2)]。一方で内有毛細胞の感覚毛の配置は，ゆるやかな湾曲を示す[2)]。1 本の感覚毛の直径は約 100～900 nm であり，その内部にはアクチン（actin）線維が充満し，さながら筋線維を彷彿させる。また，感覚毛は基部にいくほど幅が狭くなっている（図 3.1（c））。有毛細胞には kinocilium と呼ばれる特に長い感覚毛が 1 本備わっている（図 3.1（a））。哺乳類の蝸牛有毛細胞では，kinocilium は幼若期のみに認められる。kinocilium 以外の感覚毛は stereocilium と呼ばれ，これらは束状になっていることから**感覚毛の束**（hair bundle）ともいわれるが，以下では単に**感覚毛**と呼ぶ（図 3.1（a））。

感覚毛の頂部には，隣り合う感覚毛を結ぶ糸状の構造物が認められる（図 3.1（b））。これは，**tip link** と呼ばれ，直径が約 4 nm，長さが 150～200 nm のねじれた 2 本の線維からなる[3)]。tip link は有毛細胞を介した機械－電気変換機能に必須の役割を果たす（3.1.3 項参照）。さらに，感覚毛の側面からは多くの糸状構造物が出ており，隣接する感覚毛と連絡する（**図 3.2**（c））（3.1.5 項参照）。哺乳類の外有毛細胞の感覚毛は，蓋膜と呼ばれる構造物に接して固定されている。よって，音刺激に起因する基底膜の振動がそのまま感覚毛を屈曲させる。一方で，内有毛細胞の感覚毛は蓋膜に接せず内リンパ液中に浮いた状態にあるが，内リンパ液の粘稠性が抵抗となり，基底膜運動を反映して敏感に屈曲する。

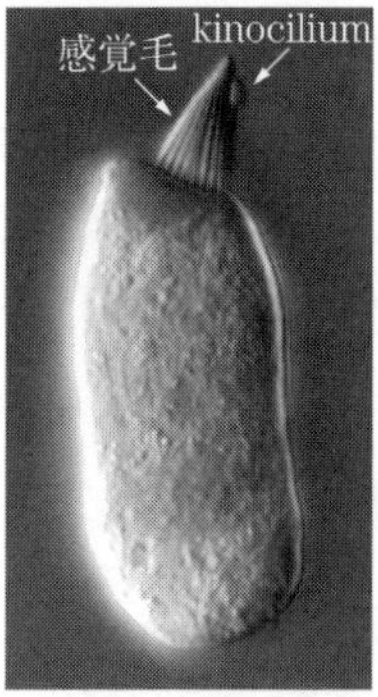

（a） カエル前庭器の有毛細胞

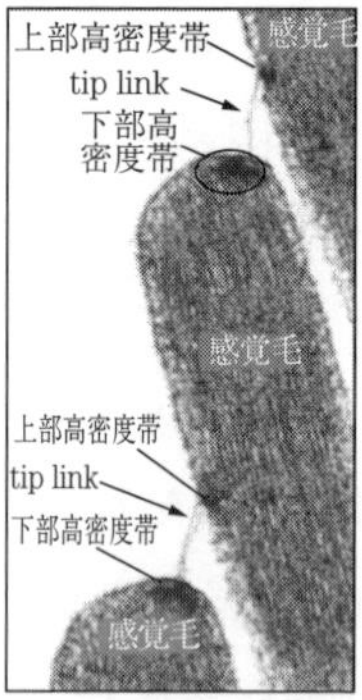

（b） 感覚毛頂部の拡大写真。上部高密度帯，下部高密度帯については，図 3.2（a）および 3.1.4 項を参照

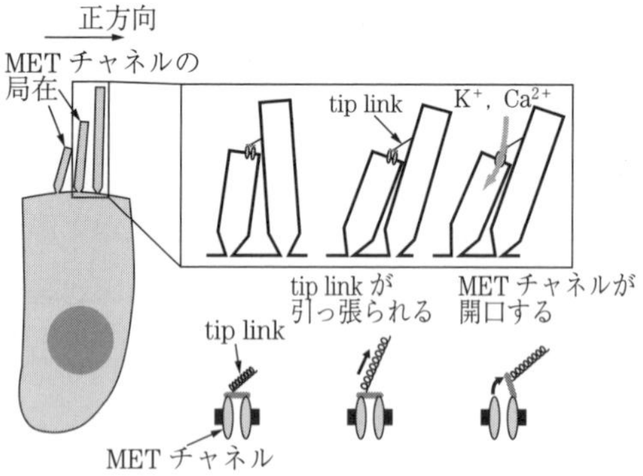

（c） METチャネルの局在と開口。METチャネルは感覚毛の頂部に局在し（左），静止状態時には tip link が付着した蓋のようなもので，ほぼ閉じられているとされている（右上と右下）。感覚毛が正方向に倒れると tip link が牽引され，蓋が開くことで METチャネルが開口する。そして，内リンパ液に豊富な K^+ と若干量の Ca^{2+} が有毛細胞へと流入する

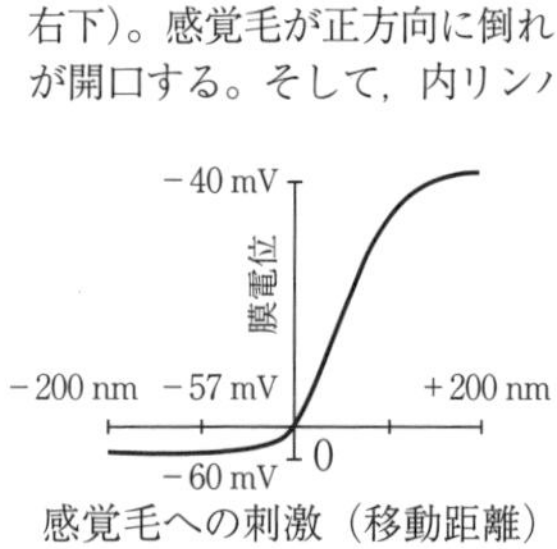

（d） 感覚毛を人為的に変位させたとき（横軸：正方向の変位を正の値とする）の有毛細胞の膜電位の関係

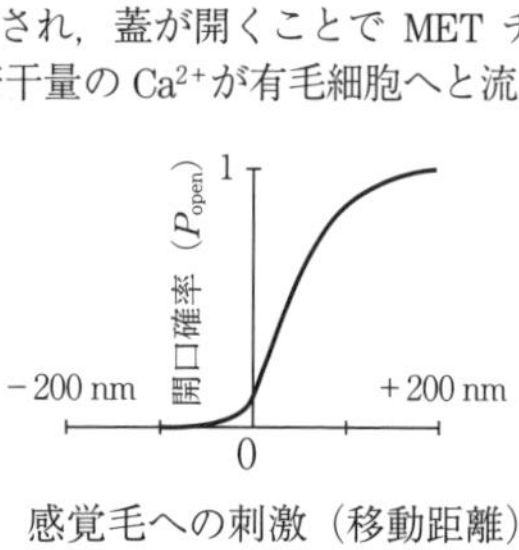

（e） 感覚毛を人為的に変位させたとき（横軸：正方向の変位を正の値とする）のMETチャネルの開口確率の関係

図 3.1 内耳有毛細胞と METチャネル（図（a），（b）はともに A. J. Hudspeth 博士からの提供）

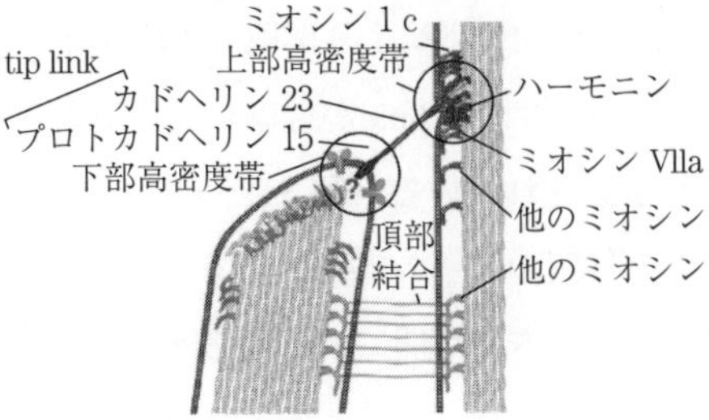

順応モーター
　＝ミオシン 1 c＋カルモジュリン＋ハーモニン＋他の蛋白質？

Gating spring
　＝MET チャネル＋tip link＋順応モーター＋他の蛋白質？

（a）　順応モーターや gating spring の構成分子。tip link は，上の 3 分の 2 がカドヘリン 23 で，下の 3 分の 1 がプロトカドヘリン 15 で構成される。上部および下部高密度帯の場所も示す（図は文献 122）から許可のうえ転載）

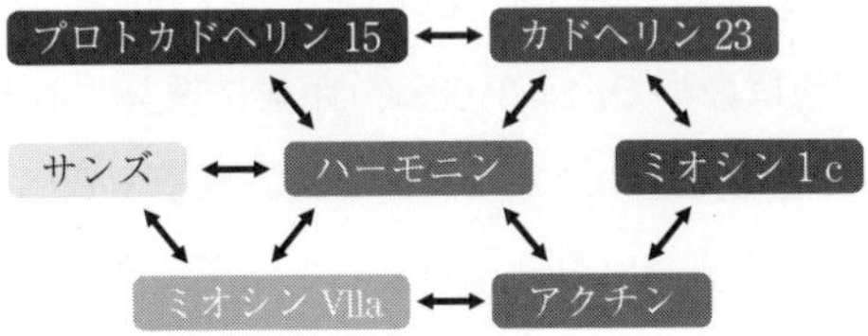

（b）　上部高密度帯を構成する蛋白質。矢印は直接の結合を示す

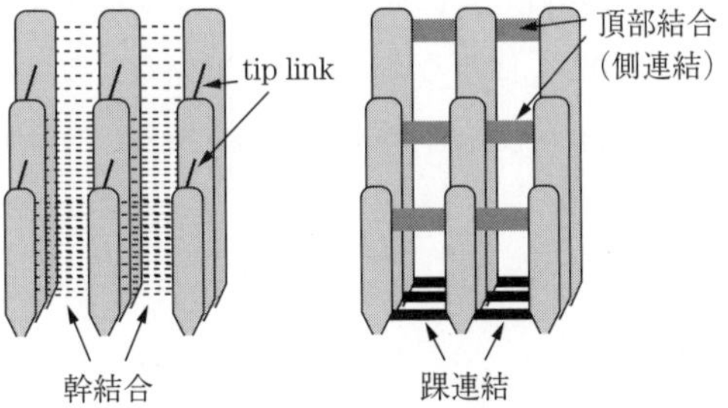

（c）　感覚毛を連絡する構造物

図 3.2　感覚毛の機能蛋白質複合体と構造物

3.1.2 有毛細胞における音シグナル伝達機構

感覚毛の尖端には，機械的刺激により開閉する陽イオンチャネルが分布しており[4),5)]，そのチャネル活性は tip link が付着した蓋のようなものの開閉によって制御されていると予想されている（図 3.1（c））。音刺激により感覚毛が正方向，すなわち蝸牛の外側の骨壁の方向へ傾くことで tip link が引っ張られ，その結果，蓋が開いてチャネルが開口すると考えられている[6)]。チャネルを介して，内リンパ液に多く含まれる K^+ と若干の Ca^{2+} がチャネルを透過し（図 3.1（c）），おもに前者が有毛細胞の電位を上昇，すなわち，細胞を**脱分極**させる。この際に機械的刺激は電気信号に変換され，その後，脳へと伝えられる。ゆえに上記の陽イオン透過性チャネルは**機械－電気変換チャネル**（mechanoelectrical transduction channel，**MET チャネル**）と呼ばれる。

感覚毛と MET チャネルの感度の高さは想像を絶する。われわれが聴く大小さまざまな音の約 90 % は 50～120 nm の感覚毛の傾き（±1°）で処理される[7)]。また，有毛細胞は最小で約 ±0.003°，距離に換算すると約 ±0.3 nm の感覚毛の傾きに反応できるとされており[7)]，これは原子 1 個の直径の大きさとほぼ同じである。感覚毛を東京タワーに例えると，その頂部がヒトの親指の幅ほど揺れただけで有毛細胞は反応する計算になる。この最小閾（しきい）値反応は，有毛細胞を約 100 μV 脱分極させる[7)]。

感覚毛は，音の大きさに対して直線状に比例して屈曲するわけではなく，小さい音に対して，より大きく曲がるようになっている。これは後述する蝸牛の音反応の非線形圧縮（compressive nonlinearity，3.2.1 項参照）を支える主要素の一つである。

3.1.3 MET チャネル

1977 年に電気生理実験によりウシガエルの有毛細胞にて同定された MET（機械－電気変換）チャネルは[8)]，上述したとおり，イオンの選択性が乏しい陽イオンチャネルであるため，Na^+，K^+，Ca^{2+} などの陽イオンをすべて透過させるが，生体内では内リンパ液に豊富に存在する K^+ と若干の Ca^{2+} を透過させる（図 3.1 (c))[7),9)]。K^+流入は細胞体の電位の上昇を惹起し，細胞を興奮させることでさらに細胞に付着する神経線維を刺激する。一方でCa^{2+}は，後述するとおり，MET 電流の順応（3.1.6 項参照），感覚毛運動の増幅（3.2.3 項参照）などに重要な役割を果たす。MET チャネルは各感覚毛の頂部に 2 個ずつ分布するため[5)]，一つの有毛細胞には，百数十個〜二百数十個のチャネルが発現することになる。さらに MET チャネルは tip link の上端ではなく，下端近くに局在することが明らかになっている[5)]（図 3.1 (c))。

図 3.1 (d) は，横軸に感覚毛を人工的に移動させた距離を，縦軸に細胞の膜電位をプロットしたものである。移動距離 0 が，生体では音入力がない状態に相当する。感覚毛を正方向，つまり長い感覚毛の方向へ屈曲させると（図 3.1 (c) 参照），細胞は脱分極し，そのときの膜電位の変化は非線形を示す。これは，MET チャネルの開口の度合いが，やはり非線形であるためであることが，感覚毛の移動距離とチャネルの開口確率の関係を示した図 3.1 (e) のグラフによって理解できる。開口確率とは，ある測定時間内において，そのチャネルが開いている状態が占める比率を示す指標であり，開口確率 1 を示すチャネルはつねに開口していることになる。MET チャネルは，音刺激に曝露されていない静止状態でもわずかに開口しており，開口確率 0.1 を示す（図 3.1 (e))。一方，感覚毛を人工的に負方向に屈曲させると，有毛細胞の電位が静止状態のときよりも下降し，細胞が過分極することがわかる（図 3.1 (d))。感覚毛の静止状態の位置付近（図 3.1 (d) の原点付近），つまり開口確率 0.1 付近（図 3.1 (e) のグラフと縦軸の交点付近）では，グラフの傾きが最も急になっており，この場所では，感覚毛のごくわずかな正方向への屈曲に対して感度よくチャネルが反応し，細胞が効果的に興奮する。よって，MET チャネルの反応性は静止状態近くで最も敏感である。哺乳類の一つの有毛細胞には，MET チャネルを介して静止状態で 0.5〜1 nA，最大で 6 nA の電流が流れる[10)]。また，MET チャネルの反応の速さも大きな特徴の一つである。ウシガエルの有毛細胞のチャネルは，感覚毛を刺激して数十マイクロ秒以内に開口する[7)]。その潜時の短さは，他の感覚細胞などで観察される酵素反応を介した反応では説明

できず，チャネルの開閉が機械的に制御されていることを強く示唆する。哺乳類のMETチャネルの分子実体は，まだ明らかになっていない（コラム参照）。

METチャネルを透過したCa^{2+}は，順応（3.1.6項参照），感覚毛運動の増幅（3.2.3項参照）などの重要な役割を果たしたのち，感覚毛に分布する細胞膜型Ca^{2+}－ATPaseのPMCA2（Atp2b2）によって，内リンパ液へと排出されると考えられている[11)]。この分子は，生体エネルギーを使ってCa^{2+}を細胞内から細胞外へと輸送する機能蛋白質である。難聴と平衡障害を示すマウス*Deaf-waddler*（*dfw*，*dfw*[2J]）は，PMCA遺伝子に変異が認められ（**表3.1**），感覚毛の形態異常が時折見られる[12)]。また，この変異マウスでは，内リンパ液のCa^{2+}濃度が4分の1程度に下がっており，PMCA2が内リンパ液のCa^{2+}恒常性にも関与することが示唆されている[13)]。

コラム2

METチャネルの分子同定

METチャネルの分子実体については，多くの研究者が長年にわたり莫大な研究資金をつぎ込んで，その同定に取り組んできた。現在でも聴覚領域で最も注目されている研究対象の一つである。2000年に，剛毛の感覚機能を欠如するハエの変異体から，責任分子としてNOMPC（no mechanoreceptor potential C）が単離された[141)]。これは，Na^{+}，K^{+}，Ca^{2+}など，多くの種類の陽イオンを透過させるTRP（transient receptor potential）チャネル類に属する。その結果を受けて，内耳METチャネルの分子候補としてTRPチャネル類が一気に脚光を浴びた。魚類ではNOMPCの発現が内耳有毛細胞に観察され，そのチャネルを欠如させると聴覚・平衡覚が損なわれたため，当初はNOMPCが脊椎動物のMETチャネルと考えられた[142)]。しかし，組織学的検討によりNOMPCは感覚毛頂部には認められず，現在その説は否定的である[143)]。

一方，ハエの聴器であるジョンストン器官の感覚細胞の感覚毛には，同じくTRP類のNAN（Nanchung）とIAV（inactive）と呼ばれる陽イオンチャネルが複合体をつくって発現しており，それぞれの変異で感覚細胞機能が障害されることが判明した[144),145)]。したがって，これらはハエのMETチャネルと考えられている。哺乳類については，TRP類の一つであるTRPA1が2004年に内耳METチャネルの候補として報告されたが[146)]，そのノックアウトマウスでは聴力が正常であったため[147)]，分子探索はまた振出しに戻った。

表 3.1　難聴のヒト遺伝子とモデルマウス

遺伝子	蛋白質	ヒト難聴型	文献（ヒト難聴型）	マウスモデル（自然発症）	文献（マウスモデル）
MYO1A	Myosin 1a	DFNA48	123), 124)		
MYO1C	Myosin 1c				
MYH9	Myosin IIa	DFNA17：Fechtner syndrome	125), 126)		
MYO3A	Myosin IIIa	DFNB30	61)		
MYO6	Myosin VI	DFNA22 DFNB37；Cardiomyopathy syndrome	66), 65) 127), 128)	Snell's waltzer (*sv*) Twist（*Twt*）	67)
MYO7A	Myosin VIIa	DFNB2 DFNA11；Usher syndrome 1B	129)～131)	Shaker-1 (*sh1*) Headbanger (hbd)	132), 133)
MYO15A	Myosin XVa	DFNB3	134)	Shaker-2 (*sh2*; $Myo15a^{sh2}$)	58)
ESPN	Espin	DFNB36	63)	Jerker（*je*）	62)
RDX	Radixin	DFNB24	135)		
USH1C	Harmonin	DFNB18；Usher syndrome 1C	22), 23), 136)	Deaf circler (*dfcr*)	29)
USH1G	Sans	Usher syndrome 1G	137)	Jackson shaker (*js*)	138)
DFNB31	Whirlin	DFNB31；Usher syndrome 2D		Whirler (*wi*; $Whrn^{wi}$)	60)
CDH23	Cadherin 23	DFNB12；Usher syndrome 1D	17)～19)	Waltzer（*v*）	139)
PCDH15	Protocadherin 15	DFNB23；Usher syndrome 1F	20), 21)	Ames waltzer (*av*)	21)
GPR98	VLGR1	Usher syndrome 2C	32)		
USH2A	Usherin	Usher syndrome 2A	33)		
STRC	Stereocilin	DFNB16	38)		
ATP2B2	PMCA2			Deafwaddler (*dfw*, dfw^{2J})	12)
CLRN1	Clarin-1	Usher syndrome 3A	140)		
KCNQ4	KCNQ4	DFNA2	114)		

DFNA：Autosomal dominant gene（常染色体優性遺伝形式を示す難聴遺伝子）
DFNB：Autosomal recessive gene（常染色体劣性遺伝形式を示す難聴遺伝子）

3.1.4　tip link と gating spring の分子構成

感覚毛の頂部に局在する MET チャネルは，蓋のようなものでその開閉が制御されていると考えられ，蓋は tip link という電子顕微鏡で確認可能な細い糸で隣の感覚毛につながれていると予想されていることは，3.1.2 項でも触れたとおりである。もともと Hudspeth らは，電気生理学的な実験から，感覚毛の屈曲に関連した機械的刺激により種々の装置が動き，MET チャネルが開くという概念，すなわち **gating spring モデル**に近い考えにたどり着いていたが[6)]（3.2.3 項参照），それとほぼ時を同じくして tip link の存在が観察され[14)]（図 3.1（b）），Hudspeth らのモデルに実体的な裏付けが与えられた。今日では gating spring という用語は，機械的刺激によって影響を受ける全装置，つまり，tip link や，蓋，MET チャネル，順応モーター（adaptation motor）（3.1.6 項参照）などを含むものと定義されるが，tip link がその中心的役割を果たすことに変わりはない。有毛細胞に特徴的なこの音シグナル伝達機構は，機械的刺激を直接受けることで進むため，刺激に対する非常に速い反応を生むことに役立っており，前庭器・聴覚器の有毛細胞に共通したものである（3.1.3 項参照）。

tip link の分子構成は，長い間不明であり，多くの研究者がその同定に挑戦した。最近の研究により，カドヘリン（cadherin）23 が tip link の上部 3 分の 2 を，プロトカドヘリン（protocadherin）15 が下部 3 分の 1 を構成していることが報告された[15)]（図 3.2（a））。また，カドヘリン 23 は直接，MET チャネルの開閉に重要とされているミオシン（myosin）1c（3.1.6 項参照）[†]と結合することも示された（図 3.2（b））[16)]。これらの分子はともに細胞と細胞の接着を仲介する蛋白質である。さらに，カドヘリン 23 とプロトカドヘリン 15 の遺伝子変異は，難聴を主症状とする疾患であるアッシャー（Usher）症候群 1D

---

† 機能蛋白質の一種であるミオシンは，生体エネルギー源と Ca^{2+} を用い，アクチン分子が重合してなるアクチン線維上をスライドすることで筋肉を収縮させる。アクチンとミオシンは筋肉や有毛細胞の感覚毛のほかに，多くの細胞に発現し，移動や分裂などの重要な役割を果たす。

と1Fタイプ†1をそれぞれ惹起することも報告され[17)~21)]（表3.1），両蛋白質の聴覚における重要性が強調された。

感覚毛を電子顕微鏡で観察すると，tip linkの上端と下端が付着する部分は電子密度が高く見える（図3.1（b））。これは蛋白質が高密度で分布していることを示唆し，それぞれ上部高密度帯（upper tip link density），下部高密度帯（lower tip link density）と呼ばれる（図3.1（b），3.2（a））。そのうち，上部高密度帯の構成分子が近年解明され，METチャネルの機能に重要な役割を果たすことが報告されている。下記に紹介する分子の一部はMETチャネルの「順応」という現象にかかわるものであるため，それを詳細に述べた3.1.6項もあわせて参照されたい。上部高密度帯にはカドヘリン23の末端部分，ミオシン1c，ハーモニン（harmonin）などの分子が局在する（図3.2（a），（b））。そのうちアッシャー症候群1Cの原因遺伝子でもあるハーモニンは[22),23)]（表3.1），種々の異なった機能分子を結合し集積させる機能をもつ**足場蛋白質**であり，生体内では，感覚毛に発現する別のミオシン分子であるミオシンVIIa（3.1.6項，図3.1（a）参照），カドヘリン23，プロトカドヘリン15，足場蛋白質の一種であるサンズ（sans），感覚毛の主要素であるアクチンに結合する（図3.2（b））[24)~27)]。以上より，ハーモニンが仲介役となって多彩な機能蛋白質が上部高密度帯に集積し，複合体をつくっていると考えられる（図3.2（a），（b））。ハーモニンのノックアウトマウスやカドヘリン23に結合できない変異ハーモニンを発現するノックインマウス†2では，発生段階での感覚毛の伸張が著しく阻害され，カドヘリン23に遺伝子変異が入ったマウスと同じ表現系を示す[28)]。さらに，遺伝子変異のためにアクチン結合部位が欠損した異常ハーモニンを発現する自然発症難聴マウス*deaf circler*（*dfcr*）では[29)]（表

†1　難聴と視覚障害を伴う遺伝病。障害される遺伝子の違いにより，10種類が知られている（表3.1参照）。

†2　ともに遺伝子改変マウスである。特定の蛋白質をつくり出す遺伝子の全部，もしくは一部を欠損させたものをノックアウトマウスと呼ぶ。ノックインマウスは，すべて，もしくはある程度の長さの遺伝子配列を，一部に人工的に変異が入れられた遺伝子配列と交換して作成する。

3.1)，上部高密度帯の電子密度が消失している。興味深いことに *dfcr* マウスの有毛細胞では，感覚毛を約 1 μm 変位させたときに見られる MET チャネルの電流量の最大値は正常であるが，より小さい感覚毛の屈曲に対してチャネルが開きにくくなっており，チャネルの順応反応の時定数も速い成分・遅い成分とともに大きくなる（3.1.6 参照）[30]。ハーモニンを含めた上部高密度帯の構成蛋白質が，機械－電気変換機構を調節する重要な要素であることが強く示唆される。

3.1.5　感覚毛間の結合の分子構成

感覚毛は 3.1.4 項で述べた tip link のほかに，踝(か)連結（ankle link）・幹結合（shaft connector）・頂部結合（top connector）と呼ばれる三つの構造物でお互いがつながっている（図 3.2（c））。

踝連結は，有毛細胞の頂上膜の近くで感覚毛が細くなっている部分にて隣り合う感覚毛どうしを連絡する（図 3.2（c））。細胞膜蛋白質である vlgr1（very large G protein-coupled receptor 1）とアーシュリン（usherin）の 2 分子が構成要素として同定されている[24),31)]。それぞれの遺伝子変異が，ヒトで難聴を伴うアッシャー症候群 2C，2A を誘引する[32),33)]（表 3.1）。vlgr1 の変異マウスでは踝連結が欠如し，外有毛細胞の感覚毛の整然とした V 型の配置が見られない。また，生後 3 週時に高度難聴が観察され，MET 電流が欠如する[31),34)]。アーシュリンのノックアウトマウスでは，おもに基底部の外有毛細胞の感覚毛が障害され，高音障害型の難聴を呈する[35)]。以上より，踝連結は感覚毛の発達および MET 電流の発現に深くかかわると考えられる。

幹結合は，踝連結の上部にて隣り合う感覚毛を比較的広い範囲でつなぎ（図 3.2（c）），脂質分解酵素である ptprq（protein tyrosine phosphatase receptor Q）によりおもに構成されている[36)]。ptprq- ノックアウトマウスでは幹結合が欠如するが，感覚毛の束がまとまりなく広がるという異常は認められず，逆に隣り合う感覚毛が接着した状態となり，MET 電流も正常と比較して小さい[36)]。また，基底回転の有毛細胞が徐々に障害され，進行性の難聴を呈する。

頂部結合は側連結（lateral link）とも呼ばれ（図3.2（c）），ステレオシリン（stereocilin）と呼ばれる蛋白質を含む[37]（表3.1）。ステレオシリンは非症候性難聴の原因遺伝子の一つであるDFNB16[†]の産物である[38]。そのノックアウトマウスではtip linkは保存されるものの，頂部結合が欠損しており，進行性の難聴を示すが，聴覚を獲得する時期である生後14日目のマウスを検討すると，聴力の閾値や周波数分析能はほぼ正常である。しかし，耳音響放射の一種であるひずみ成分耳音響放射（distortion-product otoacoustic emission, DPOAE）（2.5.4項，3.2節参照）がまったく欠如している。

3.1.6 METチャネルの順応

感覚毛を持続的に屈曲させると，最初は大きなMET電流が観察されるが，その後，間もなく電流が小さくなる（**図3.3**（a））。これをMET電流の**順応**（adaptation）と呼ぶ[39]。静止状態のときには，METチャネルの開口確率は0.1程度であり（図3.1（e）），3.1.3項で述べたとおりチャネルは最も感受性が高い。順応は，感覚毛が屈曲してMETチャネルの開口確率がいったん大きくなっても，有毛細胞の反応性や感受性をつねに最も高く保つため，チャネルの開口確率をすぐに0.1近くにまで下げる機構である（3.1.3項参照）[40]（図3.3（b））。つまり，順応で見かけ上METチャネルが閉じたように見えても，チャネルは新たな刺激に対して鋭敏に反応できる。よって順応は，例えば嗅覚の神経細胞に認められるように，いったん刺激に呼応して興奮したのちに，反応性が落ち，刺激されても興奮しない状態が続いてしまう現象——脱感作（desensitization）——とはまったく異なる。順応は蝸牛と前庭の有毛細胞にともに観察され，特に静的な頭位の変化を感受する前庭器では重要な概念である。例えば，われわれは頭を一定の方向に素早くかつ大きく傾けたあと，連続してゆっくりと少しだけ動かしても，その動きがよく感知される。これはおもに前庭有毛細胞の順応によるものである。

---

† 難聴の原因となる遺伝子変異。DFNAとDFNBはそれぞれ，常染色体優性遺伝形式，劣性遺伝形式を示す難聴遺伝子。

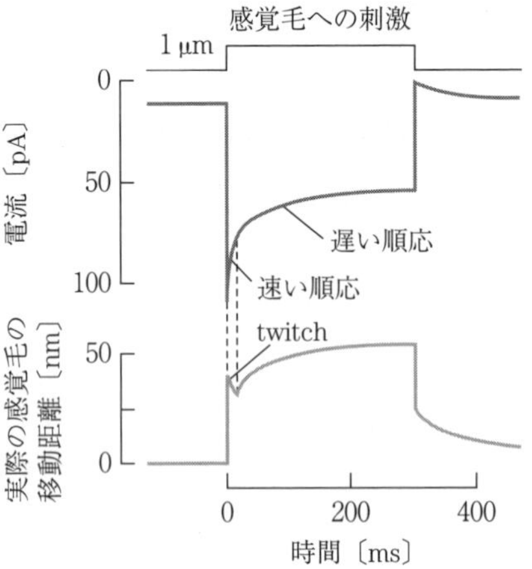

（a）感覚毛を正方向へ人為的に屈曲させると細胞外から有毛細胞内へと電流が流れる（上段）。電流は，いったん大きく流れたあと，2段階に分けて小さくなる。これをそれぞれ「速い順応」「遅い順応」と呼ぶ。実際の感覚毛の軌跡を示したのが下段であり，刺激の開始直後に反対方向へと戻ることがわかる（twitch）

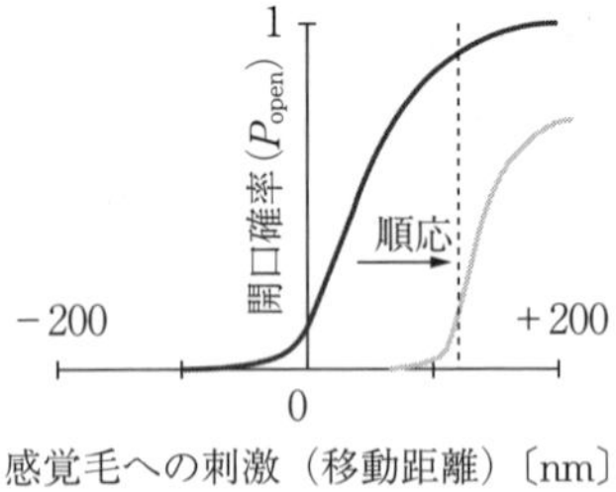

（b）感覚毛を点線の場所に移動させ，そこを刺激の開始点としてさらに正方向に屈曲させると MET チャネルの開口確率のグラフは灰色の線となる。これが遅い順応である

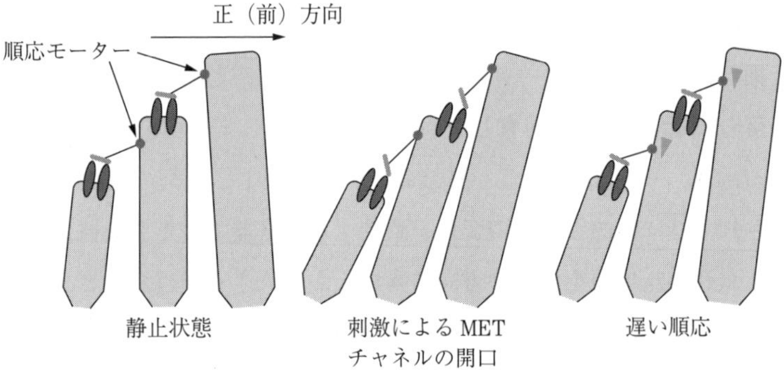

（c）遅い順応のメカニズムの仮説。MET チャネルの開口後，順応モーターがアクチンを下にスライドし（▼印），tip link をゆるめてチャネルの蓋を閉じる

図 3.3　MET チャネルの順応

聴覚における順応の生理的意義はあまり明確に定義されていないが，最近の研究によって，有毛細胞の音増幅機能に主要な役割を果たす可能性が論じられている（3.2.3項参照）。順応には，刺激の開始から2〜3 ms以内にMETチャネルが閉じる**速い順応**と，その後，数十ミリ秒の間に観察される**遅い順応**の二つがあるが[39),41)]（図3.3（a）），蝸牛・前庭の違いや種差によって，それぞれのスピードは異なる。「速い順応」「遅い順応」はともにMETチャネルの開口に伴って流入するCa^{2+}に依存して惹起されるが，それぞれ異なったメカニズムによって制御されていると考えられている。二つの反応は，いずれもMETチャネルを閉じようとする機構である。しかし，以下に示すとおり，遅い順応はgating springの張力をゆるめる方向に働き，逆に速い順応はその張力を増強する機能をもつ。

〔1〕 遅い順応 Howard and Hudspethにより提唱された遅い順応（slow adaptation）の成立機序の仮説は，おもにカエル前庭の有毛細胞を用いた実験結果に基づいている[39),41)]。この説では，チャネルの機械的な開閉を調節するgating springが感覚毛に分布する順応調節因子，すなわち**順応モーター**によって制御される。感覚毛が正方向へ屈曲することで流入したCa^{2+}に反応して，順応モーターはアクチン線維を滑り落ち，tip linkをゆるめる。その結果，METチャネルが閉じる（図3.3（c））。一方で，感覚毛が負方向に移動し，tip linkの張力が低く，METチャネルが閉じてCa^{2+}の流入が阻害されているときは，反対のことが起こる。つまり，順応モーターがアクチンを登りtip linkを牽引する。その結果，METチャネルの開口確率が0.1程度になり，若干のCa^{2+}が感覚毛へ流入する。したがって，順応モーターに立脚した遅い順応反応は，METチャネルを最も反応性が高い開口確率0.1付近につねに設定するために重要な役割を果たしており，逆にそのときのCa^{2+}流入が適度に順応モーターやtip linkに働きかけ，開口確率0.1を保つ。

順応モーターはtip linkの上端が付着する感覚毛の表面近傍，すなわち上部高密度帯に局在すると考えられている（図3.2（a），3.3（c））。ミオシンの機能に影響を与える薬物の投与によって，遅い順応や静止状態のMETチャネル電流量が大きく変化することから，以前よりこの分子が順応には必須の役割を果たすと予想されてきた[42),43)]。順応モーターは，現在ではミオシン1c，Ca^{2+}結合蛋白質であるカルモジュリン（calmodulin），ハーモニンなどの複数の蛋白質から構成され（3.1.4項参照）[44)]（図3.2（a）），その中心がミオシン1cと考えられている[44)]。ミオシン1cを含んだ順応モーターがアクチン上をスライドする光景は，筋肉線維を連想させる。

上述したとおり，遅い順応にはCa^{2+}が重要な役割を果たす。人工的に感覚毛内のCa^{2+}を枯渇させると，正・負両方向における遅い順応反応のスピードがより遅くなる[41),45)]。また，Ca^{2+}の効果器であり，かつ他のミオシン分子と結合するカルモジュリンの阻害薬を有毛細胞に投与しても，同様の結果が得られることから[46)]，Ca^{2+}とカルモジュリンの結合がミオシン1cに影響し，遅い順応反応の成立に深くかかわると指摘されている。

ほかのミオシン分子と同じく，ミオシン1cが種々の生理機能を発揮するには，生体エネルギー源であるアデノシン三リン酸（adenosine triphosphate, ATP）が必要である。ミオシン1cのATP結合部位のアミノ酸配列を変異させると，ATPを人工的に修飾した薬物の投与により，変異ミオシン1cがアクチンに強固に結合したままの状態になり，スライドすることが不可能になる[47)]。近年，その変異体を強制発現させることで，薬物を投与したときにのみミオシン1cの機能が阻害できる遺伝子改変マウスが作成され，有毛細胞の遅い順応がほぼ完全に消失することが報告された[48)]。このことは，遅い順応にはミオシン1cが必須であるという説を強く支持する。最近の研究では，足場蛋白質であるハーモニンも遅い順応の制御因子であることが判明した[30)]。3.1.4項で述べたとおり，ハーモニンは上部高密度帯の構成要素の中心であり，試験管内の実験でカドヘリン23とアクチンに結合するため，tip linkと感覚毛内の種々の機能蛋白質を連結させる分子と考えられる（図3.2（a），（b））。ハーモニンのアクチン結合部位を欠損した自然発症マウス*Deaf circler*（*dfcr*）では（表3.1），遅い順応が減弱しているのみならず，静止状態のMETチャネルの開口確率を正常に保てず，静止時のMET電流が減少する。

〔2〕 **速い順応** 速い順応（fast adaptation）は（図3.3(a)），感覚毛に流入したCa^{2+}がMETチャネルに直接かもしくはチャネルの近傍に作用し，その結果，チャネルが閉じることにより起こると予想されている[39),49)]。チャネルの閉口の際にはtip linkの張力が増大し，感覚毛を刺激方向の反対側に移動させる力を生む。したがって，感覚毛を人工的に正の方向へ屈曲させた際の感覚毛の軌跡を解析すると，速い順応の時間変化に一致して，感覚毛がわずかに反対方向に戻る，すなわち刺激プローブを負の方向に引っ張る現象が認められる。これを**twitch**と呼ぶ[50)]（図3.3(a)）。このtwitchを生む力は，速い順応の時間変化が音波の周期と合致するとき，音刺激による感覚毛の負方向への変位運動を増強するため，音の増幅機構の一つともとらえることができる[51)]。一方，異なったメカニズムも示唆されている。Ca^{2+}がMETチャネルの近傍に結合し，チャネルに連関した装置に作用することでtip linkの張力がむしろ減少し，チャネルが迅速に閉じるという説である[52)]。

3.1.7 感覚毛伸張の分子機序

それぞれの有毛細胞には，長さが異なる感覚毛が秩序正しく並んでいる。この配列は，感覚毛の束が方向性をもって機械的刺激に対して屈曲するために重要である。一つの細胞において感覚毛の異なる長さを規定するメカニズムは，いまだ不明である。しかし近年の研究によって感覚毛自体の伸張を制御する蛋白質が同定されてきた。それは，大きく二つの群に分けられる。すなわち，ミオシンXVa－ウィリン（whirlin）系と，ミオシンⅢa－エスピン（espin）1系であり，それぞれの群の二つの蛋白質は試験管内の実験で直接結合する[53),54)]。これらはいずれも感覚毛の頂部に分布する[54)~57)]。そしてそれぞれの蛋白質の遺伝子変異は表3.1に示すとおり，ヒトの遺伝性難聴や自然発症性難聴マウスの原因となる[58)~63)]。ミオシンXVa，ミオシンⅢa，エスピン1のそれぞれをマウスの有毛細胞に強制的かつ多量に発現させると，感覚毛の長さが2倍程度になる[54),64)]。ミオシンXVa－ウィリン系とミオシンⅢa－エスピン1系がどのように相互作用して感覚毛の伸張を制御しているか，また，一有毛細胞における感覚毛長の勾配はどのように決定されているかなど，不明な点はまだ多い。しかし，ミオシン分子を介してウィリンやエスピン1などの機能蛋白質が感覚毛頂部に運搬されることで感覚毛の長さが決定されている可能性が強く，その分子メカニズムは今後の検討でさらに詳しく明らかになってくると予想される。

これらの分子のほかに，ミオシンⅥも感覚毛の形態に深くかかわると報告されている。すなわち，ミオシンⅥの遺伝子異常を有した難聴マウスでは[65)~67)]，何本かの感覚毛が融合したごとく，太く大きな感覚毛が認められる[68)]。この分子の遺伝子の異常は，ヒトでは非症候性難聴を誘引する[65),66)]。

本章で一部述べたように，有毛細胞の機械－電気変換反応や感覚毛の形態維持に重要な蛋白質の多くは，その遺伝子変異により，ヒトやマウスにおいて難聴を惹起することが明らかになっており，それを表3.1にまとめた。

3.2　有毛細胞における音シグナルの増幅機構

3.2.1　音シグナルの増幅機構の生理的意義

一般に音波は，異なった媒質を伝搬する際，その境目で大部分が反射される。したがって，音がかりに外耳（気体）から蝸牛リンパ液（液体）へと直接伝わると，その振幅は大きく減弱する。中耳には，それを補充する仕組みがあるが，それでも音は蝸牛に伝わるまでに，ある程度弱くなる。また，蝸牛の内リンパ液の粘性は，基底膜上を伝わる波を減衰させる。よって，聴覚の感度を上げるため，脊椎動物の有毛細胞には音刺激を1 000倍以上も増幅させる機能が備わっている。この**蝸牛の音増幅機構**（cochlear amplifier）は，基底膜で選択された特定の周波数の音振動を増強することになるため，蝸牛のシャープな周波数弁別能にも重要な役割を果たす。

蝸牛の音増幅機構はエネルギー供給を受けた蝸牛の**能動過程**（active process）によって支えられており，これに立脚する現象として，① 音振幅の増幅（amplification），② 周波数分析（frequency tuning）（3.4節参照），③ 非線形圧縮（compressive nonlinearity），④ 自発耳音響放射（spontaneous otoacoustic emission，以下 sOAE）の四つが挙げられる（**図 3.4**）[69]。

音振幅の増幅は聴覚機能の成立に最も重要な要素である。通常，ヒトを含めた多くの動物種は空気の振動としての音を感じとり，その聴力は 0 dB 付近の

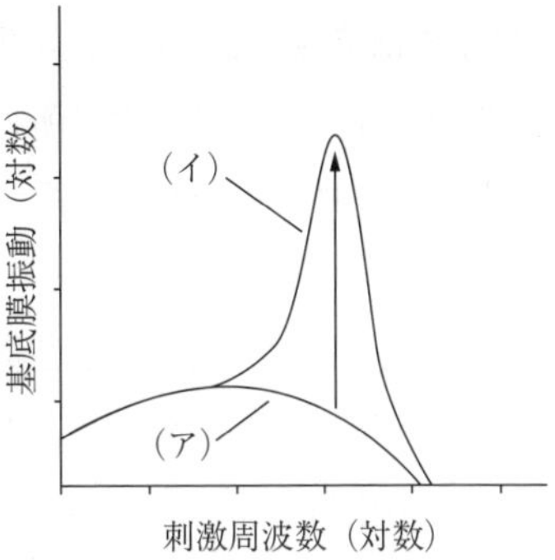

（a）　音振幅の増幅。能動過程により，基底膜の振動は大きく増強される（イ）。能動過程のない場合の基底膜運動（ア）

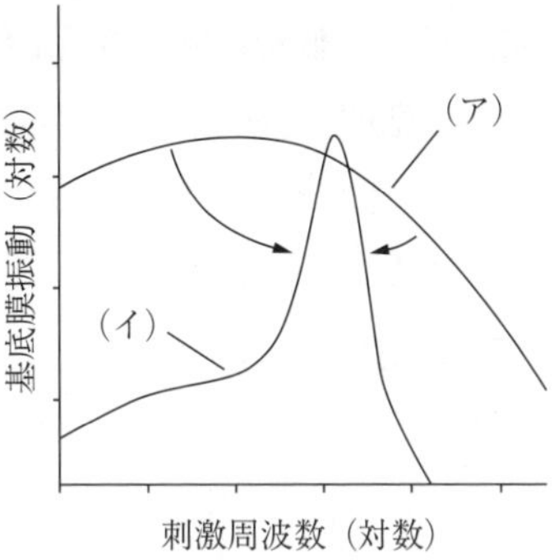

（b）　周波数分析。能動過程は，特定の周波数帯域の基底膜振動に急峻なピークをつくる（イ）。能動過程のない場合の基底膜運動（ア）

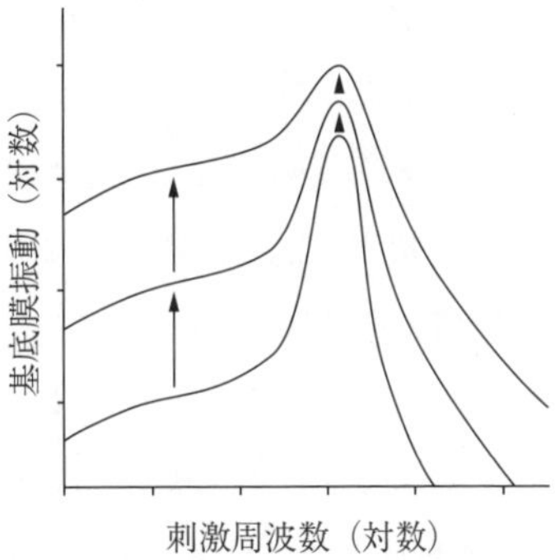

（c）　非線形圧縮。刺激の強度を増加していくと，周波数によって基底膜振動の増強の度合いが異なり，線形の関係にない

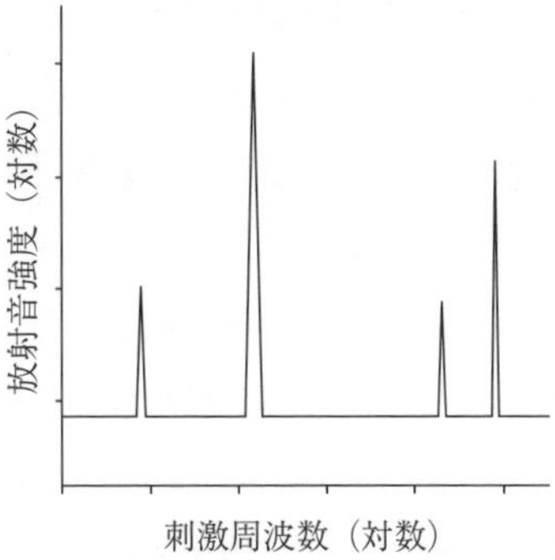

（d）　自発耳音響放射。ある周波数の音がつねに内耳から発振されている

図 3.4　蝸牛の能動過程に立脚した四つの現象
（図はすべて文献 69）から許可のうえ転載）

閾値を示すが，これは分子などの熱運動との区別が可能な限界まで感知していることを意味する。このような鋭敏性には，蝸牛，特に有毛細胞における音振幅の増幅機構が大きく寄与していることが知られており，エネルギー供給を失った蝸牛の閾値は，ほんの数分で40〜60 dBまで上昇する。これは，鋭敏性が即座に平常時の1％にまで低下していることを示す。哺乳類から鳥類，爬虫類に至るまで，低音は蝸牛の頂上部で，高音は基底部で感知される（3.4節参照）。この**周波数分析**機能は，特定の周波数の振動が結果的に特定の場所の有毛細胞を興奮させることによって達成されるもので，蝸牛の能動過程を失うと，この分析能も悪化する。

非線形圧縮は，音の大きさに対して非線形的に基底膜振動が応答する機構を指している。0 dBの音刺激は約0.1 nmの基底膜の上下動に変換されるが，120 dBの強大音が入力されても基底膜は10 nmしか振動しない。言い換えれば，100万倍の音圧がわずか100倍の基底膜振動へと圧縮されているのである。すなわち，基底膜振動と音入力は非線形の関係にあり，それには蝸牛の能動過程が深くかかわる。**sOAE**は，環境音のない場所においても，自発的に耳が一つか複数の周波数の音を発し続けている現象を示し，多くの脊椎動物に認められる。この耳音響放射（OAE）には，ひずみ成分耳音響放射（distortion-product otoacoustic emission，DPOAE）と呼ばれるほかのものもある。これは，周波数の異なる二つの音を耳に入力すると，それらとは異なる周波数の音が発生する現象である。いずれのOAEの成立にも蝸牛の能動過程が主要な役割を果たすと考えられている。しかし最近，感覚毛の頂部結合（図3.2（c））を失った遺伝子改変動物では，音振幅の増幅と周波数分析は正常であるがDPOAEのみが障害されていると報告され，この現象は必ずしも蝸牛の音増幅機構や能動過程に起因するものではない可能性も指摘されている（3.1.5項参照）。一見，関連性のないように見える上記の四つの現象は，当初，それぞれ別々なものとして見出されたが，カオス理論で扱うHopf分岐と呼ばれる手法から数学的解釈を行えば，すべて単純な一つの微分方程式のわずかなパラメータの変化によって同時に再現できることも近年報告されている（2.5.3項参照)[69]。

能動過程のメカニズムとして，哺乳類の蝸牛の外有毛細胞が有する**電位依存性運動**（electromotility）と，カエルの有毛細胞で最初に見出された**感覚毛の能動運動**（active hair-bundle motility）の，二つが特に重要であると考えられている（以下参照)。しかし，これらは重複しているのか，共役しているのか，それとも一方の機構が主体であるのか，現在も議論が続いている。

3.2.2 外有毛細胞による電位依存性運動

すでに触れたように哺乳類の蝸牛には，内・外2種類の有毛細胞が備わっている。前者は音シグナルの中枢への伝搬に中心的役割を果たしており，後者は音の感受性の調節に貢献している。蝸牛の音増幅機構および能動過程が外有毛細胞にあるという説は，単離した外有毛細胞に電気刺激を加え脱分極させると細胞自体が短くなり，過分極させると長くなるという，さながらピエゾ素子を思わせるユニークな動きに基づいている。すなわち，生体内では，音刺激によって感覚毛が正方向に倒れ，有毛細胞が脱分極すると細胞が縮むことになる。この現象を外有毛細胞の**電位依存性運動**と呼ぶ[70]。外有毛細胞の感覚毛は蓋膜に接着しているため，音刺激の際に電位依存性運動によってコルチ器自体が短縮し，基底膜をいっそう持ち上げて振動を増強させると考えられている(2.5.2 項参照；異なった作用モデル 3.4.2 項も参照)。蓋膜には接していない内有毛細胞の感覚毛も，外有毛細胞の電位依存性運動に起因する一連の基底膜振動の増強によって粘稠な内リンパ液の中で一段と大きく屈曲する。細胞体を直接に刺激する実験においては，電位依存性運動は 79 kHz までの刺激に追随できるとされている[71]。この電位依存性運動の度合いはいつも一定ではなく，有毛細胞の静止電位付近で最も大きい[72]。換言すれば，小さな音に対して最も敏感に電位依存性運動が起こるようになっているといえる。

外有毛細胞の基底側膜（細胞体膜）には電子顕微鏡で直径 11 nm の多数の粒が認められ，これが電位依存性運動に重要であると予想されてきたが[73]，その分子実体は長年謎であった。2000 年に，プレスチン（prestin）が電位依存性運動の責任分子として単離された[74]。プレスチンは，12の膜貫通領域をもつ膜蛋白質であり，そのアミノ酸配列と推定される構造から，ある種のイオン輸送体類に分類されるが，実際にイオンは運搬しない。プレスチンを強制発現させた培養細胞は電位依存性運動を示すようになる[74]。これは，プレスチン分子自体が膜電位を感知し，それに呼応して構造を変化させることに依存すると考えられている。プレスチン－ノックアウトマウスでは，外有毛細胞の電位依存性運動が消失し，蝸牛の感度が40〜60 dB悪化するとともにOAEも大きく損なわれる[75]。以上より，プレスチンの機能は哺乳類における蝸牛の音増幅機構において主要な役割を果たす分子であると考えられている。また，プレスチンは非症候性難聴の一つの原因遺伝子であることも見いだされた[76]。

3.2.3 感覚毛の能動運動

外有毛細胞が存在しない鳥類や両生類，爬虫類[77),78)]などの有毛細胞においても，顕著な音振幅の増幅やsOAEが認められる。これは，蝸牛の音増幅機構や能動過程が，種を超えた有毛細胞の一般的な特性であることを示すと同時に，これらが外有毛細胞の電位依存性運動以外の機構に基づいていることを強く示唆する。有毛細胞は，抵抗とコンデンサを並列にもつRC並列回路を，頂上膜・基底側膜†のそれぞれに設定し，図3.8（a），（b）のようにこれを直列につないだ電気回路で示すことができる。この回路で電位依存性運動を考えると，以下の理由で外有毛細胞は高い周波数帯域では伸縮できない可能性が指摘されている。音刺激によって開閉するMETチャネルを通じて，有毛細胞には交流電流が流れると設定できる。プレスチンの存在する基底側膜のキャパシタのインピーダンス（容量リアクタンス，抵抗値）は，交流周波数に反比例するので，高周波数音の入力ほどインピーダンスは小さくなる。この影響により，

† 尿の通過する管と腎臓実質，食物の消化物と腸の組織など，管腔に組織が接している場合，その境界面は上皮細胞に覆われている。上皮細胞の細胞膜は，管腔に面した頂上膜とそれ以外の基底側膜に分類される。感覚上皮細胞とも呼ばれる有毛細胞の場合は，感覚毛が分布し内リンパ液に接する膜領域が頂上膜に相当し，それ以外の部分，すなわち細胞体の膜の大部分が基底側膜にあたる。

基底側膜を介した電位差は小さくなる。プレスチンは膜電位を感知して構造変化するので，周波数がある程度以上の高音の入力に対しては，電位依存性運動が理論上，観察されにくくなる[79]。実験値を代入して計算すると，22.5 kHz以上の高周波数の刺激に対しては電位依存性運動が発生しないため（2.5.2 項参照）[79]，超音波領域も感知する多くの哺乳類の種では，他の要素が音増幅に深く関与していると考えられる。

それでは，他の要素とは何であろうか？ カエル[50]やカメ[80]などで精力的な研究が行われ，**感覚毛の能動運動**（active hair-bundle motility）が音刺激に誘引される感覚毛の振動を増幅することが示されている。感覚毛は，図 3.4 に示した四つの現象を端的に示す（3.2.1 項参照）。カエル球形嚢の有毛細胞において，20 nm の微小振動を人工的に感覚毛へ与えると，それ以上の大きさの振動応答を感覚毛が示すことから，感覚毛自体が「音振幅の増幅」の特徴を有することが理解できる（**図 3.5**（a））[69),81]。これは，つぎの段落で述べるように sOAE とも深くかかわる。図 3.5（b）は，異なる振幅で同様の微小振動を感覚毛に与えた際の，その動きを示したものである。60 倍の振幅の刺激を与えても，感覚毛の動きは約 2 倍程度にしか大きくならない[82]。これは非線形圧縮を表している。さらに図 3.5（c）では刺激振幅の大小にかかわらず，特定の周波数の場所にて得られる感覚毛の振幅が増大することがわかる。これは，感覚毛が周波数分析を行っていることにほかならない。これらの現象は，いずれも感覚毛の能動運動に立脚するものであると説明されている。

感覚毛が音振幅の増幅と sOAE にかかわるメカニズムについては，近年 Hudspeth らにより詳細な検討がなされてきた。彼らは sOAE が発生する一要因の可能性として，刺激を加えなくても感覚毛が自発的に振動している現象，**自発振動**（spontaneous oscillation）（図 3.5（a））を見いだし，この現象が音振幅の増幅機構に依存するものであることを理論的に解釈した。その過程を以下に紹介する。

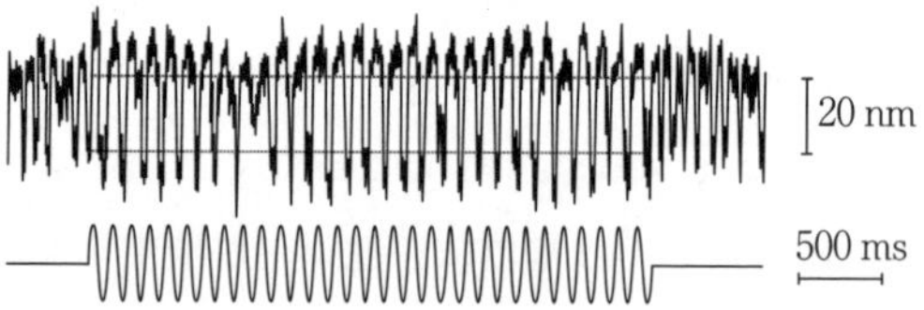

（a） 振幅増幅と自発振動。無刺激においても感覚毛の自発振動（上段）が観察される。ファイバによって刺激（下段）を与え，感覚毛を屈曲させると，感覚毛に自発刺激（上段の左端と右端，ファイバ刺激がない部分）およびファイバ刺激の振幅（上段の図で直線で示した範囲）よりさらに大きな振動（上段）がみられる。
上：感覚毛の移動距離　下：ファイバによる刺激

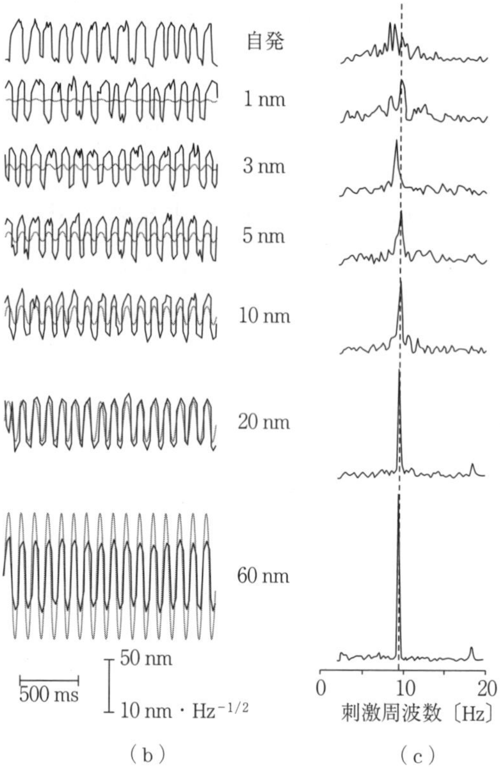

（b） 非線形圧縮。ファイバによる刺激（灰色）が 60 倍（1 nm → 60 nm）になっても，感覚毛の動きは 2 倍程度（20 nm → 40 nm）にしかならない。
黒：感覚毛の移動軌跡
灰色：ファイバの軌跡

（c） 周波数分析。ファイバを用いて任意の大きさの刺激（灰色）を加えても，固有周波数である 10 Hz の振動が他の周波数に比べて大きく増強されている。

感覚毛を極細のグラスファイバによって刺激し，感覚毛とファイバの軌跡を解析した

図 3.5　感覚毛のもつ増幅機構（図（a）は文献 69）から，図（b），（c）は文献 82）から許可のうえ転載）

ガラスファイバを用いて感覚毛を動かし，ファイバが移動した距離（**図 3.6**（a）左側の矢印）と感覚毛が移動した距離（図 3.6（a）右側の矢印）の違いから，感覚毛がファイバに与える力（force）を算出した。図 3.6（b）は感覚毛の場所（移動距離）と力をプロットしたものである。感覚毛が受動的なものであれば，破線にみられるようにフックの法則に従った線形の関係を示すはずである。すなわち，感覚毛を正方向（前）に倒す（図 3.6（b）横軸正方向）と，感覚毛はそれを押し返そうと反対方向（後ろ向き）（図 3.6（b）縦軸正方向）の力で釣り合って静止し，これと反対に負方向（後ろ）に倒すと感覚毛は前向きの力（図 3.6（b）縦軸負方向）で静止することを意味する。この何の仕掛けもない場合の感覚毛は，positive work を介してファイバと釣り合う，という。しかし，実際の感覚毛ではフックの法則とは異なる。静止位置の前後の約 25 nm の範囲内においては，感覚毛を正方向（前）に倒すと，さらにこれを正方向（前）に倒そうとする力（図 3.6（b）縦軸負方向）が働き，負方向（後ろ）に倒すと，さらに負方向（後ろ）に倒そうとする力（図 3.6（b）縦軸正方向）が働く。つまり，感覚毛は，negative work を起こすことにより，より大きくファイバを同方向に動かす。この**負の剛性**（negative stiffness）と呼ばれる現象により，感覚毛に与えられた振動はいっそう増幅されることになる[81]。

この感覚毛への刺激に対し，「さらに感覚毛を同方向に倒そうとする力」とは，何から惹起されるのであろうか？ 以前に Hudspeth らは MET チャネル開口時の短い潜時や，感覚毛の移動距離と流入する電流や膜電位との関係から，gating spring モデル（図 3.6（c））を提示していた（3.1.4 項参照）[83),84]。これは MET チャネルの開・閉口はばねのような伸縮性のある要素によって制御される，という仮説である。ここで言及する「ばね」は，tip link・蓋やその動きを音刺激に対して柔軟に制御する因子をすべて含むものであり，3.1.4 項で述べた gating spring とほぼ等価である。このモデルによれば，MET チャネルが閉じているときに比べると，感覚毛が正方向（前）に倒れてチャネルが開いたときにはばねがゆるむ。図 3.6（c）の 1 段目ではチャネルはすべて閉口しているが，ひとたび刺激力 F（2 段目）がかかると，ばねに張力が加わり，一

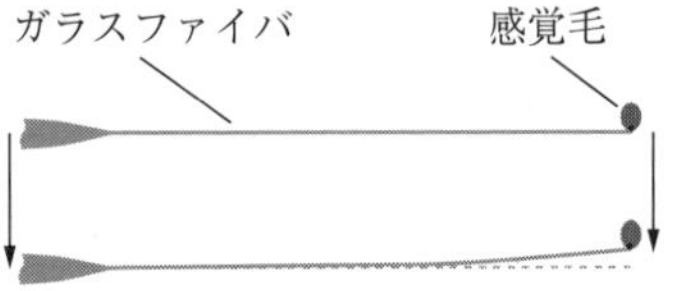

（a）　ガラスファイバを用いて感覚毛を移動させ，両者の移動距離の差（ファイバの“たわみ”）から感覚毛がファイバに与える力を測定した。左矢印：ファイバの移動距離，右矢印：感覚毛の移動距離

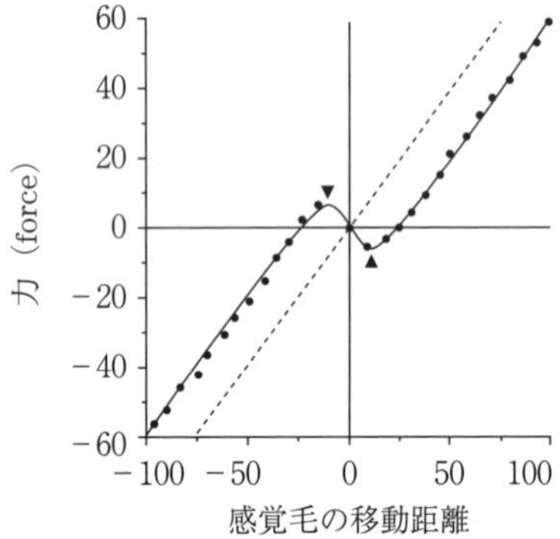

（b）　負の剛性。感覚毛の移動距離と感覚毛がファイバに与える力をプロットした。実線は増幅機構のある感覚毛の場合，破線は増幅機構のない受動的な感覚毛の場合を示す。矢印（▼▲）の領域が移動した方向と同方向に感覚毛がファイバを押す負の剛性の領域

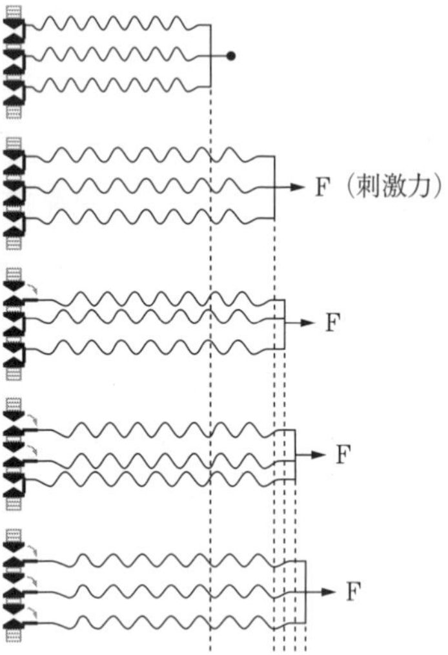

（c）　gating spring モデルとチャネルの開閉

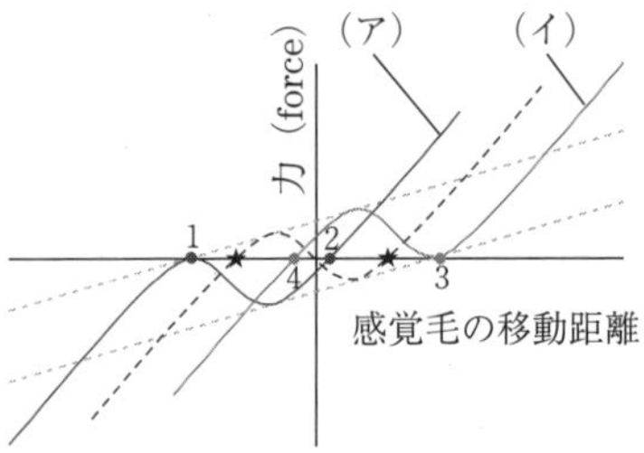

（d）　自発振動を再現する Martin のモデル[86]。三つのグラフと 1～4 の点は本文を参照

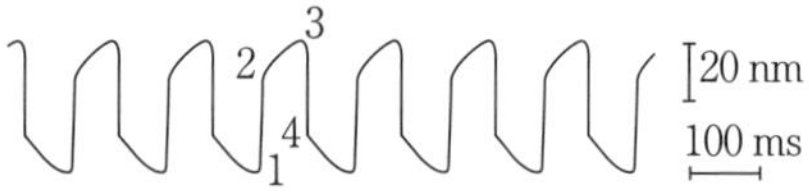

（e）　モデル化された感覚毛の自発振動

図 3.6　感覚毛の能動運動（（a）～（c）は文献 69）から，（d），（e）は文献 86）から許可のうえ転載）

つ目のチャネルが開口する（3段目）。開口すると張力が少し弱まり，弱まった分だけ，余分な力を必要とせずに感覚毛を刺激力 F と同じ方向へ変位させる余裕が生じる。同時に，まだ二つのチャネルが閉口しているため，張力はある程度維持され，この張力によりつぎのチャネルが開口する（4段目）。このような反応は有毛細胞のすべてのMETチャネルが開口するまで連鎖的に続く（5段目）。一連の反応において，感覚毛を前に倒したとき，チャネルが開口し，ばねがゆるむことが「さらに感覚毛を力なしに刺激と同方向に倒そうとする」現象，すなわち，負の剛性の源であると考えられている[69]。感覚毛を負方向（後ろ）に倒した際には，これと逆のことが起こる。前・後に，刺激力以上の力を加えなくても倒れることができる領域，つまり負の剛性の領域が前述の「自発振動」の本質であり（以下参照），感覚毛を介した音振幅の増幅およびsOAE 発生のメカニズムとされている。METチャネルを薬物で阻害すると負の剛性が消失する事実は，この現象がチャネルの開閉口によって制御されている説を支持する[85]。さらに，細胞外の Ca^{2+} 濃度を生理的条件よりも大きく増減させると感覚毛の自発振動が減弱することから[85]，負の剛性には適切な Ca^{2+} の量が必要であるといえる。また，Ca^{2+} は順応モーターの機能にも重要であるので，負の剛性や自発振動には，ミオシン1cなどを含んだ順応モーターの構成分子がかかわる可能性も考えられる（3.1.6項参照）。

実験で得られた感覚毛の位置と力の関係曲線（図3.6（b））が，さらにどのようにして自発振動に関連するのかを詳細に説明するために，Hudspeth らによって実験値に基づいたモデルが作成されている[86]。そのモデルでは，いったん前後いずれかに刺激が加わると，「遅い順応」機構（3.1.6項参照）が働くことによって，負の剛性を表す曲線が移動することが重要とされている。その軌跡を図3.6（d）（感覚毛の移動距離と力の関係；図3.6（b）と同様）と図3.6（e）（感覚毛の移動距離と時間との関係；図3.6（a）と同様）を用いてつぎのように追うことができる。まず，図3.6（d）において，感覚毛の静止状態から得られた破線のグラフでは，2か所の星印の場所で力（force）が0であり安定している。一方で，実際に感覚毛を人為的に左星印の場所へ移動させ，静止点（オフセット点）をこの場所に設定して図3.6（b）と同じ実験を行うと，感覚毛は図3.6（d）の曲線（ア）の軌跡を示すことがわかった。つまり，負の剛性の破線グラフの原点は，星印の場所まで x 軸上を左方向に，かつ移動させた力に釣り合う分だけ y 軸上を下方向に移動するが，グラフの形は等しい。このグラフの移動は「遅い順応」機構によると考えられている。なぜならば，遅い順応とは「感覚毛が変位した際に，その場所を原点として，もう一度，連続した刺激に対応して同感度で反応することを可能にする」機構だからである（3.1.6項参照）。生体内では，遅い順応は比較的ゆっくりした過程であり，それに追随して感覚毛は力を使わない場所（力 force が0の点）へと移動していくので，左の星印から点1（図3.6（d））へとゆっくりと移動する（時間経過と比較するため，図3.6（e）を参照）。図3.6（d）の曲線（ア）上の点1と2はともに x 軸上にあり，これは力（force）が0の場所であることを意味している。感覚毛は，この1と2の間が力を加えなくてもよい範囲であることを利用して，1から2へと素早く一気に移動する（図3.6（e），1-2間）。すると2が静止点（オフセット点）となって「遅い順応」が働き，負の剛性の曲線の原点は2と同じ x 軸上へと移動する（グラフは示さず）。感覚毛は力（force）が0の場所を正（前）方向（図3.6（d）横軸の正方向）へ移動していき，その過程で「遅い順応」により，連続的に静止点も負の剛性の曲線の原点も移動して，最終的に図3.6（d）の曲線（イ）の軌跡を示すようになる。このとき，感覚毛は力（force）が0の点3に位置している。今度は，点3から点4へと負の剛性を利用して一気に感覚毛が逆方向に移動する。4から1へは，2から3と同じ「遅い順応」に呼応した機序を介して緩徐に移動する（図3.6（e）も参照）。以上のようなサイクルを繰り返すことで，x 軸上（force が0）の1，2，3，4の正・負の間を力を加えずに往復することができる。時間を x 軸に，前後への感覚毛の動きを y 軸にとれば，感覚毛の自発振動を示す図3.6（e）となる（図3.5（b）最上段も参照）。感覚毛の自発振動は，蝸牛では基底膜の自発振動を惹起するに相違ないため，これが sOAE に直結する現象であると考えられる。類似の感覚毛の能動運動が哺乳類の有毛細胞にも備わっている可能性が最近の研究で示されている[87),88)]。

3.3 有毛細胞に立脚した周波数分析機構

3.3.1 哺乳類の蝸牛における周波数分析

ヒトは約 20 Hz～20 kHz の音を弁別する。この周波数分析には蝸牛が中心的な役割を果たす（2.2 節参照）。哺乳類の蝸牛は，蝸牛の基底部，すなわち鼓膜に近い部分ほど，より高い周波数の音を感知し，頂上部にいくほど，より低い周波数の音を感知する（**図 3.7**（a））。このことを蝸牛の**周波数部位地図**（tonotopic map）と呼ぶ。蝸牛はいわば生体フーリエ変換器と考えると工学的には理解しやすい（2.2 節参照）。周波数部位地図の成立には蝸牛の基底膜の性状が深く関係している。ヒトの蝸牛では基底膜の全長は約 33 mm であり，基底膜の性質が部位によって異なっている。蝸牛の基底部では厚くて堅いが，頂上部へいくほど薄く柔らかくなっている。また，基底膜の幅も蝸牛基底部へ近づくほど狭くなる。周波数と基底膜の場所との相関は段階的であるが，直線状ではない。すなわち 20 Hz～200 Hz，200 Hz～2 kHz，2 kHz～20 kHz の範囲を認識する部分がそれぞれ基底膜全長の 3 分の 1 ずつを占有している。これは，ヒトの死体の基底膜をストロボスコープにて観察した Békésy の実験によって明らかにされた（進行波説）（2.2 節参照）。しかしその後，生きた動物の蝸牛について基底膜の振動を測定すると，死体での測定と比べてはるかに鋭い周波数の分析が行われていることが判明した。よって蝸牛に音エネルギーを増幅する機構が存在するといわれるようになった（2.5 節，3.2 節参照）。つまり，哺乳類の蝸牛では，Békésy の進行波説に従う機械的機序が周波数分析の基本として働いており，それに蝸牛の音増幅機構，すなわち外有毛細胞の電位依存性運動や感覚毛の能動運動が加わって（3.2 節参照），より精細な分析が可能になっている。ところが，他の動物種（例えばカメやトリ）の蝸牛では，哺乳類と非常に違っている。以下にその周波数分析のメカニズムと分子基盤について紹介する。

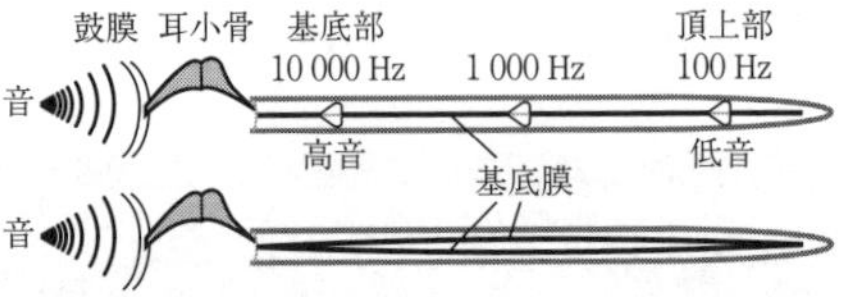

（a）哺乳類の蝸牛の基底膜は音入力に対して下図のように全体がゆれるのではなく，上図のように各周波数に対応した部分のみが振動する。蝸牛の頂上部の基底膜ほど低周波数，つまり低音に反応する

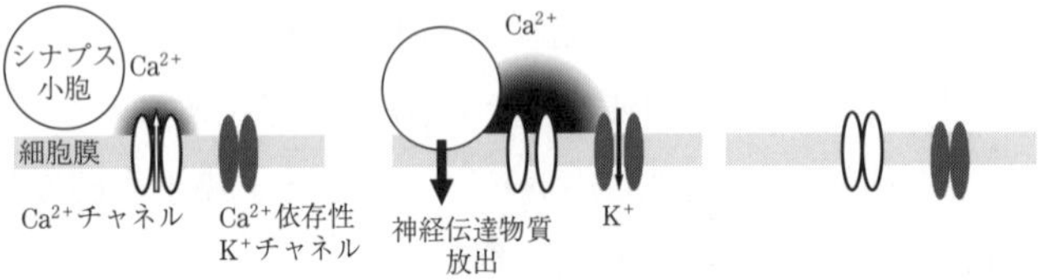

（b）有毛細胞の Ca^{2+} チャネルと Ca^{2+} 依存性 K^+ チャネルの機能共役。詳細は本文参照

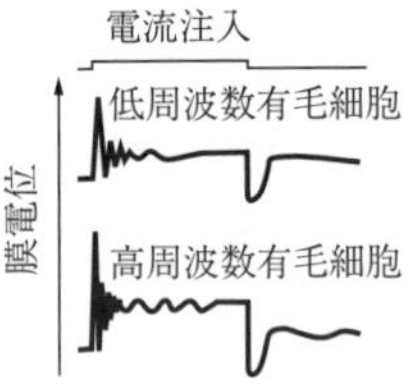

（c）電流を人為的に注入した際の有毛細胞の膜電位の共振。高音に反応する（基底部の）細胞ほど共振の周波数は高い

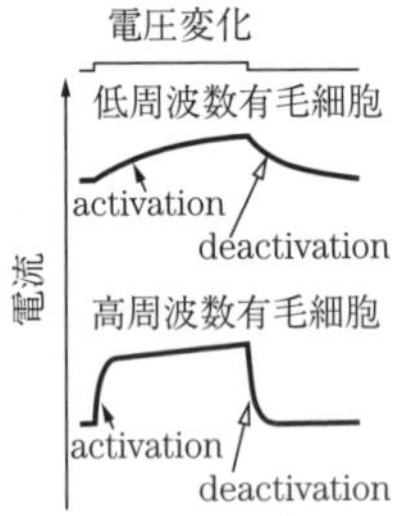

（d）低周波数有毛細胞（上図）と高周波数有毛細胞（下図）に発現する Ca^{2+} 依存性 K^+ チャネル電流の特徴。細胞の電圧（膜電位）を人工的に変化させたときのチャネル電流を示した

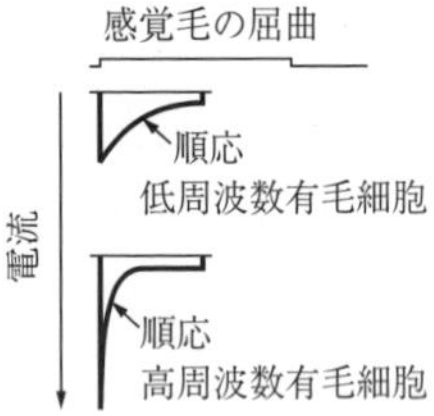

（e）低周波数有毛細胞（上図）と高周波数有毛細胞（下図）に発現する MET チャネル電流の特徴

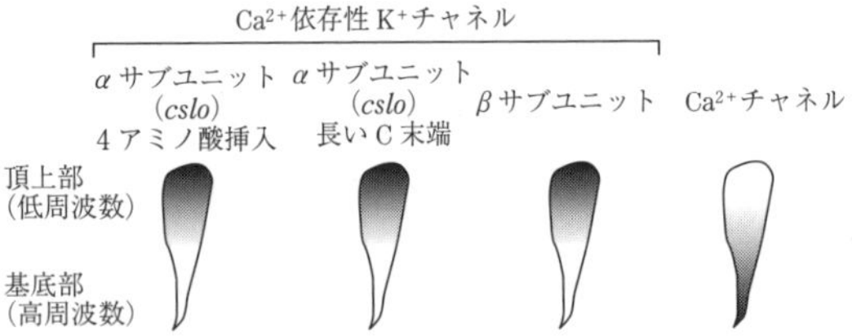

（f）カメやトリの蝸牛における周波数部位地図に沿った種々の機能蛋白質の分布。黒くなるほど蛋白質は多く発現している

図 3.7　蝸牛における周波数分析の仕組み

3.3.2 下等脊椎動物の蝸牛での周波数分析

トリ，トカゲ，カメなどの蝸牛は短い棒状のもので（図 3.7（f）），進行波は顕著に発生せず，また有毛細胞の内外有毛細胞への分化も見られないが，それにもかかわらず鋭い周波数の分析が行われ，耳からの OAE も観察される。この場合，周波数分析はもっぱら有毛細胞の働きによって行われる。カメは 1 kHz 以下の低周波音に応答するが，蝸牛の入り口（基底部）から奥（頂上部）に向かって有毛細胞が高周波数に応じるものから低周波数に応じるものへと順序よく配列している（図 3.7（f））[89]。上記の動物種においては感覚毛の長さが低周波領域ほど長いことが知られている[90)~93)]。感覚毛長の特徴は哺乳類にも認められるが，それほど顕著ではない[94]。一方で，哺乳類のなかでもコウモリなど一部の種には，この傾向が強く認められる[7]。ラットでは感覚毛におけるエスピン（3.1.7 項参照）の発現量が低周波数領域の有毛細胞ほど多いことから，この分子が周波数部位地図に沿った感覚毛長の決定に関与する可能性が指摘されている[95]。カメやトリなどでは感覚毛の長さに加えて，以下に述べるとおり，有毛細胞の膜電位や MET チャネルの特性が周波数分析能に重要な役割を果たすことが強く示唆されている。

〔1〕 細胞体の電気的特性と周波数分析能　Fettiplace らは，微小電極を通じてカメの有毛細胞内に脱分極性の矩形波通電を行うと，膜電位がその細胞に特有な周波数で電気的な共振を起こすことを見いだし（図 3.7（c））[89]，これが周波数分析能の成立に貢献していると考えた。これは**膜電位の共振**（electrical resonant frequency）と呼ばれ，その周波数は有毛細胞が最もよく反応する音の周波数（**特徴周波数**（characteristic frequency），2.3 節参照）に近い[89]。したがって，膜電位の共振の周波数は高周波数有毛細胞ほど高い。膜電位の共振はカメのほかに，カエル[96]，トリ[97]，ワニ[98]，トカゲ[99]，金魚[100] などの 2～3 kHz 以下の比較的低い周波数しか認識できない下等脊椎動物の有毛細胞に観察される。カエル小嚢の有毛細胞の研究によって，その発生には求心シナプスが接する近傍に集積する電位依存性 Ca^{2+} チャネル（以下，単に Ca^{2+} チャネルと呼ぶ）と Ca^{2+} 依存性 K^+ チャネルの共役が重要であることが明らか

になった（図3.7（b））[101)〜103)]。前者は，ある程度，膜電位が上昇（脱分極）して初めて開口するCa^{2+}透過性チャネルであり，後者は，細胞内のCa^{2+}の上昇に反応して開口するK^+透過性チャネルである。これらのチャネルの分子構成もほぼ決定されている。一般的にイオンチャネルは，イオンを透過させる穴（pore）を有するαサブユニットと，付属的なそのほかのサブユニットの複合体からなることが多く，それらのサブユニットには複数の種類がある。有毛細胞のCa^{2+}チャネルは$Ca_v1.3$と呼ばれるαサブユニットと[104),105)]，おもにβ_2サブユニット[106)]の組合せからなり，Ca^{2+}依存性K^+チャネルは，αサブユニットである*cslo*とβサブユニットの複合体[107),108)]である。膜電位の共振は，音刺激によるMETチャネルの開口→流入したK^+による有毛細胞膜電位の上昇（脱分極）→Ca^{2+}チャネルの開口によるCa^{2+}の有毛細胞への流入→Ca^{2+}依存性K^+チャネルの活性化によるK^+の流出→有毛細胞膜電位の再分極（もとに戻る）という，一連の反応が連続的に繰り返されることで成立すると考えられる（図3.7（b））。実際にCa^{2+}依存性K^+チャネルの阻害薬の投与や細胞外Ca^{2+}の減少によって，膜電位の共振が障害される[101)]。哺乳類の有毛細胞にはCa^{2+}チャネルもCa^{2+}依存性K^+チャネルも発現しているが，膜電位の共振は起こらないとされている。一方，METチャネルを介して流入したCa^{2+}は，感覚毛のCa^{2+}-ATPaseにより，すぐに内リンパ液へと放出されるので，細胞体膜のCa^{2+}依存性K^+チャネルの活性化にはかかわらないことを再強調しておく（3.1.3項参照）。

高周波数有毛細胞が高い周波数の膜電位の共振を獲得するためには，膜電位が下がる（過分極する）部分・上がる（脱分極する）部分で，Ca^{2+}依存性K^+チャネルが，低周波数のものよりも，より鋭く立ち上がり，かつ，よりすみやかに閉じる必要がある。実際に有毛細胞を単離してチャネルを解析してみると，低周波数細胞に比べ高周波数有毛細胞のCa^{2+}依存性K^+チャネルの活性化（activation）・不活性化（deactivation）は，より速い（図3.7（d））[109)]。また，Ca^{2+}依存性K^+チャネルや，それを活性化するCa^{2+}チャネルの量も高周波細胞のほうが多い（図3.7（d），（f））[110),111)]。Ca^{2+}依存性K^+チャネルのこのような特性の分子基盤は，α サブユニットである *cslo* の種々の部分的な変異体（スプライシングバリアント）の発現量が周波数部位地図に沿って変化していることが，トリの蝸牛において報告されている。代表的なものは，通常の *cslo* の細胞内部分に 4 アミノ酸が追加されるものや[107)]，C 末端が長いもので[112)]，低周波数有毛細胞により多く発現している（図 3.7 (f)）。培養細胞に強制発現させた実験系で両者を電気生理学的に比較すると，部分的ではあるが有毛細胞の内因性 Ca^{2+} 依存性 K^+ チャネルの周波数部位地図に沿った特性の相違性を再現した。また，カメの蝸牛では *cslo* の不活性化の時間経過を遅くする β サブユニットの量が，低周波数有毛細胞ほど多いことが報告されている（図 3.7 (f)）[108)]。

哺乳類の有毛細胞では膜電位の共振が認められないが，基底側膜には Ca^{2+} チャネルと Ca^{2+} 依存性 K^+ チャネルが共存している[105),113)]。加えて，別の K^+ チャネルである KCNQ4 が発現している[114)]。難聴遺伝子 DFNA2 の原因として同定されたこのチャネルの遺伝子異常は，チャネルの機能障害を惹起する（表 3.1）[114)]。KCNQ4 の分布量は周波数部位地図に従っており，低周波数領域の外有毛細胞と高周波数領域の内有毛細胞に，より強い発現が観察される[115)]。KCNQ4 電流は一般に細胞の電位を低く保つ性質をもつ。事実，KCNQ4 のノックアウトマウスの有毛細胞の電位は，音入力がない状態でも正常マウスに比べて 10〜17 mV 上昇して，約 −50〜40 mV となっている。電位依存性 Ca^{2+} チャネルは細胞の電位が −60 mV を超えると徐々に活性化するため，ノックアウトマウスの有毛細胞ではチャネルを介してつねに Ca^{2+} 流入する。一般に細胞内の Ca^{2+} が過多になると細胞死が起こるので，ノックアウトマウスの有毛細胞は障害され難聴が起こる[116)]。DFNA2 変異を有するヒトの患者は進行性の高音障害型難聴を示し，内有毛細胞における KCNQ4 の分布パターンと整合性が認められるが，外有毛細胞型の障害がなぜ起こらないかは不明である。さらに哺乳類では，Ca^{2+} 依存性 K^+ チャネルの α サブユニット *slo* が，すべての内有毛細胞と，蝸牛基底部の外有毛細胞に発現している[113)]。*slo* のノックアウトマウスは高音障害型の難聴を示し，この発症機序は KCNQ4 のノックアウトマウスと類似していると考えられている[113]。有毛細胞における KCNQ4 チャネルと Ca^{2+}依存性 K^{+}チャネルの役割分担の詳細はまだ明らかではない。

〔2〕 感覚毛と有毛細胞の周波数分析—カメやトリについて　カメの MET チャネルの特性には周波数部位地図に沿った違いがあり，それが周波数弁別能に関与する可能性が報告されている（図 3.7（e））[45),117)]。すなわち，① 一つの有毛細胞に流れる MET 電流は高周波数細胞ほど大きい，② それは高周波数細胞ほど感覚毛の数が多いことに依存するのみならず，一つひとつの MET チャネルを流れる電流量が大きいことにもよる，③ MET 電流の順応は高周波数有毛細胞ほど速く起こる，といったものである。これらの特性から高周波数有毛細胞は，MET チャネルを通じてより多量の Ca^{2+}を流入させ，Ca^{2+}依存性である順応機構を使い（3.1.6 項参照），短時間で MET チャネルを閉じる。それにより，より速い段階で細胞を再分極させ，つぎの刺激に備えることができ，より高周波数の膜電位の共振（3.3.2 項図 3.7（c）参照）を実現していると考えられる。

有毛細胞の周波数弁別能の成立には，まだほかに多数の分子がかかわっていると考えられ，今後の研究の進展が待たれる。

3.4 有毛細胞モデル

有毛細胞のモデルは，他の生命科学領域における数理モデル化と同様に，実験結果をもとにしたパラメータを用いて，電気生理実験などの再現や予測を目的に構築されてきた。モデル作成は 1980 年代の古典的な有毛細胞の電位変化の再現を試みたものに始まり，蝸牛の音増幅機構の主要素である外有毛細胞の電位依存性運動や感覚毛の能動運動のシミュレーションへと推移してきた。それぞれの詳細は 2.5.2 項と 3.2.2 項を参照されたい。さらに，これら二つを統合し，内・外有毛細胞の機能や基底膜上を伝搬する進行波，蝸牛全体の構造も加味した基底膜振動のモデルへと発展してきている。数多くの数理モデルが提示されているが，ここでは代表的なものを紹介する。

3.4.1 古典的有毛細胞モデル

有毛細胞の古典的な電気回路モデルとしては，有毛細胞の細胞膜を二つの部分，すなわち感覚毛が分布する頂上膜と外リンパ液に接する基底側膜に分けて，それぞれに抵抗をおいた回路（**図 3.8**（a））[118]や膜容量を考慮した形で，外有毛細胞の電位依存性運動が交流電源としての MET 電流によって制御される現象を再現するモデル（図 3.8（b））（2.5.2 項，3.2.2 項参照）[79]が提示された。

3.4.2 内外有毛細胞機能を含めた基底膜振動モデル

感覚毛の能動運動と外有毛細胞の電位依存性運動の両モデルを比較し，これらの進行波に与える影響が，近年，検討されている[119),120]。Fettiplace らは，コルチ器の構造と物性をシミュレーション上で再現し（図 3.8（c）），外有毛細胞の電位依存性運動に比べ感覚毛の能動運動での増幅のほうが，より基底膜を急峻に押し上げ，周波数分析と音振幅の増幅をより有効に達成する可能性を指摘している[119]。

前述のとおり（3.2.2 項参照），理論上，蝸牛の基底部すなわち高音域では外有毛細胞が伸縮できないと予想されるが，この場所では基底膜の特性から入力音に対してもともと大きな振動の振幅を得ることができ，感覚毛の能動運動のみでさらに感覚毛の振動の増幅が可能と考えられている（図 3.8（d））。しかし，蝸牛の頂上部すなわち低音域では，外有毛細胞の電位依存性運動が働いているはずであるにもかかわらず，小さな基底膜振動しか観察できない[121]。では，どのようにして感覚毛は大きな屈曲を実現しているのであろうか？Hudspeth らは外有毛細胞の電位依存性運動と感覚毛の能動運動を統合した低音域モデルを提示している[120]。彼らは，感覚毛が振動する周期と外有毛細胞が伸縮する周期との間に，コルチ器内の物性から位相差が生じることを計算しシミュレーションを行った。基底膜が小さく持ち上がったときに，感覚毛が正の方向に倒れる（図 3.8（d）下段左）。しかし，外有毛細胞の収縮は位相差によって感覚毛がおよそ負の方向に倒れそうなとき，すなわち，基底膜が下がろ

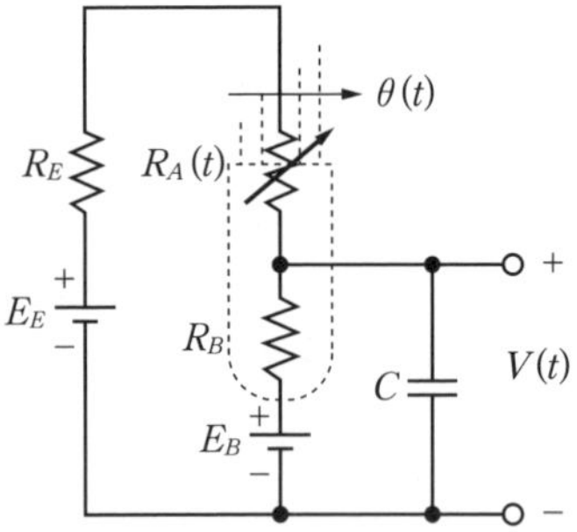

（a） 古典的有毛細胞モデル。有毛細胞は頂上膜・基底側膜のそれぞれに抵抗（R_A, R_B）を有し，基底側膜にはコンデンサ（C）を備えた回路として表される（文献 118）より許可のうえ転載）

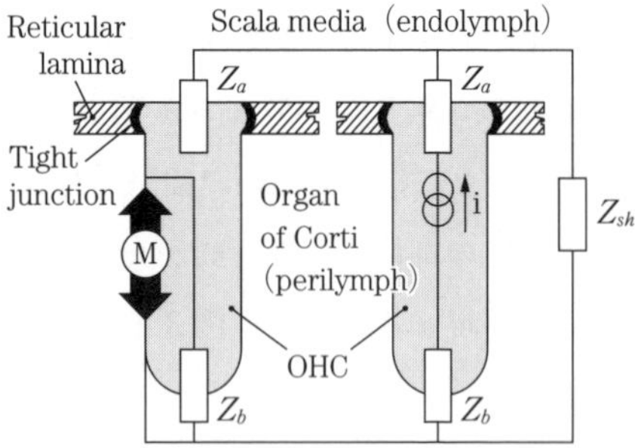

（b） 外有毛細胞モデル。頂上膜・基底側膜のそれぞれに抵抗とコンデンサーの回路（Z_a, Z_b）をもち，これをさらに直列に接続した回路として示されている。OHC：外有毛細胞，M：プレスチン 矢印は伸縮を表す（文献 79）より許可のうえ転載）

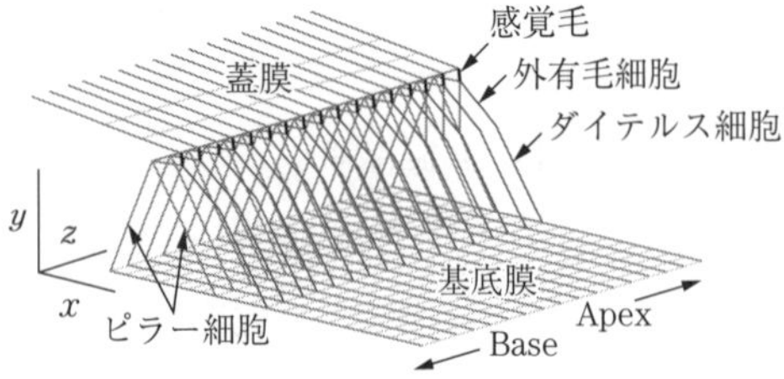

（c） コルチ器の構造と物性を考慮したモデルの概念図（文献 119）より許可のうえ転載）

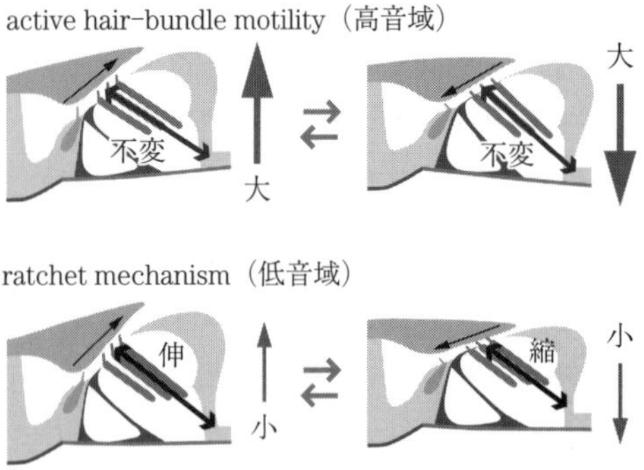

（d） 外有毛細胞の電位依存性運動と感覚毛の能動運動を統合したモデル。高音域のモデルを上段に，低音域のモデルを下段に示す（文献 120）より許可のうえ転載）

図 3.8　有毛細胞モデル

うとするときに起こる（図3.8（d）下段右）。その結果，感覚毛は小さな基底膜振動でも外有毛細胞が伸縮する力を借りることで大きく前後に倒れることができる。このような感覚毛と外有毛細胞収縮の機能共役には，感覚毛の大きな動きを小さな基底膜振動から独立させる働きがあることから，「逆回転しないように爪のついた歯車」に例えてratchet mechanismと命名された[120]。これは，基底膜が上へ移動したときに，外有毛細胞の電位依存性運動が惹起されることで，さらに基底膜が大きく持ち上がる，という以前の説とはまったく異なった可能性を示すものである（2.5.2項，3.2.2項参照）。

引用・参考文献

1）H. Hibino and Y. Kurachi, Physiology (Bethesda), **21**, pp.336–345 (2006)

2）C. Petit and G. P. Richardson, Nat. Neurosci, **12**, pp.703–710 (2009)

3）B. Kachar, M. Parakkal, M.Kurc, Y. Zhao and G. Gillespie, Proc. Natl. Acad. Sci. USA., **97**, pp.13336–13341 (2000)

4）F. Jaramillo and A. J. Hudspeth, Neuron, **7**, pp.409–420 (1991)

5）M. Beurg, R. Fettiplace, J. H. Nam and A. J. Ricci, Nat. Neurosci, **12**, pp.553–558 (2009)

6）D. P. Corey and A. J. Hudspeth, J. Neurosci, **3**, pp.962–976 (1983)

7）A. J. Hudspeth, Nature, **341**, pp.397–404 (1989)

8）A. J. Hudspeth and D. P. Corey, Proc. Natl. Acad. Sci. USA., **74**, pp.2407–2411 (1977)

9）H. Ohmori, J. Physiol, **359**, pp.189–217 (1985)

10）H. J. Kennedy, M. G. Evans, A. C. Crawford and R. Fettiplace, Nat. Neurosci, **6**, pp.832–836 (2003)

11）R. A. Dumont, U. Lins, A. G. Filoteo, J. T. Penniston, B. Kachar and P. G. Gillespie, J. Neurosci, **21**, pp.5066–5078 (2001)

12）V. A. Street, J. W. McKee-Johnson, R. C. Fonseca, B. L. Tempel and K. Noben-Trauth, Nat. Genet., **19**, pp.390–394 (1998)

13）J. D. Wood, S. J. Muchinsky, A. G. Filoteo, J. T. Penniston and B. L. Tempel, J. Assoc. Res. Otolaryngol., **5**, pp.99–110 (2004)

14）J. O. Pickles, S. D. Comis and M. P. Osborne, Hear. Res., **15**, pp.103–112 (1984)

15）P. Kazmierczak, H. Sakaguchi, J. Tokita, E. M. Wilson-Kubalek, R. A. Milligan, U. Muller and B. Kachar, Nature, **449**, pp.87–91 (2007)

16） J. Siemens, C. Lillo, R. A. Dumont, A. Reynolds, D. S. Williams, P. G. Gillespie and U. Muller, Nature, **428**, pp.950–955 (2004)
17） H. Bolz, B. von Brederlow, A. Ramirez, E. C. Bryda, K. Kutsche, H. G. Nothwang, M. Seeliger, del CSCM, M. C. Vila, O. P. Molina et al., Nat. Genet., **27**, pp.108–112 (2001)
18） J. M. Bork, L. M. Peters, S. Riazuddin, S. L. Bernstein, Z. M. Ahmed, S. L. Ness, R. Polomeno, A. Ramesh, M. Schloss, C. R. Srisailpathy et al., Am. J. Hum. Genet., **68**, pp.26–37 (2001)
19） F. Di Palma, R. H. Holme, E. C. Bryda, I. A. Belyantseva, R. Pellegrino, B. Kachar, K. P. Steel and K. Noben-Trauth, Nat. Genet., **27**, pp.103–107 (2001)
20） Z. M. Ahmed, S. Riazuddin, S. L. Bernstein, Z. Ahmed, S. Khan, A. J. Griffith, R. J. Morell, T. B. Friedman and E. R. Wilcox, Am. J. Hum. Genet., **69**, pp. 25–34 (2001)
21） K. N. Alagramam, H. Yuan, M. H. Kuehn, C. L. Murcia, S. Wayne, C. R. Srisailpathy, R. B. Lowry, R. Knaus, L. Van Laer, F. P. Bernier et al., Hum. Mol. Genet., **10**, pp.1709–1718 (2001)
22） Z. M. Ahmed, T. N. Smith, S. Riazuddin, T. Makishima, M. Ghosh, S. Bokhari, P. S. Menon, D. Deshmukh, A. J. Griffith, T. B. Friedman et al., Hum. Genet., **110**, pp.527–531 (2002)
23） E. Verpy, M. Leibovici, I. Zwaenepoel, X. Z. Liu, A. Gal, N. Salem, A. Mansour, S. Blanchard, I. Kobayashi, B. J. Keats et al., Nat. Genet., **26**, pp.51–55 (2000)
24） A. Adato, V. Michel, Y. Kikkawa, J. Reiners, K. N. Alagramam, D. Weil, H. Yonekawa, U. Wolfrum, A. El-Amraoui and C. Petit, Hum. Mol. Genet., **14**, pp.347–356 (2005)
25） B. Boeda, A. El–Amraoui, A. Bahloul, R. Goodyear, L. Daviet, S. Blanchard, I. Perfettini, K. R. Fath, S. Shorte, J. Reiners et al., EMBO J., **21**, pp.6689–6699 (2002)
26） J. Siemens, P. Kazmierczak, A. Reynolds, M. Sticker, A. Littlewood-Evans and U. Muller, Proc. Natl. Acad. Sci. USA., **99**, pp.14946–14951 (2002)
27） J. Reiners, K. Nagel–Wolfrum, K. Jurgens, T. Marker and U. Wolfrum, Exp. Eye. Res., **83**, pp.97–119 (2006)
28） G. Lefevre, V. Michel, D. Weil, L. Lepelletier, E. Bizard, U. Wolfrum, J. P. Hardelin and C. Petit, Development, **135**, pp.1427–1437 (2008)
29） K. R. Johnson, L. H. Gagnon, L. S. Webb, L. L. Peters, N. L. Hawes, B. Chang and Q. Y. Zheng, Hum. Mol. Genet., **12**, pp.3075–3086 (2003)
30） N. Grillet, W. Xiong, A. Reynolds, P. Kazmierczak, T. Sato, C. Lillo, R. A. Dumont, E. Hintermann, A. Sczaniecka, M. Schwander, et al., Neuron, **62**, pp. 375–387 (2009)
31） J. McGee, R. J. Goodyear, D. R. McMillan, E.A.Stauffer, J. R. Holt, K. G. Locke, D.

G. Birch, P. K. Legan, P. C. White, E. J. Walsh et al., J. Neurosci., **26**, pp.6543–6553 (2006)

32) M. D. Weston, M. W. Luijendijk, K. D. Humphrey, C. Moller and W. J. Kimberling, Am. J. Hum. Genet., **74**, pp.357–366 (2004)

33) J. D. Eudy, M. D. Weston, S. Yao, D. M. Hoover, H. L. Rehm, M. Ma-Edmonds, D. Yan, I. Ahmad, J. J. Cheng, C. Ayuso et al., Science, **280**, pp.1753–1757 (1998)

34) N. Michalski, V. Michel, A. Bahloul, G. Lefevre, J. Barral, H. Yagi, S. Chardenoux, D. Weil, P. Martin, J. P. Hardelin et al., J. Neurosci., **27**, pp.6478–6488 (2007)

35) X. Liu, O. V. Bulgakov, K. N. Darrow, B. Pawlyk, M. Adamian, M. C. Liberman and T. Li, Proc. Natl. Acad. Sci. USA., **104**, pp.4413–4418 (2007)

36) R. J. Goodyear, P. K. Legan, M. B. Wright, W. Marcotti, A. Oganesian, S. A. Coats, C. J. Booth, C. J. Kros, R. A. Seifert, D. F. Bowen-Pope et al., J. Neurosci., **23**, pp.9208–9219 (2003)

37) E. Verpy, D. Weil, M. Leibovici, R. J. Goodyear, G. Hamard, C. Houdon, G. M. Lefevre, J. P. Hardelin, G. P. Richardson, P. Avan et al., Nature, **456**, pp.255–258 (2008)

38) E. Verpy, S. Masmoudi, I. Zwaenepoel, M. Leibovici, T. P. Hutchin, I. Del Castillo, S. Nouaille, S. Blanchard, S. Laine, J. L. Popot et al., Nat. Genet., **29**, pp.345–349 (2001)

39) J. Howard and A. J. Hudspeth, Proc. Natl. Acad. Sci. USA., **84**, pp.3064–3068 (1987)

40) P. G. Gillespie and J. L. Cyr, Annu. Rev. Physiol., **66**, pp.521–545 (2004)

41) J. A. Assad and D. P. Corey, J. Neurosci., **12**, pp.3291–3309 (1992)

42) P. G. Gillespie and A. J. Hudspeth, Proc. Natl. Acad. Sci, USA., **90**, pp.2710–2714 (1993)

43) E. N. Yamoah and P. G. Gillespie, Neuron, **17**, pp.523–533 (1996)

44) P. G. Gillespie, M. C. Wagner and A. J. Hudspeth, Neuron, **11**, pp.581–594 (1993)

45) A. J. Ricci and R. Fettiplace, J. Physiol., **501** (Pt 1), pp.111–124 (1997)

46) R. G. Walker and A. J. Hudspeth, Proc. Natl. Acad. Sci. USA., **93**, pp.2203–2207 (1996)

47) P. G. Gillespie, S. K. Gillespie, J. A. Mercer, K. Shah and K. M. Shokat, J. Biol. Chem., **274**, pp.31373–31381 (1999)

48) J. R. Holt, S. K. Gillespie, D. W. Provance, K. Shah, K. M. Shokat, D. P. Corey, J. A. Mercer and P. G. Gillespie, Cell, **108**, pp.371–381 (2002)

49) A. J. Ricci, Y. C. Wu and R. Fettiplace, J. Neurosci., **18**, pp.8261–8277 (1998)

50) M. E. Benser, R. E. Marquis and A. J. Hudspeth, J. Neurosci., **16**, pp.5629–5643 (1996)

51) A. Hudspeth, Curr. Opin. Neurobiol., **7**, pp.480–486 (1997)

52）D. Bozovic and A. J. Hudspeth, Proc. Natl. Acad. Sci. USA., **100**, pp.958-963（2003）

53）B. Delprat,V. Michel, R. Goodyear, Y. Yamasaki, N. Michalski, A. El-Amraoui, I. Perfettini, P. Legrain, G. Richardson, J. P. Hardelin et al., Hum. Mol. Genet., **14**, pp.401-410（2005）

54）I. A. Belyantseva, E. T. Boger, S. Naz, G. I. Frolenkov, J. R.Sellers, Z. M. Ahmed, A. J. Griffith and T. B. Friedman, Nat. Cell. Biol., **7**, pp.148-156（2005）

55）I. A. Belyantseva, E. T. Boger and T. B. Friedman, Proc. Natl. Acad. Sci. USA., **100**, pp.13958-13963（2003）

56）D. W. Anderson, F. J. Probst, I. A. Belyantseva, R. A. Fridell, L. Beyer, D. M. Martin, D. Wu, B. Kachar, T. B. Friedman, Y. Raphael et al., Hum. Mol. Genet., **9**, pp.1729-1738（2000）

57）A. K. Rzadzinska, M. E. Schneider, C. Davies, G. P. Riordan and B. J. Kachar, Cell. Biol., **164**, pp.887-897（2004）

58）F. J. Probst, R. A. Fridell, Y. Raphael, T. L. Saunders, A. Wang, Y. Liang, R. J. Morell, J. W. Touchman, R. H. Lyons, K. Noben-Trauth et al., Science, **280**, pp.1444-1447（1998）

59）R. H. Holme, B. W. Kiernan, S. D. Brown and K. P. Steel, J. Comp. Neurol., **450**, pp.94-102（2002）

60）P. Mburu, M. Mustapha, A. Varela, D. Weil, A. El-Amraoui, R. H. Holme, A. Rump, R. E. Hardisty, S. Blanchard, R. S. Coimbra et al., Nat. Genet., **34**, pp.421-428（2003）

61）T. Walsh, V. Walsh, S. Vreugde, R. Hertzano, H. Shahin, S. Haika, M. K. Lee, M. Kanaan, M. C. King and K. B. Avraham, Proc. Natl. Acad. Sci. USA., **99**, pp.7518-7523（2002）

62）L. Zheng, G. Sekerkova, K. Vranich, L. G. Tilney, E. Mugnaini and J. R. Bartles, Cell, **102**, pp.377-385（2000）

63）S. Naz, A. J. Griffith, S. Riazuddin, L. L. Hampton, J. F. Battey Jr., S. N. Khan, E. R. Wilcox and T. B. Friedman, J. Med. Genet., **41**, pp.591-595（2004）

64）F. T. Salles, R. C. Merritt Jr., U. Manor, G. W. Dougherty, A. D. Sousa, J. E. Moore, C. M. Yengo, A. C. Dose and B. Kachar, Nat. Cell. Biol., **11**, pp.443-450（2009）

65）Z. M. Ahmed, R. J. Morell, S. Riazuddin, A. Gropman, S. Shaukat, M. M. Ahmad, S. A. Mohiddin, L. Fananapazir, R. C. Caruso, T. Husnain et al., Am. J. Hum. Genet., **72**, pp.1315-1322（2003）

66）S. Melchionda, N. Ahituv, L. Bisceglia, T. Sobe, F. Glaser, R. Rabionet, M. L. Arbones, A. Notarangelo, E. Di Iorio, M. Carella et al., Am. J. Hum. Genet., **69**, pp.635-640（2001）

67）K. B. Avraham, T. Hasson, K. P. Steel, D. M. Kingsley, L. B. Russell, M. S. Mooseker, N. G. Copeland and N. A. Jenkins, Nat. Genet., **11**, pp.369-375（1995）

68) T. Self, T. Sobe, N. G. Copeland, N. A. Jenkins, K. B. Avraham and P. Steel, Dev. Biol., **214**, pp.331-341 (1999)
69) A. J. Hudspeth, Neuron, **59**, pp.530-545 (2008)
70) W. E. Brownell, C. R. Bader, D. Bertrand and Y. de Ribaupierre, Science, **227**, pp.194-196 (1985)
71) G. Frank, W. Hemmert and A. W. Gummer, Proc. Natl. Acad. Sci. USA., **96**, pp.4420-4425 (1999)
72) J. F. Ashmore, Neurosci. Res. Suppl., **12**, S39-50 (1990)
73) F. Kalinec, M. C. Holley, K. H. Iwasa, D. J. Lim and B. Kachar, Proc. Natl. Acad. Sci. USA., **89**, pp.8671-8675 (1992)
74) J. Zheng, W. Shen, D. Z. He, K. B. Long, L. D. Madison and P. Dallos, Nature, **405**, pp.149-155 (2000)
75) M. C. Liberman, J. Gao, D. Z. He, X. Wu, S. Jia and J. Zuo, Nature, **419**, pp.300-304 (2002)
76) X. Z. Liu, X. M. Ouyang, X. J. Xia, J. Zheng, A. Pandya, F. Li, L. L. Du, K. O. Welch, C. Petit, R. J. Smith et al., Hum. Mol. Genet., **12**, pp.1155-1162 (2003)
77) X. G. Smith and G. A. Manley, Hear. Res., **110**, pp.61-76 (1997)
78) G. A. Manley, L. Gallo and C. Koppl, J. Acoust. Soc. Am., **99**, pp.1588-1603 (1996)
79) P. Dallos and B. N. Evans, Science, **267**, pp.2006-2009 (1995)
80) A. J. Ricci, A. C. Crawford and R. Fettiplace, J. Neurosci, **20**, pp.7131-7142 (2000)
81) P. Martin and A. J. Hudspeth, Proc. Natl. Acad. Sci. USA., **96**, pp.14306-14311 (1999)
82) P. Martin and A. J. Hudspeth, Proc. Natl. Acad. Sci. USA., **98**, pp.14386-14391 (2001)
83) D. P. Corey and A. J. Hudspeth, J. Neurosci., **3**, pp.942-961 (1983)
84) J. Howard and A. J. Hudspeth, Neuron, **1**, pp.189-199 (1988)
85) P. Martin, D. Bozovic, Y. Choe and A. J. Hudspeth, J. Neurosci., **23**, pp.4533-4548 (2003)
86) P. Martin, A. D. Mehta and A. J. Hudspeth, Proc. Natl. Acad. Sci. USA., **97**, pp.12026-12031 (2000)
87) H. J. Kennedy, A. C. Crawford and R. Fettiplace, Nature, **433**, pp.880-883 (2005)
88) D. K. Chan and A. J. Hudspeth, Nat. Neurosci., **8**, pp.149-155 (2005)
89) A. C. Crawford and R. Fettiplace, J. Physiol., **312**, pp.377-412 (1981)
90) L. S. Frishkopf and D. J. DeRosier, Hear. Res., **12**, pp.393-404 (1983)
91) T. Holton and A. J. Hudspeth, Science, **222**, pp.508-510 (1983)
92) L. G. Tilney, M. S. Tilney and D. J. DeRosier, Annu. Rev. Cell. Biol., **8**, pp.257-274 (1992)
93) C. M. Hackney, R. Fettiplace and D. N. Furness, Hear. Res., **69**, pp.163-175 (1993)

94) A. Lelli, Y. Asai, A. Forge, J. R. Holt and G. S. Geleoc, J. Neurophysiol., **101**, pp.2961–2973 (2009)
95) P. A. Loomis, L. Zheng, G. Sekerkova, B. Changyaleket, E. Mugnaini and J. R. Bartles, J. Cell. Biol., **163**, pp.1045–1055 (2003)
96) R. S. Lewis and A. J. Hudspeth, Nature, **304**, pp.538–541 (1983)
97) P. A. Fuchs, T. Nagai and M. G. Evans, J. Neurosci., **8**, pp.2460–2467 (1988)
98) P. A. Fuchs and M. G. Evans, J. Comp. Physiol., A. **164**, pp.151–163 (1988)
99) R. A. Eatock, M. Saeki and M. J. Hutzler, J. Neurosci., **13**, pp.1767–1783 (1993)
100) I. Sugihara and T. Furukawa, J. Neurophysiol., **62**, pp.1330–1343 (1989)
101) A. J. Hudspeth and R. S. Lewis, J. Physiol., **400**, pp.275–297 (1988)
102) A. J. Hudspeth and R. S. Lewis, J. Physiol., **400**, pp.237–274 (1988)
103) W. M. Roberts, R. A. Jacobs and A. J. Hudspeth, J. Neurosci., **10**, pp.3664–3684 (1990)
104) R. Kollmar, L. G. Montgomery, J. Fak, L. J. Henry and A. J. Hudspeth, Proc. Natl. Acad. Sci. USA., **94**, pp.14883–14888 (1997)
105) J. Platzer, J. Engel, A. Schrott-Fischer, K. Stephan, S. Bova, H. Chen, H. Zheng and J. Striessnig, Cell, **102**, pp.89–97 (2000)
106) J. Neef, A. Gehrt, A. V. Bulankina, A. C. Meyer, D. Riedel, R. G. Gregg, N. Strenzke and T. Moser, J. Neurosci., **29**, pp.10730–10740 (2009)
107) K. P. Rosenblatt, Z. P. Sun, S. Heller and A. J. Hudspeth, Neuron, **19**, pp.1061–1075 (1997)
108) K. Ramanathan, T. H. Michael, G. J. Jiang, H. Hiel and P. A. Fuchs, Science, **283**, pp.215–217 (1999)
109) J. J. Art and R. J. Fettiplace, Physiol, **385**, pp.207–242 (1987)
110) Y. C. Wu, J. J. Art, M. B. Goodman and R. Fettiplace, Prog. Biophys. Mol. Biol., **63**, pp.131–158 (1995)
111) A. J. Ricci, M. Gray-Keller and R. J. Fettiplace, Physiol, **524**, Pt 2, pp.423–436 (2000)
112) S. Miranda-Rottmann, A. S. Kozlov and A. J. Hudspeth, Mol. Cell. Biol., **30**, pp.3646–3660 (2010)
113) L. Ruttiger, M. Sausbier, U. Zimmermann, H. Winter, C. Braig, J. Engel, M. Knirsch, C. Arntz, P. Langer, B. Hirt et al., Proc. Natl. Acad. Sci. USA., **101**, pp.12922–12927 (2004)
114) C. Kubisch, B. C. Schroeder, T. Friedrich, B. Lutjohann, A. El-Amraoui, S. Marlin, C. Petit and T. J. Jentsch., Cell, **96**, pp.437–446 (1999)
115) K. W. Beisel, S. M. Rocha-Sanchez, K. A. Morris, L. Nie, F. Feng, B. Kachar, E. N. Yamoah and B. Fritzsch, J. Neurosci., **25**, pp.9285–9293 (2005)
116) T. Kharkovets, K. Dedek, H. Maier, M. Schweizer, D. Khimich, R. Nouvian, V.

Vardanyan, R.Leuwer, T. Moser and T. J. Jentsch, EMBO J., **25**, pp.642-652 (2006)

117) A. J. Ricci, A. C. Crawford and R. Fettiplace, Neuron, **40**, pp.983-990 (2003)

118) T. F. Weiss and R. Leong, Hear. Res., **20**, pp.175-195 (1985)

119) J. H. Nam and R. Fettiplace, Biophys, J, **98**, pp.2813-2821 (2010)

120) T. Reichenbach and A. J. Hudspeth, Proc. Natl. Acad. Sci. USA., **107**, pp.4973-4978 (2010)

121) C. Zinn, H. Maier, H. Zenner and A. W. Gummer, Hear. Res., **142**, pp.159-183 (2000)

122) Z. Xu, A. J. Ricci and S. Heller, Neuron, **62**, pp.305-307 (2009)

123) F. Donaudy, A. Ferrara, L. Esposito, R. Hertzano, O. Ben-David, R .E. Bell, S. Melchionda, L. Zelante, K. B. Avraham and P. Gasparini, Am. J. Hum. Genet., **72**, pp.1571-1577 (2003)

124) P. D'Adamo, M. Pinna, S. Capobianco, A. Cesarani, A. D'Eustacchio, P. Fogu, M. Carella, M. Seri and P. Gasparini, Hum. Genet., **112**, pp.319-320 (2003)

125) M. Seri, R. Cusano, S. Gangarossa, G. Caridi, D. Bordo, C. Lo Nigro, G. M. Ghiggeri, R. Ravazzolo, M. Savino, M. Del Vecchio et al., Nat. Genet., **26**, pp.103-105 (2000)

126) A. K. Lalwani, J. A. Goldstein, M. J. Kelley, W. Luxford, C. M. Castelein and A. N. Mhatre, Am. J. Hum. Genet., **67**, pp.1121-1128 (2000)

127) S. A. Mohiddin, Z. M. Ahmed, A. J. Griffith, D. Tripodi, T. B. Friedman, L. Fananapazir and R. J. Morell, J. Med. Genet., **41**, pp.309-314 (2004)

128) K. M. Sanggaard, K. W. Kjaer, H. Eiberg, G. Nurnberg, P. Nurnberg, K. Hoffman, H. Jensen, C. Sorum, N. D. Rendtorff and L. Tranebjaerg, Am. J. Med. Genet. A., **146A**, pp.1017-1025 (2008)

129) X. Z. Liu, J. Walsh, P. Mburu, J. Kendrick-Jones, M. J. Cope, K. P. Steel and S. D. Brown, Nat. Genet., **16**, pp.188-190 (1997)

130) X. Z. Liu, J. Walsh, Y. Tamagawa, K. Kitamura, M. Nishizawa, K. P. Steel and S. D. Brown, Nat. Genet., **17**, pp.268-269 (1997)

131) D. Weil, P. Kussel, S. Blanchard, G. Levy, F. Levi-Acobas, M. Drira, H. Ayadi and C. Petit, Nat. Genet., **16**, pp.191-193 (1997)

132) F. Gibson, J. Walsh, P. Mburu, A. Varela, K. A. Brown, M. Antonio, K. W. Beisel, K. P. Steel and S. D. Brown, Nature, **374**, pp.62-64 (1995)

133) C. R. Rhodes, R. Hertzano, H. Fuchs, R. E. Bell, M. H. de Angelis, K. P. Steel and K. B. Avraham, Mamm. Genome., **15**, pp.686-697 (2004)

134) A. Wang, Y. Liang, R. A. Fridell, F. J. Probst, E. R. Wilcox, J. W. Touchman, C. C. Morton, R. J. Morell, K. Noben-Trauth, S. A. Camper et al., Science, **280**, pp.1447-1451 (1998)

135) S. Y. Khan, Z. M. Ahmed, M. I. Shabbir, S. Kitajiri, S. Kalsoom, S. Tasneem, S. Shayiq, A. Ramesh, S. Srisailpathy, S. N. Khan et al., Hum. Mutat., **28**, pp.417-423 (2007)

136) X. M. Ouyang, X. J. Xia, E. Verpy, L. L. Du, A. Pandya, C. Petit, T. Balkany, W. E. Nance and X. Z. Liu, Hum. Genet., **111**, pp.26-30 (2002)

137) D. Weil, A. El-Amraoui, S. Masmoudi, M. Mustapha, Y. Kikkawa, S. Laine, S. Delmaghani, A. Adato, S. Nadifi, Z. B. Zina et al., Hum. Mol. Genet., **12**, pp.463-471 (2003)

138) Y. Kikkawa, H. Shitara, S. Wakana, Y. Kohara, T. Takada, M. Okamoto, C. Taya, K. Kamiya, Y. Yoshikawa, H. Tokano et al., Hum. Mol. Genet., **12**, pp.453-461 (2003)

139) S. M. Wilson, D. B. Householder, V. Coppola, L. Tessarollo, B. Fritzsch, E. C. Lee, D. Goss, G. A. Carlson, N. G. Copeland and N. A. Jenkins, Genomics, **74**, pp.228-233 (2001)

140) A. Adato, S. Vreugde, T. Joensuu, N. Avidan, R. Hamalainen, O. Belenkiy, T. Olender, B. Bonne-Tamir, E. Ben-Asher, C. Espinos et al., Eur. J. Hum. Genet., **10**, pp.339-350 (2002)

141) R. G. Walker, A. T. Willingham and C. S. Zuker, Science, **287**, pp.2229-2234 (2000)

142) S. Sidi, R. W. Friedrich and T. Nicolson, Science, **301**, pp.96-99 (2003)

143) J. B. Shin, D. Adams, M. Paukert, M. Siba, S. Sidi, M. Levin, P. G. Gillespie and S. Grunder, Proc. Natl. Acad. Sci. USA., **102**, pp.12572-12577 (2005)

144) J. Kim, Y. D. Chung, D. Y. Park, S. Choi, D. W. Shin, H. Soh, H. W. Lee, W. Son, J. Yim, C. S. Park et al., Nature, **424**, pp.81-84 (2003)

145) Z. Gong, W. Son, Y. D. Chung, J. Kim, D. W. Shin, C. A. McClung, Y. Lee, H. W. Lee, D. J. Chang, B. K. Kaang et al., J. Neurosci., **24**, pp.9059-9066 (2004)

146) D. P. Corey, J. Garcia-Anoveros, J. R. Holt, K. Y. Kwan, S. Y. Lin, M. A. Vollrath, A. Amalfitano, E. L. Cheung, B. H. Derfler, A. Duggan et al., Nature, **432**, pp.723-730 (2004)

147) K. Y. Kwan, A. J. Allchorne, M. A. Vollrath, A. P. Christensen, D. S. Zhang, C. J. Woolf and D. P. Corey, Neuron, **50**, pp.277-289 (2006)

第4章
聴覚フィルタの心理物理実験とモデル

第２章において，蝸牛における基底膜振動による周波数分析機能と，そのモデル化が紹介されている。そこでは動物実験による生理学的な知見に矛盾しないように，波動方程式や伝送線路モデルの構成と定数を決め，数値演算的に解くことが行われる。しかしながら，最も特性を知りたい人間に対して侵襲的な生理実験を行うことはできない。したがって，振動解析に必要となる材料定数やその動的な変化を知ることは実質的に不可能である。さらには，健聴者ばかりでなく難聴者を含めた個人ごとの特性を知りたければ，その当事者本人で測定できなければ意味をなさない。そこで，非侵襲的な心理物理実験による周波数分析特性の推定手法が開発され利用されている。この基底膜振動に由来する周波数分析あるいは周波数選択性を言い表す概念として，**聴覚フィルタ**（auditory filter）という用語が心理物理学において用いられている[1)〜3)]。

この聴覚フィルタは，最近の圧縮オーディオ[4)]や音質客観測定法[5)]などに入っている「知覚モデル」の重要な要素となっている。現在，これらのシステムで用いられているのは，**臨界帯域**（critical band）の概念（4.2節）[1)]から導出された，健聴者の平均的な周波数選択性を反映した線形フィルタである。ところが，実際の聴覚フィルタは基底膜振動に対応するので，外界の音圧や音環境によって変化する非線形フィルタである。また，個人ごとに特性が異なり，特に高齢者や難聴者の場合，健聴者の平均的な特性からのばらつきが大きい。補聴器を含めた音響機器の信号処理を考えるうえでは，個々人の聴覚特性を測定する心理物理実験の実施と，定量的なモデル化をする手段が重要になるであろう。本章においては，聴覚フィルタ特性推定のための心理物理実験と，それをモデル化するフィルタ関数系について紹介する。

4.1 聴覚フィルタの基礎概念

第2章で記述されているように，蝸牛における基底膜の機械振動によって音の周波数分析が行われている。この様子は信号処理の観点から，基底膜の位置ごとに中心周波数と帯域幅が異なるフィルタが多数並んでいる形に定式化できる。このようにして見たときの個々のフィルタのことを**聴覚フィルタ**と呼ぶ。また，それを周波数順に多数並べて基底膜振動を近似する1組を**聴覚フィルタバンク**（auditory filterbank）と呼ぶ。本節では，この聴覚フィルタがどのような特性をもっているかを概観する。

4.1.1 振幅周波数特性

図4.1に，六つの中心周波数をもつ聴覚フィルタの振幅周波数特性を示す。横軸は対数周波数尺度に近い非線形周波数軸，縦軸はフィルタ利得である。得られたフィルタ形状は，中心周波数にかかわらず同じような形状をもつことがわかる。また，聴覚フィルタは中心周波数に対して非対称の周波数特性をもっている。低周波側のフィルタの裾引きがなだらかで，高周波側の裾引きが急峻な特性となっている。図では非線形周波数軸のため，この非対称性が強調され

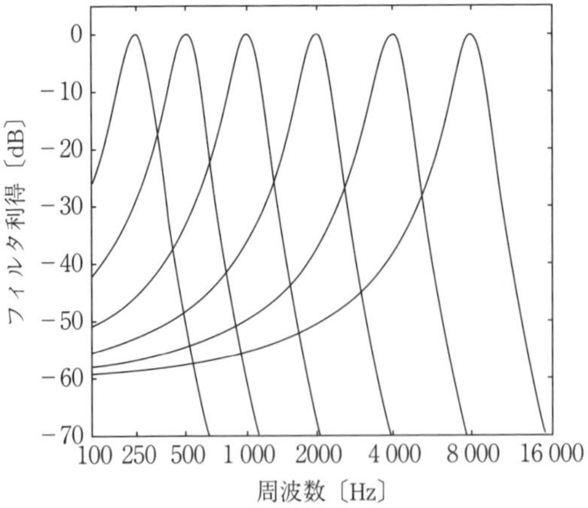

振幅が最大となる周波数が250, 500, 1 000, 2 000, 4 000, 8 000 Hz の6個の聴覚フィルタを示している

図4.1 聴覚フィルタの周波数特性の例

ているが，横軸を線形周波数軸にしても非対称性は見ることができる。心理物理学の立場からは，このような振幅周波数特性の2乗のパワースペクトルのことを**フィルタ形状**（filter shape）と呼んでいる[2)]。

ここで，中心周波数と帯域幅の間には，おおよそ以下の関係があることが健聴者の聴覚フィルタの心理物理測定から知られている[3)]。

$$\mathrm{ERB_N} = 24.7 \times \left(\frac{4.37F}{1\,000} + 1\right) \tag{4.1}$$

ただし，$\mathrm{ERB_N}$：**等価矩形帯域幅**（equivalent rectangular bandwidth）〔Hz〕，F：フィルタの中心周波数〔Hz〕である。式 (4.1) の関係を**図 4.2** に図示する。中心周波数が高くなるにつれて帯域幅が広くなり，約 500 Hz 以上では中心周波数と帯域幅がほぼ比例関係となる。なお，$\mathrm{ERB_N}$ の添字の N は健聴者の平均的な特性から得られた値であることを明示するために付けられている。ERB 自体は任意のフィルタ形状で計算することができる。この中心周波数によって変わる帯域幅のフィルタが等間隔に並ぶように **$\mathrm{ERB_N}$ 番号**（$\mathrm{ERB_N}$ number）が定義されている。

$$\mathrm{ERB_N\,number} = 21.4 \log_{10}\left(\frac{4.37F}{1\,000} + 1\right) \tag{4.2}$$

この $\mathrm{ERB_N}$ 番号の値が等間隔となるように設定したのが，図 4.1 の横軸である。

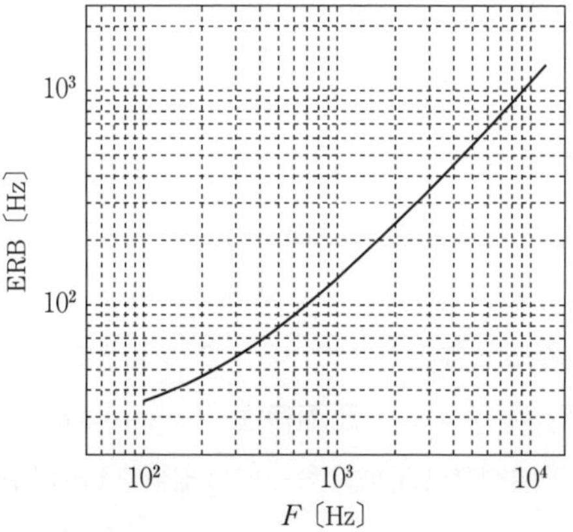

図 4.2 聴覚フィルタの中心周波数（F）と等価矩形帯域幅（$\mathrm{ERB_N}$）の関係

4.1.2 音圧依存性と入出力特性

実際の聴覚フィルタは，外界の音環境や音圧の変化に依存してフィルタ形状や利得が変化する非線形の時変フィルタである。この点で，信号処理の初歩の線形時不変フィルタや短時間フーリエ変換とは異なり，インパルス応答だけで特性のすべてを語ることはできない。

図 4.3 に，音圧に対するフィルタ形状・利得変化の様子の例を示す。30 dB では中心周波数における利得が 0 dB と最も大きく，音圧上昇とともに利得が減少して，90 dB では利得が約 −35 dB になっていることがわかる。また同時に，フィルタの帯域幅も音圧上昇とともに徐々に広がる傾向があることがわかる。この意味では，等価矩形帯域幅を示す式 (4.1) は，健聴者を用いて中程度の音圧で測定した場合の一つの目安として見る必要がある。

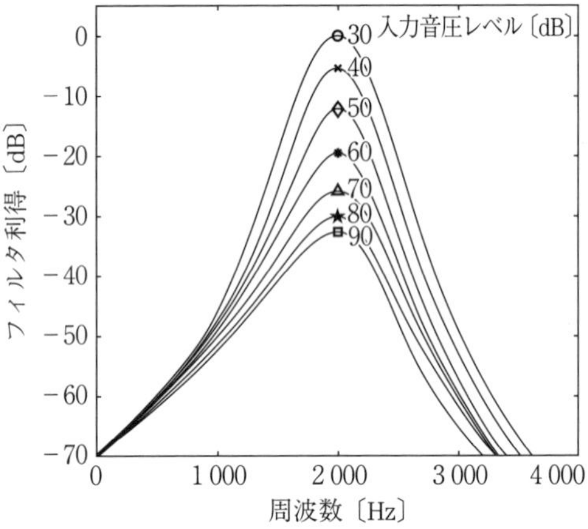

音圧が低いとフィルタの利得が大きく，音圧上昇とともに利得が減少する

図 4.3　聴覚フィルタの音圧依存性

図 4.3 の特性から計算されるフィルタの入力音圧に対する出力音圧の関係を，**図 4.4** の実線で示す。破線で示された増加率 1 dB/dB（1：1）の線形関係に比べて曲線の傾きがゆるやかであることがわかる。健聴者の場合，中音圧域で約 0.2〜0.3 dB/dB の増加率になると推定されている。このように，入力増加に対する出力増加の度合いが小さいために，**圧縮特性**（compression）と呼ばれている[6)]。これに対し，低音圧域や高音圧域においては線形（1 dB/dB）

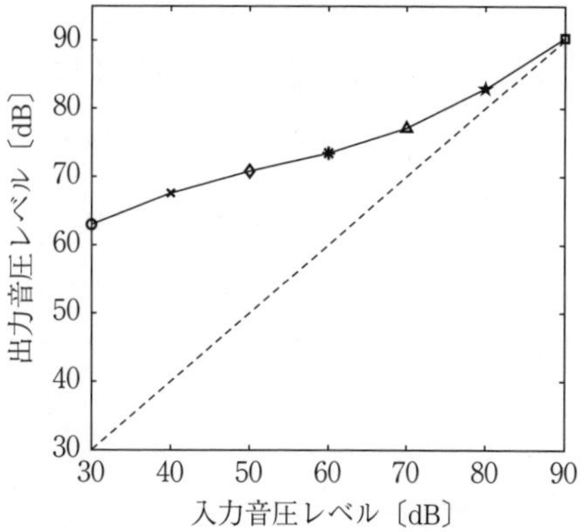

図 4.2 の入力音圧に対する最大利得の値を用いて対応する出力音圧を計算し，入力 90 dB に対して出力 90 dB となるようにレベルを調整したあとに図示した。図 4.3 と図 4.4 で共通の図記号はそれぞれ対応する

図 4.4 聴覚フィルタの入出力特性例

に近くなる。なお，この入出力関係を**蝸牛増幅器**（cochlear amplifier）の特性としてとらえる生理学的な立場もある（2.5.2 項，3.2 節）。この場合，低音圧域では振幅増幅率が大きく，音圧上昇とともに増幅率が減少していることに相当する。立場により，圧縮と増幅で正反対に聞こえる用語が用いられているが，同じ現象について語っているものと考えられている。

この音圧依存のフィルタ形状や圧縮特性をもつ非線形の聴覚フィルタは，第 5 章で述べる音の大きさ知覚のモデルにも用いられる。また，フィルタ形状の広帯域化や圧縮特性の劣化が，難聴者における聞こえの悪化に関係していると考えられている[7)]。それを補うため，補聴器においても健常者の圧縮特性を再現しようとする試みもある[8)]。

4.1.3 そのほかの非線形特性

これらの非線形特性のほかにも 2 音抑圧（two-tone suppression）（2.3 節）や耳音響放射（otoacoustic emission, OAE）（2.5.4 項）などの蝸牛における非線形現象が知られている[9)]。2 音抑圧は，中心周波数の一つの純音に対する内耳の聴神経の活動が，隣接した周波数に置かれた別の純音の存在によって抑圧され減少するという現象である。加える分，パワー的には増えるのにもかかわらず出力が減るのである。この現象は，一つの聴覚フィルタだけでは説明できないが，聴覚フィルタを並べたフィルタバンクを構成する際には考慮に入れる必要がある。

これに対して，耳音響放射に関しては聴覚フィルタの概念から出発してモデル化するのは容易ではなく，むしろコルチ器を含めた機械的な振動を模擬する有限要素法や伝送線路モデルなどを用いて定式化すべきであろう。聴覚フィルタの概念は，少数パラメータで定義される簡便性と見通しのよさに利点があり，特に大規模な心理物理データに関数系を適合させる場合に有効である。

4.2　聴覚フィルタ特性の心理物理的推定

本節では，心理物理実験によって聴覚フィルタの特性を推定する方法について述べる。そこでのおもな手段として，マスキング実験が用いられることが多い。そこで，まずこのマスキング現象の概念を述べる。そのうえで，聴覚フィルタの概念の先駆けとなったFletcherによる**臨界帯域**の測定法[1]を紹介する。さらに，その問題点を克服して現在の標準手法となっているPattersonの**ノッチ雑音マスキング法**[2),10)~13)]を紹介する。さらに，位相周波数特性や圧縮特性の直接的な推定を試みる心理物理実験も紹介する。

4.2.1　マスキング現象と心理物理実験

例えば，駅や道路際で携帯電話をかけているときに電車や車が近づくと，聞き取りにくくなることはよく経験するであろう。おおまかな表現だが，大きい音の存在によって小さい音が聞こえなくなる現象が**マスキング**（masking）である[14]。心理物理実験においては，さまざまな検出音（プローブ音）がどの程度の音圧ならば検出できるかという測定（閾値測定/弁別域測定）からさまざまな特性の推定が行われる。例えば，純音（sin波）の検知を考える。同じ周波数帯域に雑音が同時に提示される場合には，それがない場合に比べて，純音の音圧を高めないと検知できなくなる。この増加分の音圧量がマスキング量である。刺激音条件ごとのマスキング量を測定することを通して聴覚特性を推定することが行われる。簡単なマスキング実験デモを通して，聴覚フィルタ形状推定を学べる解説があるので参照されたい[15]。

4.2.2 臨界帯域の測定

Fletcher[1] は，聴覚フィルタの**臨界帯域**（critical band）測定を行った。この実験では，帯域雑音（マスカ音）を純音（プローブ音）と同時に再生する同時マスキングを用いる。プローブ音と中心周波数が同じ狭帯域の雑音を重畳させると，プローブ音の検出閾値が雑音なしの場合に比べて上昇する。この上昇分すなわちマスキング量は，帯域幅が広がるに従って上昇するが，ある特定の帯域幅以上になると変化しなくなる。つまり，その帯域幅を超えた部分の雑音は聴覚フィルタにより除去されて，プローブ音を検出することに影響しないと考えることができる。Fletcher は，このちょうど境界までの帯域を聴覚フィルタの**臨界帯域**と呼んだ。

ただし，雑音帯域を拡張させる実験手法には，信号検出理論[16] の観点から問題点が指摘されている[11]。実際に測定できるダイナミックレンジは高々 5 dB 程度で，フィルタの中心周波数周辺しか特性を推定できないとされている。

4.2.3 マスキングのパワースペクトルモデル

Fletcher は，マスカレベルとちょうど検出できるプローブレベルの関係も定式化した[1]。マスカ雑音のパワースペクトルを $N(f)$，聴覚フィルタのパワースペクトルを $W(f)$，聴覚系内部にあると仮定する検出器の効率を定数 K とすると，プローブレベル P_S が以下の式 (4.3) でよく予測できるという定式化である。

$$P_S = K\int_{-\infty}^{\infty} N(f)W(f)df \tag{4.3}$$

これは**マスキングのパワースペクトルモデル**（power spectral model of masking）と呼ばれ，フィルタ関数が既知であれば，同時マスキングの実験結果をよく説明できる。また，先にプローブレベル P_S が心理実験から測定できれば，フィルタ関数 $W(f)$ を最適化計算によって推定することができる。ここで $N(f)$ は，実験で設定する既知の値で，数個のパラメータで表現されるフィルタ関数 $W(f)$ をまず仮定する。式 (4.3) に両者を代入して得られるプローブレベルの予測値 $\hat{P}_S$ と，測定から得られたプローブレベル P_S の誤差を算出する。この誤差を最小二乗法などで最小化するようにして $W(f)$ のパラメータを推定する。

マスキングのパワースペクトルモデルの利用は，次項で述べるノッチ雑音マスキング法も含め聴覚フィルタ特性推定における基本手法となっている。非常に簡単で便利だが，大前提となる線形性の仮定など，多くの仮定を伴う。例えば，短時間の過渡音は，式 (4.3) が前提としている長時間パワースペクトルで表すことができない。したがって，実験条件には注意が必要である。

4.2.4　ノッチ雑音マスキング法によるフィルタ形状の推定

4.2.2 項の雑音帯域幅を変化させて測定する方法では，聴覚フィルタ形状を広いダイナミックレンジで推定できない。この問題点を克服し，精度よく推定するために**ノッチ雑音マスキング法**（notched noise masking）が Patterson によって提案された[2),10)〜13)]。この手法では**図 4.5** に示すように，二つの帯域雑音で挟むような無音のノッチ領域を設け，そこにプローブ音を置く。このノッチ帯域幅が狭ければマスキング量は大きく，広がるに従ってマスキング量が減少することが予測される。この場合も式 (4.3) のマスキングのパワースペクト

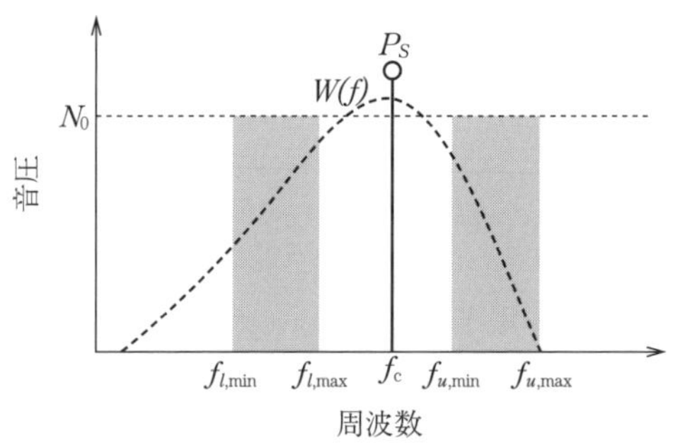

図 4.5　ノッチ雑音法におけるプローブ音（P_S），マスカ雑音（2 か所の灰色部分，N_0）と聴覚フィルタのパワースペクトル（$W(f)$）の関係

ルモデルを適用して聴覚フィルタ形状が推定できる。帯域雑音が二つあるので，式 (4.3) は二つの積分の和として変形できる。簡単のため，パワースペクトル $N(f)$ が一定レベル N_0 であるとすると，式 (4.3) は以下のように変形できる。

$$P_S = KN_0\left(\int_{f_{l\min}}^{f_{l\max}} W(f)\,df + \int_{f_{u\min}}^{f_{u\max}} W(f)\,df\right) \tag{4.4}$$

この手法の利点は，中心周波数 f_c の上下に雑音帯域が分かれているため，f_c に対して非対称にも雑音を配置できることにある。これにより，フィルタ形状の非対称性も推定できるようになった[12),13)]。

マスキング閾値をノッチの配置や帯域幅の関数として測定し，式 (4.4) から求まる予測値との誤差を最小とするフィルタ関数を推定する。ここで，聴覚フィルタは一つだけ存在するわけではなく連続的に並んでいる。そこで，信号対雑音比（SNR）が最大となるフィルタが聴取時に選ばれると仮定する**離調聴取**（off-frequency listening）[12)] も考慮される。実際の計算では，複数のフィルタ出力の SNR を計算し，最大 SNR のフィルタから計算されるプローブレベル予測値を最適計算に用いる。また，このほかにもパラメータ表現されたフィルタ形状が妥当と考えられる範囲に収まるかなど，さまざまな制約条件を導入することによって実際の推定が行われる。

フィルタ関数 $W(f)$ の近似式として，Patterson and Nimmo-Smith は roex（rounded exponential）フィルタを導入した[12)]（式 (5.11)）。この roex フィルタは中心周波数から上下いずれか片側の周波数領域のみで定義される重み付け関数で，位相特性は定義されていない。したがって，インパルス応答を求めることはできず，実際の聴覚末梢系の時間応答をそのままでは表現できない。しかし，少数パラメータで簡便に表現され，中心周波数の上下別々に傾斜を制御できるため自由度が大きい。このため，フィルタ形状の中心周波数に対する非対称性や音圧依存性をよく説明できた[12)]。このノッチ雑音法と roex フィルタの組合せは，実験的にも比較的安定にフィルタ形状を推定できるため，標準的手法として幅広く利用されてきた[13)]。対象も健聴者ばかりではなく難聴者にも広げられ，指標として特性の把握にも役立っている[3]。また，roex フィルタはラウドネスの計算にも用いられている（5.4 節）。

4.2.5　位相周波数特性の測定

聴覚フィルタがある条件下で，線形フィルタとして十分よく近似できるのであれば，位相周波数特性も求めることができるはずである。Oxenham and Dau[17] は，広帯域の刺激音である Schroeder phase wave[18] を用いて，位相特性を特定しようと試みた。結論として，位相の進み方が大きく，伝送線路モデル[19] やガンマチャープフィルタ[20] の位相特性では実験結果を説明できないと述べている。しかし，4.3.1 項で述べる生理実験的に求められたインパルス応答は，大きな位相進みがなく最小位相に近いフィルタで近似できる。報告された結果は，単一の聴覚フィルタの位相周波数特性を広帯域の刺激音で推定することが難しいことを示した結果であるとも解釈できる。正確な測定には別の工夫が必要である。しかし，そもそも位相周波数特性を心理物理的に直接推定する必要性は高くないと考えられる。生理実験におけるインパルス応答を参照すれば，振幅周波数特性だけでもインパルス応答を推定できるのである。

4.2.6　フィルタ形状の音圧依存性の測定

4.1.2 項で述べたとおり，外界の音圧により聴覚フィルタ形状や利得が変化する。前述の聴覚フィルタ推定手法においては，マスカ音圧レベルを一定として，ある範囲での線形性の仮定を保ちながら行われている。マスカの固定音圧を順次変更し，その音圧ごとの形状を測定・推定すれば，音圧変化に対する形状変化を見ることができる。フィルタ形状の音圧依存性に関しては roex フィルタで推定することが主流で，従来から結果が数多く報告されている[21)～23]。

4.2.7　圧縮特性とその測定

〔1〕 ノッチ雑音マスキング法による圧縮特性の推定　　さらに，聴覚フィルタには図 4.4 で示される圧縮特性がある。周波数重み付け関数の roex は

フィルタ形状の最大値が1となるように正規化されているので，圧縮特性を直接的に推定することはできない。そこで，圧縮特性をモデル化した関数を別途導入し[3)]，推定することが行われている。これに対して4.3.5項で述べる圧縮型ガンマチャープを用いると，聴覚フィルタ形状変化と圧縮特性の両方を同時に推定できる[24)]。実際，図4.3と図4.4は，健聴者のノッチ雑音マスキングの大規模データに対して圧縮型ガンマチャープを適用した結果のパラメータ値を用いて描いている[25)]。このように，ノッチ雑音マスキング法の提案時には想定されていなかった圧縮特性の推定も，適切な聴覚フィルタ関数系を設定することにより推定できることがわかる。

〔2〕 順向性マスキング法による圧縮特性の推定　最近，圧縮特性を順向性マスキング法によって推定する試みが提案されている[26)~28)]。順向性マスキング法は，マスカ音がプローブ音と時間的に重畳せずに先行する条件においてマスキング量を測る方法である。

図4.6に圧縮特性の推定実験におけるマスカ音とプローブ音の配置を示す。まず，調べたい周波数の純音プローブ音に対して，同じ周波数の純音マスカ（on-frequency masker）による閾値を測定する。つぎにプローブ音よりも低い周波数の純音マスカ（off-frequency masker）による閾値を測定する。この両者の違いから入出力特性を推定する。

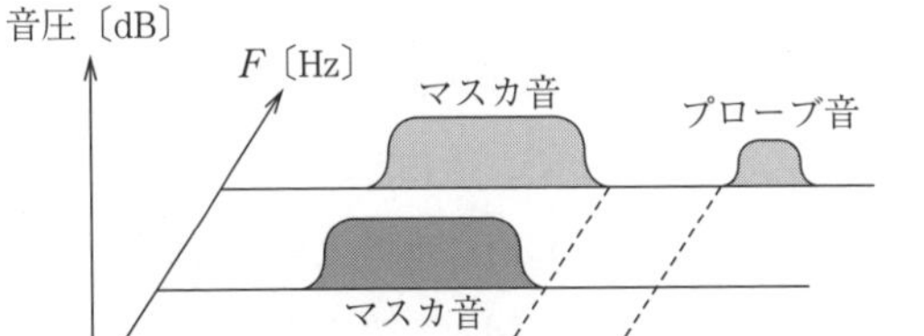

図4.6 圧縮特性を推定するための順向性マスキング実験の刺激音の時間－周波数空間における配置（同一周波数条件と異周波数条件のマスカを同時に表示している）

この方法の基本的な発想は図 4.3 の聴覚フィルタ特性から読み取ることができる。この特性を見ると，中心周波数付近は音圧レベルによって大きく利得が変化するのに対して，中心よりも低い周波数（図 4.3 の例えば 1 000 Hz）では，音圧によって利得があまり変化していない。すなわち，低い周波数側からこの聴覚フィルタへのマスキングの度合いは，線形に近い状態であること意味する。プローブとマスカが同じ周波数の場合，フィルタ特性に対して同じだけ圧縮特性の影響があるが，マスカが低い周波数の場合，マスカ音圧の増加によってフィルタ特性への影響はほとんどない。その違いを見ようというのである。

このために，マスカ音の音圧を順次増加させ，それに伴うプローブ閾値の変化を直接測定する GOM（growth-of-masking）/GMB（growth-of-maskability）法が最初に提案された[26]。しかし，特性に本来関係ないはずの雑音によって測定値が異なることがあったり，プローブ音の増加とともに基底膜の振動パターン（この包絡線を**興奮パターン**（excitation pattern）と呼ぶ）の範囲が広がって測定結果に影響を与えるといった問題点があった。そこで Nelson ら[27] は，プローブ音を絶対閾値上 10 dB としてその興奮パターンを固定し，マスカ音とプローブ音との時間間隔（M–S interval）をパラメータとして，プローブ音をちょうどマスクするマスカ音圧を測定する方法を提案した[27),28]。横軸に時間間隔，縦軸にマスカ音圧をとると，**時間マスキング曲線**（temporal masking curve，TMC）と呼ばれる曲線を描くことができる。同一周波数条件（on-frequency）と異周波数条件（off-frequency）で実験を行い，それぞれの時間マスキング曲線を得る。そのうえで，横軸を同一周波数条件のマスカ音圧，縦軸を異周波数条件のマスカ音圧としたグラフ上に，時間間隔ごとにそれぞれのマスカ音圧をプロットする。これが図 4.4 のような圧縮特性を示すフィルタの入出力特性に相当するというものである[27]。時間間隔をマスカ音圧の調整用として利用し，最後には媒介変数として消去する手法である。

この方法では，聴覚内部において時間的なマスキング回復特性がマスカ周波数にかかわらず同一であるという大きな仮定を置いている。また，純音どうしのマスキングにおいては，被験者の混乱[29]を避けるため，マスカ音とプローブ音が区別できるようにマスカと同期した雑音を付加する。このような，本来の測定と無関係なはずの恣意的な操作や仮定は，現在も議論の対象となっている。また，純音どうしのマスキングは結果が安定しないことも指摘されている[11]。さらに，もっと本質的に順向性マスキング法自体の妥当性に関して疑問点が指摘されている。日常環境においては，音はゆるやかに減衰するもので，突然途切れることは通常起こらない。さらに，瞬断の直後に数ミリ秒長の小さい音を検出しなければいけない状況は，さらに起こりそうにない。つまり，日常起こりうるマスキングは，ほとんどの場合同時マスキングなのである。この意味で，順向性マスキング法の実験条件では，聴覚システムの通常動作範囲を超えた所での特性を測っている可能性がある。もともと非線形システムなので，得られた結果から単純な外挿が成立するかに関しても注意が必要である。このことから，順向性マスキング法で圧縮特性やほかの聴覚特性を妥当な精度で求められるのかに関しては，再考と議論が必要である。

4.2.8　2音抑圧特性の測定

4.1.3項で述べた**2音抑圧**に関して，心理物理的に測定する方法がHoutgastによって提案され[30]，詳細にさまざまな場合に関して特性が調べられている[31]。ここでは，順向性マスキング法とともにPulsation Threshold法が提案されている。後者の方法は，マスカ音（測定したい中心周波数のみの純音）とプローブ音（中心周波数の純音と抑圧を起こさせる隣り合せの純音との混合音）を約4 Hzの繰返し周波数で交互に提示する。被験者には，中心周波数の音の連続性がなくならないぎりぎり最大に，マスカ音の音圧を調整させる。隣り合せの純音の周波数の関数として，得られたマスカ音圧をプロットすれば2音抑圧の特性を推定できる。この特性は，聴覚フィルタバンクの構成において考慮しなければいけない要素である。

4.3 聴覚フィルタの定式化

4.2.4項で述べたノッチ雑音マスキング法とマスキングのパワースペクトルモデルを用いて聴覚フィルタ関数 $W(f)$ が推定できる。このフィルタ関数にはroexが広く用いられてきた。しかし，周波数領域のみで定義される重み付け関数で，その関数からはインパルス応答を求めることはできない。しかし，基底膜振動に対応する聴覚フィルタバンクを考えるのであれば，時間応答をもつフィルタ関数を定義する必要がある。これにより，人間の特性を適切に反映させた基底膜振動のシミュレーションができるようになる。

4.3.1 ガンマトーンフィルタ

時間応答を導入のため，Pattersonはroexフィルタをさらに近似するための関数として線形の**ガンマトーンフィルタ**（gammatone filter）を用いることを提案した[32)]。このガンマトーンフィルタは，もともと生理実験から得られたインパルス応答データを近似するための関数として導入されている[33),34)]。ここでの基底膜振動のインパルス応答は，入力音を雑音として計測された聴神経発火と，この入力音の相互相関をとって時間反転することで得られる。そこでreverse-correlation（revcor）法と呼ばれている。心理物理実験結果を表すために，生理実験結果の成果も取り入れているのである。

このインパルス応答の包絡線がガンマ関数（gamma），搬送波が正弦波（pure tone）で近似されることから**ガンマトーン**（gammatone）と呼ばれるようになった。実係数のインパルス応答は以下のように表される。

$$g_t(t) = at^{n-1}\exp(-2\pi b\mathrm{ERB}_N(f_c)t)\cos(2\pi f_c t + \phi) \qquad (4.5)$$

ただし，t：時間（$t>0$），f_c：中心周波数，a：振幅，$\mathrm{ERB_N}(f_c)$：f_c における矩形帯域幅，b：帯域幅係数，ϕ：位相である。

図4.7 上段にインパルス応答の例を示す。中心周波数（ピーク周波数）付

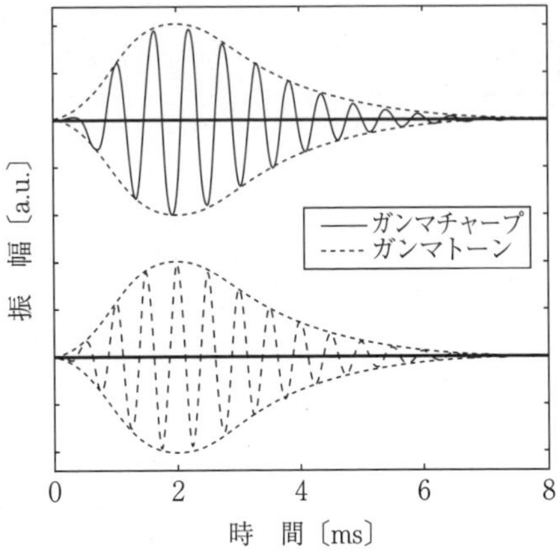

図 4.7 ガンマトーン（下段）とガンマチャープ（上段）のインパルス応答

近の振幅周波数特性がガンマトーンと roex とでよく似ているため，多数並べてフィルタバンクを構成すれば，人間の聴覚末梢特性をある程度よく近似できることになる。これは，聴覚信号処理のモデル化や応用のために，多くの研究者に利用されている[35)〜39)]。

4.3.2 レベル依存性と非対称性の導入

図 4.3 に示したように，聴覚フィルタは基本的に周波数特性が中心周波数に対して非対称である。また，入力音圧レベルが大きいと利得が小さく広帯域で非対称性が大きくなり，レベルが小さくなるに従い利得が大きく帯域も狭まって非対称性も小さくなる。これが図 4.4 の圧縮特性にも反映されている。これらの特性は生理実験的にも確認されている[40),41)]。

これに対して式 (4.5) のガンマトーンフィルタは，線形で対称な周波数特性しか近似できない。**図 4.8** にガンマトーンの振幅周波数特性を破線で示す。中心周波数に対してフィルタ形状が対称で，このままではレベル依存の非対称性を表現できないことがわかる。

そこで，ガンマトーンフィルタを拡張する形で非線形性や非対称性を導入するモデルが提案されている。Carney[41)] は，線形のガンマトーンとレベル依存性のある非線形のガンマトーンを並列に接続して，レベル依存の利得や帯域幅を

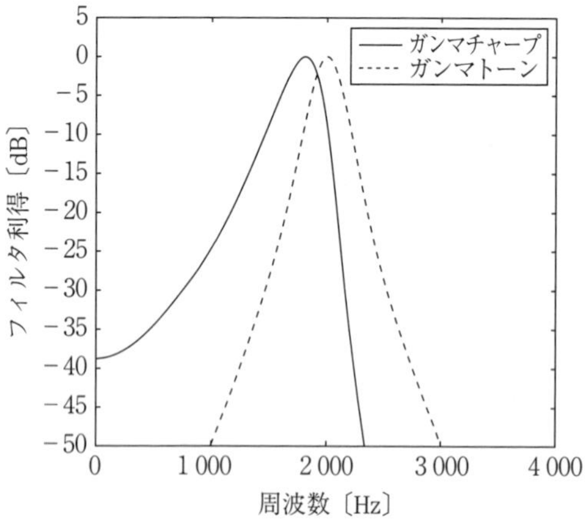

図 4.8　図 4.7 で示したガンマトーンとガンマチャープの振幅周波数特性

説明するモデルをつくった。さらに非対称性の変化も表せるように改良されている[41),42)]。Lyon[43),44)] は，ガンマトーンを IIR フィルタで近似するとき[37)] に，全極型か零点を一つにすることによって非対称性[40)] を導入できることを示した。Meddis ら[45),46)] は二つのガンマトーンを並列に入れた DRNL（dualresonance, non-linear）フィルタを導入し，圧縮特性や 2 音抑圧特性を説明している。

これらはおもに生理実験データをよく説明するために，多数のパラメータを導入してもよいとする立場で開発が進められてきた。このため，ノッチ雑音マスキングのデータに対して適合させるためには，自由度が大きすぎて，適切な特性に収束しない可能性がある。パラメータの数や自由度を制限することも妥当と考えられる推定特性を得るためには重要である（4.3.7 項）。以下では，実際に大規模データへ適合された結果，レベル依存の非対称性や圧縮特性について，現在最もよく近似することができるガンマチャープ聴覚フィルタについて紹介する。

4.3.3　ガンマチャープフィルタ

Irino and Patterson[20)] は，式 (4.5) のガンマトーンを拡張した**ガンマチャープ**（gammachirp）を提案した。これは，上記のモデルのようなアドホックな拡張とは異なり，信号処理の最適性の観点（4.3.8 項）の考察から関数解析的に導出された関数系である[20)]。実係数のガンマチャープのインパルス応答は式(4.6)で表される。

$$g_c(t)=at^{n-1}\exp(-2\pi b\mathrm{ERB}_N(f_r)t)\cos(2\pi f_r t+c\ln t+\phi) \tag{4.6}$$

ただし，t：時間（$t>0$），f_r：漸近周波数，c：周波数変化（chirp）の係数。基本的に式(4.5)との違いは$c\ln t$だけで，係数$c=0$とすれば式(4.5)と同じになる。図4.7下段にインパルス応答の例を示す。包絡線がガンマ関数(gamma)，搬送波が周波数変化するchirp波となるためガンマチャープと名付けられた。実際，式(4.6)の搬送波の瞬時周波数f_iは，余弦項の偏角を微分することによって

$$f_i=f_r+\frac{c}{t} \tag{4.7}$$

と求められ，一定ではなく時間の関数であることがわかる。

この周波数変化係数cを入力音圧の関数とすることによって，非対称でレベル依存性のあるフィルタ形状を定量的によく近似できることが示された[20)]。生理学的にも，基底膜のインパルス応答の搬送波の瞬時周波数は一定ではなく遷移することが観測されており[47)]，この定式化はよい近似となっている。

4.3.4 ガンマチャープフィルタの周波数特性

式(4.6)を複素インパルス応答にしてからフーリエ変換すると[20)]

$$\begin{aligned}\left|G_c(f)\right|&=\frac{\left|a\Gamma(n+jc)\right|}{\left|2\pi\sqrt{\{b\mathrm{ERB}_N(f_r)\}^2+(f-f_r)^2}\right|^n}\cdot\exp(c\theta(f))\\&=a_\Gamma\cdot\left|G_T(f)\right|\cdot\exp(c\theta(f))\end{aligned} \tag{4.8}$$

$$\theta(f)=\arctan\left(\frac{f-f_r}{b\mathrm{ERB}_N(f_r)}\right) \tag{4.9}$$

ここで，$\left|G_T(f)\right|$はガンマトーンフィルタの振幅周波数特性である。また，$\theta(f)$は周波数軸上でf_rを中心とした反対称性をもつ関数となるので，$\exp(c\theta(f))$は非対称関数となる。a_Γはガンマトーンに対する相対的な振幅の値となる。図4.8に$c<0$の場合のガンマチャープの周波数特性を実線で示す。

このように，ガンマチャープの振幅周波数特性は解析的に表現でき，ガンマトーンの振幅周波数特性に非対称関数を掛け合わせた特性となっていることがわかる。周波数変化係数 c を負とすると，非対称関数 $\exp(c\theta(f))$ は低域通過型フィルタとなる。この条件でのガンマチャープの振幅周波数特性 $|G_C(f)|$ の例を図 4.8 に示す。破線のガンマトーン $|G_T(f)|$ に，低域通過型の非対称関数が掛かっている分，低域の裾引きがゆるやかで高域が急峻な非対称性のあるフィルタ形状となっている。また，振幅が最大となる周波数 f_p は

$$f_p = f_r + \frac{cb\mathrm{ERB}_N(f_r)}{n} \tag{4.10}$$

の関係があるので，c が負の場合，図 4.8 で示されたとおりガンマトーンの場合（$c=0$）よりも低くなる。c を変化させることにより非対称関数 $\exp(c\theta(f))$ の特性は大きく変化し，c を正にすれば高域通過型フィルタとすることもできる。これにより，ガンマチャープの低域・高域の裾引きの度合いを制御することができる。このことから，周波数変化係数 c を音圧レベルの関数とすれば，レベル依存で非対称性のあるフィルタ形状を近似できることがわかる。

この関数のパワースペクトル $|G_C(f)|^2$ を，式 (4.4) の $W(f)$ に代入して最適化計算を行えば，ノッチ雑音マスキングデータに適合させることができる。実際の測定データに適合させた結果，従来の roex フィルタを用いる場合よりも，誤差を小さくできることが示された[20]。

4.3.5　圧縮型ガンマチャープ

前項のとおり，周波数変化係数 c を音圧レベルの関数とすると，式 (4.7) の瞬時周波数もレベル依存することがわかる。ところが式 (4.6) の解析的なガンマチャープの提案にちょうど前後して，瞬時周波数の遷移が入力レベルに依存しないことが基底膜振動のインパルス応答を測る生理実験の結果から示された[48)~51)]。このことは，ガンマチャープの搬送波の周波数変化の妥当性を支持すると同時に，周波数変化係数 c を音圧レベルの関数とすると実験結果と矛盾することを示している[51]。

このことを受けて Irino and Patterson[24)] は，式 (4.8) の振幅周波数特性を変形してこの矛盾を解消した**圧縮型ガンマチャープ**（compressive gammachirp, cGC）を提案した。このフィルタでは，非対称関数 $\exp(\theta(f))$ を低域通過型の $\exp(c_1\theta_1(f))$（$c_1<0$）と，高域通過型の $\exp(c_2\theta_2(f))$（$c_2>0$）の二つの非対称関数の積として表現し直す。すなわち，式 (4.8) を変形して

$$\left|G_{CC}(f)\right| = \left[a_\Gamma\left|G_T(f)\right|\cdot\exp(c_1\theta_1(f))\right]\cdot\exp(c_2\theta_2(f)) \quad (4.11)$$

かぎ括弧の内部は，低域の裾引きのなだらかなガンマチャープとなるので

$$\left|G_{CC}(f)\right| = \left|G_{CP}(f)\right|\cdot\exp(c_2\theta_2(f)) \quad (4.12)$$

と表現できる。ここで，$\left|G_{CC}(f)\right|$：**圧縮型ガンマチャープ**の振幅周波数特性，$\left|G_{CP}(f)\right|$：**受動的ガンマチャープ**（passive gammachirp, pGC）の振幅周波数特性，$\exp(c_2\theta_2(f))$：**高域通過型非対称関数**（high-pass asymmetric filter, HP-AF）である。ここで，受動的ガンマチャープ $\left|G_{CP}(f)\right|$ の帯域幅係数を b_1，周波数変化係数を c_1，漸近周波数を f_{r1} と置き，高域通過型非対称関数 $\exp(c_2\theta_2(f))$ の帯域幅係数を b_2，周波数変化係数を c_2，漸近周波数を f_{r2} とする。すると

$$\theta_1(f) = \arctan\left(\frac{f-f_{r1}}{b_1\mathrm{ERB}(f_{r1})}\right),\quad \theta_2(f) = \arctan\left(\frac{f-f_{r2}}{b_2\mathrm{ERB}(f_{r2})}\right) \quad (4.13)$$

と表現できる。また，f_{r2} の f_{r1} に対する比を f_{rat} とする（$f_{rat}=f_{r2}/f_{r1}$）。さらに，実際のデータに適合させる圧縮型ガンマチャープでは，この f_{rat} をレベル依存とし

$$f_{rat} = f_{rat}^{(0)} + f_{rat}^{(1)}\cdot P_{gcp} \quad (4.14)$$

とした。ここで，$f_{rat}^{(0)}$：定数項，$f_{rat}^{(1)}$：1 次係数，P_{gcp}：受動的ガンマチャープ出力の音圧レベル（dB）である。

この圧縮型ガンマチャープの構成を**図 4.9** に示す。受動的ガンマチャープ（pGC）のあとに，高域通過型非対称関数（HP-AF）が縦続接続されている。**図 4.10** に pGC，HP-AF および，合成出力の圧縮型ガンマチャープ cGC の特性を示す。図中の右向き矢印は式 (4.14) 中の音圧レベルの上昇に伴う変化で，HP-AF の pGC に対する相対的な位置が変化する様子がわかる。これに伴い，

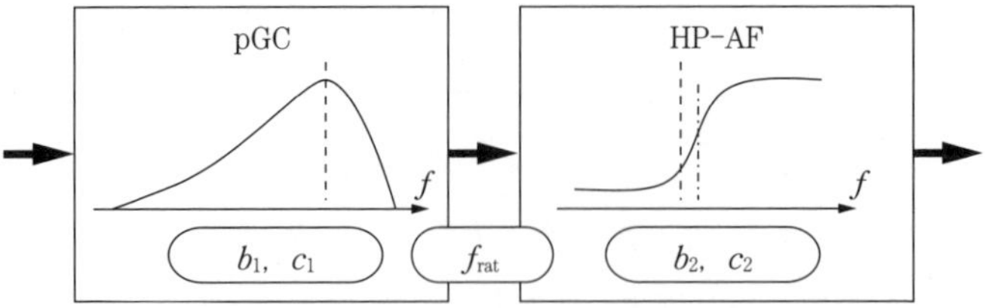

図 4.9　圧縮型ガンマチャープ（cGC）の構成。振幅周波数特性とパラメータの関係を示している。cGC は，受動的ガンマチャープ（pGC）と高域通過型非対称関数（HP-AF）の縦続接続で構成される

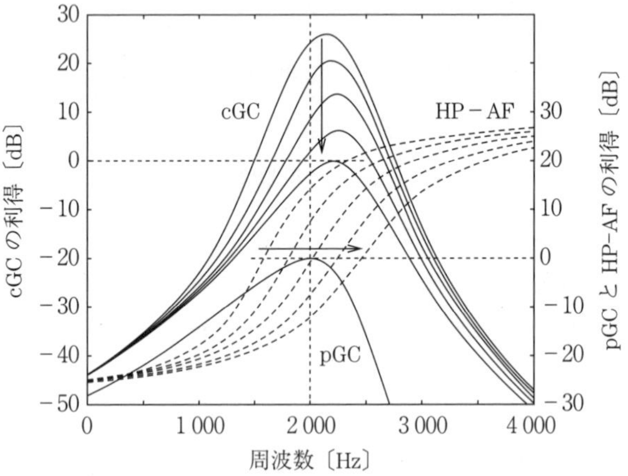

pGC に対して，周波数軸上での相対位置が音圧レベルに依存して変化する HP-AF の特性がかかるため，合成特性の cGC の利得が音圧依存する

図 4.10　圧縮型ガンマチャープ（cGC）の音圧依存性

cGC の利得が垂直の矢印の方向に減少し，フィルタ形状が変化する。すなわち，聴覚フィルタの特徴である図 4.3 のフィルタ形状変化や図 4.4 の圧縮特性（4.1.2 項）を，一つの関数系で実現できたことを示している。ちなみに，roex フィルタで圧縮特性を導入するためには，別の関数系を入れる必要がある[3)]。

この圧縮型ガンマチャープは，上記で問題点と指摘されていた瞬時周波数遷移のレベル依存性がほとんどなく，聴神経発火から得られたインパルス応答[51)]によく適合できることが示された。同時に，当初の目的であったノッチ雑音マ

スキングデータへの適合も良好で，生理実験と心理物理実験の両方のデータに適用できることが示された[24)]。さらに，この圧縮型ガンマチャープを多数の健聴被験者の大規模なノッチ雑音マスキングデータに適合させた結果，広い周波数範囲の聴覚フィルタバンクを少数パラメータで表現できることも示されている[25),52)]。

4.3.6 動的圧縮型ガンマチャープフィルタバンク

式 (4.12) は振幅周波数特性における定義であった。受動的ガンマチャープ (pGC) はインパルス応答が式 (4.6) で定義されているが，高域通過型非対称関数 (HP-AF) は位相特性が定義されていないため，インパルス応答をこのままでは求められない。そこで，この関数を IIR の最小位相フィルタの縦続接続で近似する方法が提案されている[53),54)]。そこでは，最小位相の特徴を生かして，時変で非線形のフィルタバンクにもかかわらず信号の分析合成系を構成できることも示されている。

基底膜振動において，外界の音の変化に対してほぼ瞬時的に圧縮がかかるといわれている。この**速い圧縮特性**（fast compression）（2.5.2 項）や 2 音抑圧（2.3 節，4.1.3 項）も含めた基底膜振動の非線形で動的な特性を導入した，**動的圧縮型ガンマチャープフィルタバンク**（dynamic compressive gammachirp，dcGC）が提案されている[55)]。これで，人間の聴覚フィルタ特性をある程度定量的に反映させた基底膜振動の模擬ができるようになった。これを用いると，難聴者も含めた個々人の特性を導入して，その振る舞いを見ることができる。

4.3.7 パラメータ数の意味での妥当性

基底膜の機械振動を近似するためには，有限要素法や伝送線路モデルのほうが妥当で近似度が高いように見える。しかし，人間に対し侵襲的な生理実験を行うことはできないため，材料定数やその変化の具体的なデータは得られない。さらに個々人の特性を把握するためにも，心理物理的な実験から聴覚フィルタを推定することが必要となる。このためには，4.2.4 項で述べたとおり，実験データに対して最適化計算を行って適合することが必要である。それゆえ有限要素法などの多数パラメータの複雑なモデルは取り入れることはできず，少数パラメータの roex フィルタが従来から使われてきた。上記の圧縮型ガンマチャープは，ほかのガンマトーンの末裔のフィルタ[41)~46)] に比べてもパラメータ数が少ないため，roex と同様に容易にデータ適合に使用できる。ただし，計算機のスピードアップに伴い大規模な適合が可能となったため，圧縮型ガンマチャープが唯一の手段ではない。しかしながらモデルがパラメータを多数もつ場合，パラメータ間の整合性が問題となり，妥当な結果が得られない可能性も高くなる。これは，ある事を説明するときに必要以上に多くの前提を仮定すべきでないとする「オッカムの剃刀」や「けちの原理」にかなっている。

4.3.8　最　　適　　性

ガンマトーンは，日常接する外界の音を信号処理するうえで最適なフィルタなのであろうか。フーリエ変換で得られる時間 - 周波数空間で最小不確定性をもつ関数は，よく知られているようにガウス関数/ガボール関数である。これらは時間軸上で対称であり，時間的に非対称なガンマトーンと明らかに関数系が異なる。このことは，聴覚信号処理系はフーリエ変換の意味では最適ではないことを示している。それでは，音を知覚する際にフィルタ系が最も効率よくなっている必要がないのであろうか。あるいは，ある特定の音属性を抽出するために最適になっているが，その属性が何であるかまだ特定されていなかっただけなのであろうか。

この観点の思索から，メリン変換で得られる時間 - スケール空間[56)] における最小不確定性関数としてガンマチャープは求められた[20)]。これは，固有値問題の微分方程式の解として解析的に求められたのである。式 (4.6) で表せるこの関数は，もともと実験近似式として提案されたガンマトーン（式 (4.5)）を自然に包含した形式となっている。この理論的導出は，メリン変換を聴覚系内部にもっているという仮説に基づいている[57)]。このメリン変換系は，例えば音声であれば声道の寸法の情報と形状の情報を分離して計算することを可能とする。聴覚フィルタバンクは図 4.2 のように 500 Hz 以上では中心周波数と帯域幅が比例するため，ウェーブレット変換で近似できる。このウェーブレット変換は，外界の音の寸法変形（スケール変形）に対してスケール軸上でのシフトしか与えない。さらに核関数のガンマチャープは，最小限の不確定性しか与えない。この意味で，後段のメリン変換による寸法/形状情報抽出機能に対して「透明」なフィルタ系となっている。外界の音のスケール変形の状況把握をひずみなく行うことができるのである。この仮説を支持する，人間がスケール知覚を精度よく行っていることを示す心理物理的な実験結果が最近数多く出てきている[58)~64)]。理論的な予測が先行し，実験で確認する科学のサイクルに乗った研究となっている。

最近，外界音を符号化する際の効率性の意味でフィルタの最適化を行うと，既知の関数系であるガンマトーンに似たベクトル系列になることが報告されている[65)]。観点としては面白いが，少数パラメータの新規の関数系を特定できたわけではないので，実験結果に適合させる目的では利用できない。シンプルな関数系のモデルが定義されることにより研究が進むことは，ニュートン力学や相対性理論などをはじめとした物理学や科学の歴史が教えてくれる。

4.4 ま と め

本章では，まず，聴覚フィルタ推定のための心理物理実験について述べた。ここでは，臨界帯域幅の測定から現在標準的に用いられているノッチ雑音マスキング法，さらには圧縮特性などの非線形特性を測定する方法について紹介した。このうえで，聴覚フィルタのレベル依存するフィルタ形状や圧縮特性を定量的に説明・予測できるモデルの紹介を行った。聴覚フィルタ特性だけで聴覚系のさまざまな特性のすべてを語れるわけではない。しかし，例えば定常広帯域音のラウドネス（5.4 節）など，多くの実験結果を説明できることも事実で，その影響力を無視することはできない。この意味では，「聴覚モデル」や

「知覚モデル」を構築する場合には，入力段で適切な聴覚フィルタを用いることが必要条件となる。また，人間の知覚システムの理解のためにも重要であろう。

日本は高度高齢化社会にすでに突入している[66)]。2055年には人口の2.5人に1人が高齢者になると予測されている。これに伴い老人性難聴者の数も増加することになるであろう。このような時代であるからこそ，補聴器を含む音響機器の設計には，老若男女を問わないユニバーサルデザインの考え方が必要となるはずである。そのためには人間の特性を測定する心理物理実験と，それに基づいたモデル化は今後ますます重要になると考えられる。さらなる学習のためには，聴覚系の特性を実験的に測定しようとしてきた過去の重要な研究成果を把握することが不可欠である。聴覚研究の最近の動向も含めてよく解説されているハンドブックが出版されているので参照されたい[67)]。

引用・参考文献

1) H. Fletcher：Auditory patterns, Rev. Mod. Phys., **12**, pp. 47-61 (1940)

2) R. D. Patterson：Auditory filter shape, J. Acoust. Soc. Am., **55**, pp. 802-809 (1974)

3) B. C. J. Moore：Psychology of Hearing (5th ed), Academic Press, London (2003) (3rd ed. の邦訳「聴覚心理概論」大串健吾監訳，誠心書房 (1994))

4) T. Pinter and A. Spanias：Perceptual coding of digital audio, Proc. IEEE, **88** (4), pp. 451-513 (2000)

5) ITU-T Recommendation P. 862：Perceptual evaluation of speech quality (PESQ)：An objective method for end-to-end speech quality assessment of narrow-band telephone networks and speech codecs (2001)

6) S. P. Bacon, R. R. Fay and A. N. Popper (Eds.)：Compression: From Cochlea to Cochlear Implants, Springer Handbook of Auditory Research, **17**, Springer, New York (2004)

7) B. C. J. Moore：Perceptual Consequences of Cochlear Damage, Oxford University Press, Oxford (1995)

8) T. H. Venema：Compression for Clinicians, 2nd Ed., Delmar Cengage Learning, Florence, KY, USA (2006) (邦訳「臨床家のためのデジタル補聴器入門」中川辰雄 訳，海文堂出版 (2008))

9) J. O. Pickles：An Introduction to the Physiology of Hearing (3rd ed.), Academic Press, London (2008) (旧版の邦訳「ピクルス聴覚生理学」谷口郁雄 監訳，堀

川順生，矢島幸雄 訳，二瓶社（1995））
10）R. D. Patterson：Auditory filter shapes derived with noise stimuli, J. Acoust. Soc. Am., **59**, pp. 640–654（1976）
11）R. D. Patterson and G. B. Henning：Stimulus variability and auditory filter shape, J. Acoust. Soc. Am., **62**, pp. 649–664（1977）
12）R. D. Patterson and I. Nimmo-Smith：Off-freqency listening and auditory-filter asymmetry, J. Acoust. Soc. Am., **67**, pp. 229–245（1980）
13）B. R. Glasberg and B. C. J. Moore：Derivation of auditory filter shapes from notched noise data, Hear. Res., **47**, pp. 103–138（1990）
14）日本音響学会編：新版 音響用語辞典，コロナ社（2003）
15）入野俊夫：はじめての聴覚フィルタ，音響会誌，**66**, 10, pp.506–512（2010）
16）D. M. Green and J. A. Swets：Signal Detection Theory and Psychophysics, reprinted by Peninsula Pub., Los Altos, CA（1988）
17）A. J. Oxenham and T. Dau：Towards a measure of auditory-filter phase response, J. Acoust. Soc. Am., **110**, pp. 3169–3178（2001）
18）M. R. Schroeder：Synthesis of low peak-factor signals and binary sequences with low autocorrelation, IEEE Trans. Inf. Theory, **16**, pp. 85–89（1970）
19）H. W. Strube：A computationally efficient basilar-membrane model, Acustica, **58**, pp. 207–214（1985）
20）T. Irino and R. D. Patterson：A time-domain, level-dependent auditory filter：the gammachirp, J. Acoust. Soc. Am., **101**（1）, pp. 412–419（1997）
21）R. J. Baker, S. Rosen and A. M. Darling：An efficient characterisation of human auditory filtering across level and frequency that is also physiologically reasonable, in Psychophysical and physiological advances in hearing：Proceedings of the 11th International Symposium on Hearing. Eds A. Palmer, A. Rees, Q. Summerfield and R. Meddis. Whurr, London, pp. 81–88（1998）
22）M. L. Hicks and S. P. Bacon：Psychophysical measures of auditory nonlinearities as a function of frequency in individuals with normal hearing, J. Acoust. Soc. Am., **105**, pp. 326–338（1999）
23）B. R. Glasberg and B. C. J. Moore：Frequency selectivity as a function of level and frequency measured with uniformly exciting noise, J. Acoust. Soc. Am., **108**, pp. 2318–2328（2000）
24）T. Irino and R. D. Patterson：A compressive gammachirp auditory filter for both physiological and psychophysical data, J. Acoust. Soc. Am., **109**（5）, pp. 2008–2022（2001）
25）R. D. Patterson, M. Unoki and T. Irino：Extending the domain of center frequencies for the compressive gammachirp auditory filter, J. Acoust. Soc. Am., **114**（3）, pp. 1529–1542（2003）

26) A. J. Oxenham and C. J. Plack：A behavioral measure of basilarmembrane nonlinearity in listeners with normal and impaired hearing, J. Acoust. Soc. Am., **101**, pp. 3666-3675 (1997)
27) D. A. Nelson, A. C. Schroder and M. Wojtczak：A new procedure for measuring peripheral compression in normal-hearing and hearing-impaired listeners, JASA, **110**, pp. 2045-2064 (2001)
28) C. J. Plack, V. Daga and E. A. Lopez-Poveda：Inferred basilar-membrane response functions for listeners with mild to moderate sensorineural hearing loss, JASA, **115**, pp. 1684-1695 (2004)
29) D. L. Neff：Confusion effects with sinusoidal and narrow-bandnoise forward maskers, J. Acoust. Soc. Am., **79**, pp. 1519-1529 (1986)
30) T. Houtgast：Psychophysical evidence for lateral inhibition in hearing, J. Acoust. Soc. Am., **51**, pp. 1885-1894 (1972)
31) H. Duifhuis：Level effects in psychophysical two-tone suppression, J. Acoust. Soc. Am., **67**, pp. 914-927 (1980)
32) R. D. Patterson, J. Holdsworth, I. Nimmo-Smith and P. Rice：SVOS Final Report：The Auditory Filterbank, APU report, p. 2341 (1987)
33) P. I. M. Johannesma：The pre-response stimulus ensemble of neurons in the cochlear nucleus, in Symposium on Hearing Theory (IPO, Eindhoven, The Netherlands, pp. 58-69 (1972)
34) E. de Boer and H. R. de Jongh：On cochlear encoding：Potentialities and limitations of the reverse-correlation technique, J. Acoust. Soc. Am., **63**, pp. 115-135 (1978)
35) R. Meddis and M. J. Hewitt：Virtual pitch and phase sensitivity of a computer model of the auditory periphery：I pitch identification, J. Acoust. Soc. Am., **89**, pp. 2866-2882 (1991)
36) R. D. Patterson, K. Robinson, J. Holdsworth, D. McKeown, C. Zhang and M. Allerhand：Complex sounds and auditory images, in Auditory physiology and perception, Proceedings of the 9h International Symposium on Hearing, Y. Cazals, L. Demany, K. Horner (eds), Pergamon, Oxford, pp. 429-446 (1992)
37) M. Slaney：An efficient implementation of the Patterson-Holdsworth auditory filterbank, Apple Computer Technical Report #35 (1993)
38) M. Cooke：Modelling Auditory Processing and Organisation, Cambridge University Press (1993)
39) R. D. Patterson, M. Allerhand and C. Gigu_re：Time-domain modeling of peripheral auditory processing：a modular architecture and a software platform, J. Acoust. Soc. Am., **98**, pp. 1890-1894 (1995)
40) M. A. Ruggero：Responses to sound of the basilar membrane of the mammalian

cochlea, Current Opinion in Neurobiology, **2**, pp. 449-456 (1992)
41) L. H. Carney：A model for the response of low-frequency auditory-nerve fibers in cat, J. Acoust. Soc. Am., **93**, pp. 401-417 (1993)
42) X. Zhang, M. G. Heinz, I. C. Bruce and L. H. Carney：A phenomenological model for the responses of auditory-nerve fibres：I. Nonlinear tuning with compression and suppression, J. Acoust. Soc. Am., **109**, pp. 648-670 (2001)
43) R. F. Lyon：The all-pole gammatone filter and auditory models, Forum Acusticum **'96**, Antwerp, Belgium (1996)
44) R. F. Lyon：All-pole models of auditory filtering, in Diversity in Auditory Mechanics, Lewis et al. Eds, World Scientific, Singapore (1997)
45) R. Meddis, L. P. O'Mard and E. A. Lopez-Poveda：A computational algorithm for computing nonlinear auditory frequency selectivity, J. Acoust. Soc. Am., **109**, pp. 2852-2861 (2001)
46) E. A. Lopez-Poveda and R. Meddis：A human nonlinear cochlear filterbank, J. Acoust. Soc. Am., **110**, pp. 3107-3118 (2001)
47) A. R. Møller and H. G. Nilsson：Inner ear impulse response and basilar membrane modelling, Acustica, **41**, pp. 258-262 (1979)
48) E. de Boer and A. L. Nuttall：The mechanical waveform of the basilar membrane. I. Frequency modulations (glides) in impulse responses and cross-correlation functions, J. Acoust. Soc. Am., **101**, pp. 3583-3592 (1997)
49) E. de Boer and A. L. Nuttall：The mechanical waveform of the basilar membrane. III. Intensity effects, J. Acoust. Soc. Am., **107**, pp. 1497-1507 (2000)
50) A. R. Recio, N. C. Rich, S. S. Narayan and M. A. Ruggero：Basilar-membrane response to clicks at the base of the chinchilla cochlea, J. Acoust. Soc. Am., **103**, pp. 1972-1989 (1998)
51) L. H. Carney, J. M. Megean and I. Shekhter：Frequency glides in the impulse responses of auditory-nerve fibers, J. Acoust. Soc. Am., **105**, pp. 2384-2391 (1999)
52) M. Unoki, T. Irino, B. Glasberg, B. C. J. Moore and R. D. Patterson：Comparison of the roex and gammachirp filters as representations of the auditory filter, J. Acout. Soc. Am., **120** (3), pp. 1474-1492 (2006)
53) T. Irino and M. Unoki：An analysis/synthesis auditory filterbank based on an IIR implementation of the gammachirp, J. Acoust. Soc. Jpn (E), **20** (6), pp. 397-406 (1999)
54) M. Unoki, T. Irino and R. D. Patterson：Improvement of an IIR asymmetric compensation gammachirp filter, Acost. Sci. & Tech. (ed. by the Acoustical Society of Japan), **22** (6), pp. 426-430 (2001)
55) T. Irino and R. D. Patterson：A dynamic compressive gammachirp auditory filterbank, IEEE Trans. Audio Speech and Language Process., **14** (6), pp. 2222-

2232 (2006)

56) L. Cohen：The scale representation, IEEE Trans. Signal Processing, **41**, pp. 3275–3292 (1993)

57) T. Irino and R. D. Patterson：Segregating information about the size and shape of the vocal tract using a time-domain auditory model：The Stabilised Wavelet Mellin Transform, Speech Communication, **36** (3–4), pp. 181–203 (2002)

58) D. R. Smith, R. D. Patterson, D. Turner, H. Kawahara and T. Irino：The processing and perception of size information in speech sounds, J. Acoust. Soc. Am., **117** (1), pp. 305–318 (2005)

59) D. T. Ives, D. R. R. Smith and R. D. Patterson：Discrimination of speaker size from syllable phrases, J. Acoust. Soc. Am., **118**, pp. 3816–3822 (2005)

60) D. R. R. Smith and R. D. Patterson：The interaction of glottal-pulse rate and vocal-tract length in judgements of speaker size, sex, and age, J. Acoust. Soc. Am., **118**, pp. 3177–3186 (2005)

61) R. van Dinther and R. D. Patterson：Perception of acoustic scale and size in musical instrument sounds, J. Acoust. Soc. Am., **120**, pp. 2158–2176 (2006)

62) D. R. R. Smith, T. C. Walters and R. D. Patterson：Discrimination of speaker sex and size when glottal-pulse rate and vocal-tract length are controlled, J. Acoust. Soc. Am., **122**, pp. 3628–3639 (2006)

63) R. D. Patterson, D. R. R. Smith, R. van Dinther and T. C. Walters：Size Information in the Production and Perception of Communication Sounds, in Auditory Perception of Sound Sources, W. A. Yost, A. N. Popper and R. R. Fay, editors (Springer Science+Business Media, LLC, New York) (2008)

64) T. Irino, Y. Aoki, H. Kawahara and R. D. Patterson：Size Perception for acoustically scaled sounds of naturally pronounced and whispered words, in Neurophysiological Bases of Auditory Perception, Enrique A. Lopez-Poveda, R. Alan Palmer and Ray Meddis (Eds.), pp. 235–243, Springer, LaVergne, TN, USA (2010)

65) M. S. Lewicki：Efficient coding of natural sounds, Nature Neuroscience, **5**, pp. 356–363 (2002)

66) 内閣府：高齢社会白書，http://www8.cao.go.jp/kourei/index.html

67) C. Plack, eds.：The Oxford Handbook of Auditory Science, Hearing, Oxford University Press, New York (2010)

第5章 音の大きさのモデル

本章の目的は，耳に到来する音の物理特性とそれによって引き起こされる**音の大きさ（ラウドネス）**の関係について，その背景にある知覚モデルとともに可能な限り詳細に述べ，音の大きさ（以後，ラウドネスと呼ぶ）の値を音の物理特性から推定する計算方法の主要なものを紹介することである。本章の最後では，現在のラウドネスの推定値の計算法の課題と最近の動向について述べる。

5.1 音の強さとラウドネス

音の強さ（物理量）とラウドネス（感覚量）の間には，音の強さが弱ければラウドネスは小さく，音の強さが強ければラウドネスは大きく感じるように，密接な対応関係がある。本節ではラウドネスの定義について述べたあとで，音の強さとラウドネスの関係，ならびに音の強さの変化の知覚についても説明する。

5.1.1 ラウドネスとその定義

ラウドネス（loudness）とは，音が小さい，大きいという感覚的な量感を表す言葉である。ラウドネスは，音の高さ，音色とともに，聴知覚の三大属性の一つである。また，ラウドネスは，騒音の評価に用いられる基本属性の一つでもある[1)〜4)]。このような属性としては，ほかにノイジネス[†1]とアノイアンス[†2]

[†1] ノイジネス（noisiness）とは，量的な要因のみならず，音質的な要因と時間変動要因を総合して，ある音の騒音としてのやかましさ感を表現する量である。

[†2] アノイアンス（annoyance）とは，音の特性のみならず，音を聞く人の感情といった条件によっても変化する，騒音に対する総合的な心理的不快感を表す量である。

がある[3),4)]。ラウドネスは，ある音が騒音であるか否かによらない音量感であり，ノイジネスやアノイアンスとは異なり，音の心理的不快感そのものを表す言葉ではない。

われわれが音を聞いたときに感じるラウドネスは，比例尺度で表現される感覚量である。感覚量はヒトの主観的な量であるため，この量を物理量である音の強さに結びつけて説明することが重要な課題となる。これは，一般に**尺度構成法**と呼ばれ，この研究の先駆者である Stevens が発展させてきた。心理尺度には，順序だけを表現できる順序尺度，数値の差だけに意味がある間隔尺度（距離尺度）などさまざまな水準がある。ラウドネスは，最高水準の比例尺度としてつくられている。比例尺度では，尺度値の順序や差のみならず，比にも意味がある。

ラウドネスの単位は sone（ソーン）であり，周波数 1 kHz，音圧レベル 40 dB の純音のラウドネスが 1 sone と定義されている。Stevens は，さまざまな感覚的主観量が物理刺激の強さとべき関数で結ばれること（**Stevens のべき乗則**，Steven's power law）を示した。ラウドネスも例外ではなく，彼の研究成果[5)~7)]に基づくと，音圧レベルが最小可聴値より十分高い場合，その音のラウドネス N は，音の強さ I あるいは音圧 P の 2 乗のべき関数としてつぎのように表すことができる[†]。

$$N = kI^{\alpha} = k'P^{2\alpha} \tag{5.1}$$

ここで，k と k' は条件などによって決まる定数であり，α はべき乗数である。これは Stevens のべき乗則に基づく**ラウドネスの成長則**と呼ばれる。1 kHz の純音でのべき指数は，過去，多くの研究者により報告されており，近

---

† 一般には $I = P^2/\rho c$ である。ただし，ρ は媒質の密度〔kg/m^3〕，c は音速〔m/s〕である。ρc は固有音響インピーダンスと呼ばれ，常温では 420 kg/m^{2}s である。一方，音の強さのレベルを表すために，基準音の強さ I_0 は 1 pW/m^2 に規定されている。また，音圧レベルの基準音の圧力 P_0 は 20 µPa に規定されている。ここで，$P_0^2/\rho c = (20 \times 10^{-6})^2/420 = 400/420$ pW/m^2 から，20 µPa はほぼ 1 pW/m^2 に相当する。そのため，音の強さのレベルと音圧レベルは，実用上同じものとして扱われている。しかし，20 µPa は，厳密には 1 pW/m^2 ではないため，音の強さのレベルと音圧レベルには，約 0.2 dB（$10 \log_{10}(400/420)$）の誤差があることに注意したい。

年の調査によれば，これらはおおむね 0.25〜0.33 の範囲にあり，その平均値は 0.3 と推定されている[8)]。**図 5.1** は，べき指数を 0.3 とした場合の 1 kHz の純音に対する音のラウドネスを示す。図中の実線は測定されたラウドネスを，図中の破線は Stevens のべき乗則においてべき指数を 0.3 とした値の式 (5.1) を示す。図 5.1 に示すように，1 kHz で音圧レベルが 50 dB の純音は 2 sone，音圧レベルが 60 dB の純音は 4 sone，以後，音圧レベルが 10 dB ずつ増加するたびに，8 倍，16 倍，32 倍というように増加し，一方で音圧レベルが 30 dB の純音はおおよそ 1/2 sone となる。しかし，最小可聴値に近い 30 dB より下の音圧レベルでは，例えば 20 dB では，0.25 ではなく 0.1 sone というように音圧レベルと sone の対応が式 (5.1) から大きくずれてしまう。これは，内耳などにおける生体雑音の影響であると考えられている。この点に関しては，5.3.3 項で詳細を説明する。

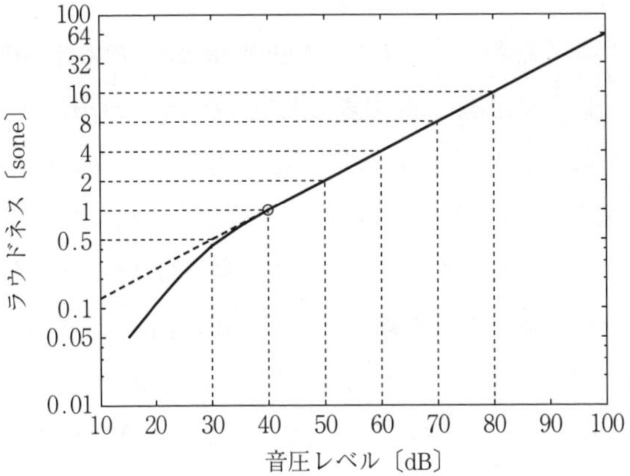

図 5.1 音の強さとラウドネスの関係

このように，最小可聴値からある程度上の音圧レベルの範囲で，音の強さとラウドネスの間にべき乗則が成り立つことは，数多くの研究によって明らかにされてきた。一般に，ラウドネスの尺度構成には，**マグニチュード推定法** (magnitude estimation) と**マグニチュード産出法** (magnitude production) が多く用いられてきた。マグニチュード推定法は，さまざまなレベルの音を被験者に呈示し，被験者はその音の大きさに該当すると思われる数値を当てはめていく方法である。これに対し，マグニチュード産出法は，標準刺激を被験者に呈示し，対象音がその音に対して特定の大きさ（例えば2倍，4倍，あるいは1/2倍）になるように被験者にレベルを調整させる方法である。しかし，いずれも被験者に絶対あるいは相対判断をさせる方法であるため，判断バイアスを受けやすいという批判もある。よく知られたバイアス要因は，① 呈示される刺激の範囲，② 刺激の順序効果，③ 被験者への教示，④ 許容される反応の範囲，⑤ 反応の範囲の対称性，⑥ 経験や訓練効果，注意など[9] である。

5.1.2　音の強さの変化の知覚

音の強さの弁別限 ΔI は，対象となる刺激がある程度の帯域をもつ雑音である場合と，純音の場合とでは，異なった振る舞いを示すことが知られている。

対象となる刺激が広帯域雑音や，ある程度の帯域をもつ雑音である場合，一般にウェバー比，すなわち，音の強さの弁別限 ΔI と音の強さの比（$\Delta I/I$），あるいはそれをレベル化して dB で表した値（$10\log_{10}\Delta I/I$）は，I によらず，おおよそ一定になることが知られている。すなわち，ウェバーの法則が成り立っている。例えば，広帯域雑音に対する強さの変化の弁別閾が**図 5.2**（a）の実線のように表されたとする。このとき，強さの増分 ΔI は広帯域雑音の音の強さ I に比例して増加するため，ウェバー比は図 5.2（b）の実線のように一定（−6 dB）となる。また，丁度可知差異（JND）ΔL も図 5.2（c）の実線のように一定（1 dB）となる。言い換えれば，I に対する ΔI の変化は，図 5.2（a）の実線で示すようにおおよそ 1.0 の傾きをもつ。ここで，丁度可知差異 ΔL は，$\Delta L = 10\log_{10}\{(I+\Delta I)/I\}$ によりレベル化して示されている。

これに対し，刺激が純音の場合，少し違った振る舞いを示す。純音に関するウェバー比の模式的な結果を図 5.2 に破線で示す。純音の場合，音の強さ I に対する ΔI の変化はおおよそ 0.9（図 5.2（a））となり，ウェバー比（dB）は −6 dB 以下の値（図 5.2（b））を，丁度可知差異は 1 dB 未満の値（図 5.2（c））をもつことになる。これを**ウェバーの法則のニアミス**と呼ぶ。つまり，

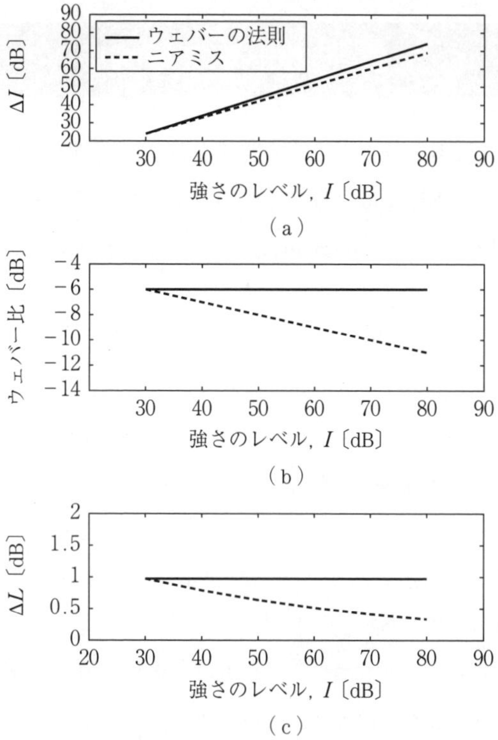

図 5.2　ウェバー比と丁度可知差異

ウェバーの法則から若干ずれた振る舞いとなっている。図 5.2（a）の破線から，高レベルでは純音の弁別が帯域雑音のものに比べてよくなることがわかる。

この原因として注目されている聴覚的背景は，聴神経のダイナミックレンジと基底膜上の興奮パターンでみられる広がり，および聴神経発火パターンでみられる**位相固定**（phase lock）である。聴神経のダイナミックレンジは一般的に 60 dB 程度とみられ，聴覚系全体のダイナミックレンジに比べると相当狭い範囲となっている。そのため，ダイナミックレンジ内で表される興奮そのものではなく，興奮パターンでみられる広がり（低域側と高域側）の非線形な増加が手がかりとなっていると考えられる。もう一つの位相固定は，音の微細構造の情報の保持に関係していることから，背景雑音中にある純音の強さを知る手がかりになっていると考えられている。

5.2 ラウドネスレベル

前節では，音の強さとラウドネスの関係ならびに音の強さの変化の知覚について詳細に述べた。本節では，もう一つの有用な概念である**音の大きさのレベル**（**ラウドネスレベル**，loudness level）について説明する。

5.2.1 最小可聴値

最小可聴値（threshold of audibility）とは，ある条件のもとで聞き取ることができる最も低い音のレベルのことをいい，**聴覚域（閾）値**（hearing threshold），あるいは**絶対域（閾）値**（absolute threshold）とも呼ばれる。「ある条件」とは，利用する音が純音かパルス音か，測定環境が自由音場（無響室）か拡散音場か，呈示方法がスピーカ呈示かイヤホン（あるいはヘッドホン）呈示かということである。

ここで，イヤホン（ヘッドホン[†1]）を用いて求めた最小可聴値[†2]と，空間内でスピーカを用いて求めた値とは，名称のうえでも区別されている。イヤホンを用いて求めた値は**最小可聴音場**（minimum audible field，MAF）という（最小可聴野とも呼ばれる）。**最小可聴音圧**（minimum audible pressure，MAP）は，防音室にて，イヤホンとプローブマイクロホンを利用し，被験者の外耳道入口付近あるいは外耳道内部（鼓膜の近く）で，被験者が聴取可能なときの音圧レベルを測定して得られるものである。最小可聴音場は，無響室にて，被験者の頭部を固定し，スピーカを利用して音を呈示し，被験者が聴取可能なときの音圧レベルを測定して得られるものである。最小可聴音場の場合，被験者の頭部があった中心位置で事前（あるいは事後）に音圧レベルを測定しておき，

[†1] ISO や JIS では，耳載せ型や耳覆い型でもイヤホンという用語が用いられている。本章でも，以下イヤホンという用語を用いて表す。

[†2] ISO の補聴器用の標準最小可聴値の多くやそれに相当する JIS では，イヤホンを利用して求めた最小可聴値を利用している。

レベル測定の校正に利用する。最小可聴値のより詳細な測定法については，国際規格（ISO 389 シリーズ）[10] や鈴木・竹島の報告[11] を参照されたい。

周波数の違いによる最小可聴値の変化を示した曲線を，一般に**聴力曲線**（audibility curve）と呼ぶ。ヒトの耳は 1 kHz～5 kHz で非常に感度がよく，周波数がかなり低いところと高いところで大幅な最小可聴値の上昇がみられる。そこで，最小可聴値を音圧レベルそのもので表すほか，感覚レベルおよび聴力レベルという相対的なレベル値で表す方法も広く用いられる。**感覚レベル**（sensational level，SL）とは，各人，各音呈示条件における最小可聴値を基準レベルとして，音のレベルを表示するものである。また，**聴力レベル**（hearing level，HL）は，ある周波数において，国際規格（ISO 389 シリーズ）[10] に定められている若い健聴者の最小可聴値の平均値を基準レベルとして，ある耳の最小可聴値のレベルを表示するものである。聴力レベルは，ある聴取者の最小可聴値と基準レベルの差，すなわち，聴力損失の程度を示すもので，それを図的に示す**オージオグラム**（audiogram）を描く際にも用いられる[†]。

5.2.2 ラウドネスレベル

前述したように，ラウドネスの尺度構成法はラウドネスを絶対的に示すものであった。これに対し，ラウドネスレベルはあるラウドネスを，それと等しい大きさに聞こえる 1 000 Hz の純音の強さのレベルで示す相対的な表現方法である。ラウドネスレベルを表す単位は phon（フォン）である。ここでは，1 000 Hz の純音の音圧レベル（dB）が基準となり，ある音のラウドネスが，音圧レベルが x dB の 1 000 Hz の純音と同じであった場合，そのラウドネスレベルは x phon であると定義されている。例えば，ある音のラウドネスが，音圧レベル 40 dB の 1 000 Hz の純音と同じであった場合，その音のラウドネス

---

† 感覚レベルや聴力レベルの単位として，それぞれ，dB SL や dB HL という表記を散見するが，dB が量の比に基づく値であり，SI 単位系・ISO において補助的な記号を添えないと規定されているため，これらの表現は正しくない。同様に，この規定に照らし，音圧レベルを dB SPL，騒音レベルを dB(A) などと表現することも正しくない。

レベルは 40 phon ということになる。さまざまな周波数の純音に対し，同じラウドネスレベルとなる音圧レベルを結んで得られる曲線を**等ラウドネスレベル曲線**（equal-loudness level contour，ELC）という（**等ラウドネス曲線**や**等感曲線**とも呼ばれる）。

最初に世に登場した等ラウドネスレベル曲線は，1930 年代の Fletcher and Munson の曲線[12] である。これは，現在の騒音計の周波数重み付け特性（A 特性などのいわゆる聴感補正曲線）に利用されている。これに続き，1950 年代になって発表されたのが Robinson and Dadson の曲線[13] であり，長く国際規格（ISO226:1987）であった[14]。しかし，この特性には大きな誤差が含まれていることが 1980 年代の半ばに明らかになり，ISO における 20 年近い改訂作業を経て[8),11)]，2003 年に全面改訂された[14]。

図 5.3 に，ISO 226:2003 にて全面改訂された等ラウドネスレベル曲線（鈴木・竹島の曲線）を示す。図中の一番下にある破線は，最小可聴値（MAF）を示し，下から上に向かい，1 000 Hz の純音に対し，各周波数の検査音が 10～100 phon までのラウドネスレベルとなるときの曲線を示す。10 phon と 100 phon の曲線が点線で表示されているのは，十分な実験データが得られておらず，他のデータ（実線）と同程度の信頼性をもたないとされたためである。な

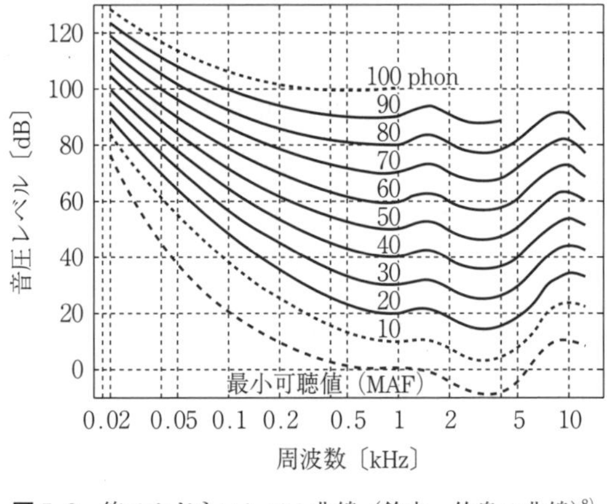

図 5.3　等ラウドネスレベル曲線（鈴木・竹島の曲線）[8)] と最小可聴値

お，最小可聴値におけるラウドネスは零とはならず，小さいとはいえある値をもつ。これは，最小可聴値においても一定確率で音が聞こえていることに由来する。また，最小可聴値におけるラウドネスは周波数によって若干異なる値を示す[15),16)]。したがって，厳密にいうと最小可聴値の周波数特性は，等ラウドネスレベル特性とは異なるものである[8),11)]。

図から，例えば100 Hzの純音では，周波数1 000 Hz，音圧レベル40 dBと同じ純音のラウドネスレベル40 phonとなる音圧レベルが約65 dBと，かなり高い値となることがわかる。このように，全般的に低い周波数では，中域（特に最も感度がよいといわれる1～5 kHz付近）に比べて相対的にかなり高い音圧レベルを呈示しないと同じ大きさに感じない。

図5.3についてはもう一つの見方もできる。**図5.4**に，周波数ごとのラウドネスレベルを示す。図5.3がラウドネスレベルをパラメータとして，周波数ごとの音圧レベルを示したのに対し，図5.4は，音圧レベルをパラメータとして周波数ごとのラウドネスレベルを示したものである。定義から，1 000 Hzで音圧レベル40 dBの純音のラウドネスレベルは40 phonとなる。この図から，2 000 Hzで同じ音圧レベルをもつ純音のラウドネスレベルはほぼ40 phonとなるが，100 Hzで同じ音圧レベルをもつ純音のラウドネスレベルは高々12 phon

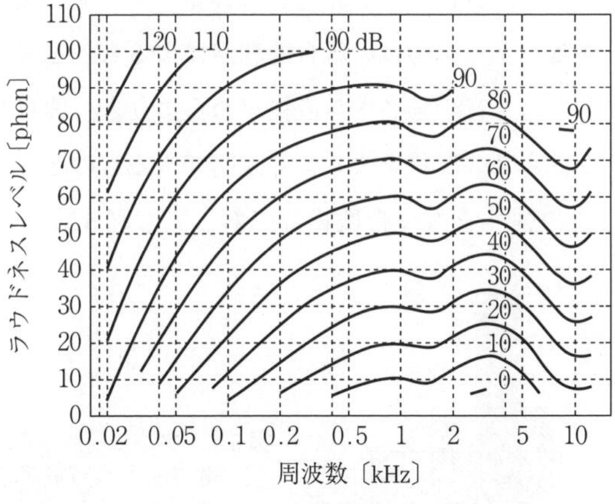

図5.4　音圧レベルに対応するラウドネスレベル

程度にしかならないことがわかる。また，20 Hz の純音が 40 phon のラウドネスレベルとなるためには，約 100 dB の音圧レベルをもたなければならないこともわかる。

5.3 ラウドネス密度とパーシャルラウドネス

前節までにラウドネスとラウドネスレベルの基本的な特性について述べてきた。ここでは，音の周波数帯域の違いによるラウドネスの変化について述べ，ラウドネス密度とラウドネス積分の概念を説明する。つぎに，対象音のラウドネスが別の音の存在（例えば雑音）によって小さくなる現象（パーシャルラウドネス）を説明する。特に，最小可聴値付近のラウドネスの変化と背景雑音の存在における周波数的および時間的なラウドネスの変化を説明する。

5.3.1 音の帯域幅とラウドネスの関係

5.1.2 項で説明したように，純音と帯域雑音の音の強さの弁別限は，音圧レベルの変化に対し異なる振る舞いを示す。高い音圧レベルにおいては，純音の強さの弁別限が帯域雑音のものよりも小さな値となる。つまり，音の強さの弁別がよくなる。これは，音に対する聴覚系の興奮パターンの高域側にみられる非線形な増加や興奮パターン全体の統合的利用によるものと考えられている。そのため，ラウドネスを音の強さから直接求めるよりも，興奮パターンから求めることで，ラウドネスの関係をよりよく説明できるものと考えられる。

例えば，同じ音の強さをもつ帯域雑音であっても**図 5.5** に示すように，帯

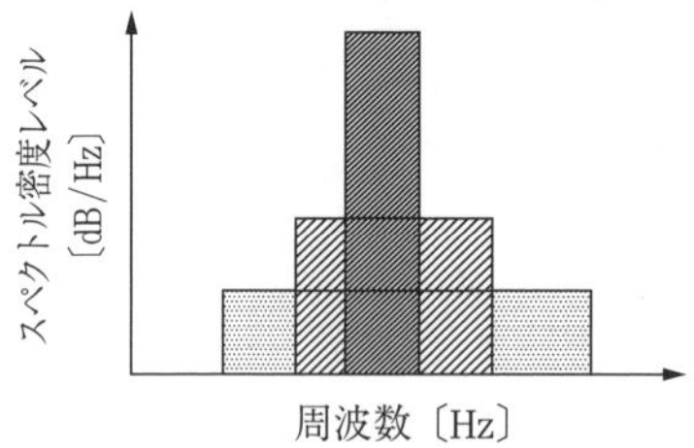

図 5.5 異なる周波数帯域で同じ音の強さをもつ帯域雑音のスペクトルレベル（スペクトル密度）

域幅を制御することでさまざまな帯域雑音をつくることができる。この図の縦軸は，単位周波数当りのスペクトルレベル，すなわち**スペクトル密度**（spectrum density）であり，慣用的に dB/Hz という単位が利用される†。帯域幅が広くなりスペクトル密度レベルが小さくなるにつれ，これらの雑音によって生起される興奮は異なる値となり，また興奮レベルの概形は平坦ではなく，さまざまな形となる。

Zwicker の研究[17]では，雑音によって生起される興奮のレベルを統制できるように，臨界帯域ごとに等しい興奮レベルをもつような雑音，すなわち，**均等興奮雑音**（uniform excitation noise，UEN）が利用されている。この場合，図 5.5 のスペクトル密度レベルの概形が平坦にならない代わり，この雑音によって生起される興奮パターンは平坦になる。興奮パターンの概形は，入力音に対して一般に非線形である。ラウドネスは，興奮パターンに関係付けて計算されるため，線形に変化した音のスペクトル密度レベルの変化は，結果として非線形なラウドネスの変化を生むことになる。

図 5.6 に，1 kHz の純音と均等興奮雑音に対するラウドネス関数を示す。図中の破線は式 (5.1) の Stevens のべき乗則を示す。ただし，式中のパラメータは，1 kHz の純音のとき，$k=1/16$，$\alpha=0.3$，均等興奮雑音のとき，$k=2/3$，$\alpha=0.23$ とした。図中の実線から，音圧レベルが最小可聴値付近のところでは，Stevens のべき乗則よりもラウドネスが小さくなるが，音圧レベルがある程度高くなるといずれの場合もラウドネスのべき乗則に一致することがわかる。この Stevens のべき乗則からのかい離については，5.3.3 項で詳しく述べる。

つぎに，帯域幅の違いに関係する典型的なラウドネスの違いとして，ある帯域幅 W で一定な強さをもつ複合音のラウドネスについて考える。ここで聴覚系には，入力信号の処理にフィルタ機能（聴覚フィルタ，詳細は第 4 章を参照）が関与し，それはある帯域幅 CB をもつと考える。複合音の帯域幅 W を

† 厳密には dB を Hz で割ったものではないことに注意したい。これは慣用的に利用されているものであり，実際の計算はスペクトルレベルを一度パワーに戻したうえで周波数（Hz）で割り（周波数当りのパワー），再びレベルに戻したものである。

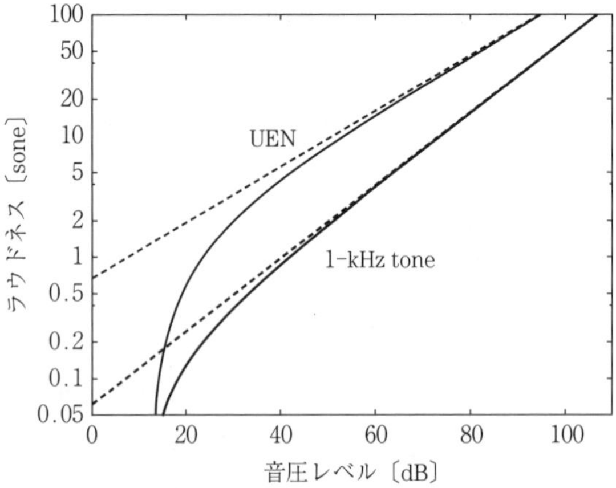

図 5.6　1 kHz の純音と均等興奮雑音（UEN）に対するラウドネス関数

非常に狭い幅から広い幅に変化させたとする。このとき，帯域幅 W が CB 以内のとき（W<CB）は，ラウドネスが W によらず一定であり，これが CB を超えるとき（W>CB）は，ラウドネスは W の増加に伴い大きくなる。Zwicker は，実際にこのような帯域幅があることを，複合音のみならず，帯域雑音の帯域幅を変化させた実験など[17]，さまざまな実験によって確認し，これを臨界帯域（critical band, CB）と呼んだ。

図 5.7 は，帯域雑音の場合の典型的な結果である。この図は，帯域雑音の帯域幅を変数として，帯域雑音のラウドネスに 1 kHz の純音のラウドネスを合わせたときのレベルを示す。図中の曲線の上にあるレベル L は帯域雑音の音圧レベルを示す。この実験で利用される帯域雑音の音圧レベルは，帯域幅の変化にかかわらず一定であるが，図 5.5 に示したように，スペクトル密度レベルは変化する。そのため，帯域雑音の帯域幅が臨界帯域（おおよそ 200 Hz）を超える付近から純音のレベルが上昇していることがわかる。この縦軸をラウドネスレベルに読みかえれば，帯域雑音が広帯域化するにつれ，ラウドネスレベルが 10 phon 近く上昇することがわかる。ただし，雑音レベルが低い場合（例えば音圧レベル 20 dB のとき）はラウドネスレベルの増加はほとんどみられない。

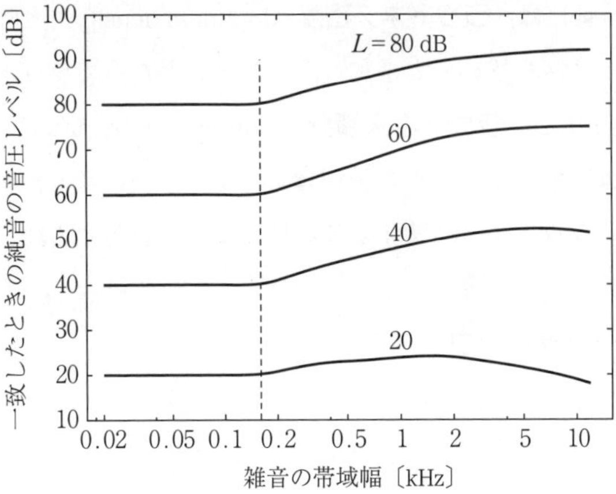

図5.7 帯域雑音のラウドネスと同じ大きさに感じたときの1 kHz の音のレベル

以上のことから，ラウドネスは音の帯域幅に関係して変化することがわかる。ある音のラウドネスは，その音の帯域が臨界帯域より狭い場合は，帯域幅がその範囲内でいくら変化しても変わらないが，音の帯域が臨界帯域を超える場合は，ラウドネスが大きくなる。複合音は純音の集まりであるから，複合音のラウドネスは，各純音のラウドネスの総和で求まると考えられる。同様に，広帯域音が，ある狭帯域音の集まりで構成されているとすると，広帯域音のラウドネスも各狭帯域音のラウドネスの総和で求まると考えることができる。ここで，狭帯域音の帯域幅そのものが臨界帯域内であるとすれば，上記で説明したように，この狭帯域音のラウドネスを考えるにあたり帯域幅の影響を考慮する必要がないため，臨界帯域内のラウドネスを求め[†]，広帯域音の帯域幅をカバーする聴覚フィルタ群の帯域幅の分だけラウドネスの総和をとることで，広帯域音のラウドネスを求めることができる。

この基本概念は，Fletcher and Mumson によって導入され，現在のラウドネスの知覚モデルの核になっている。**聴覚フィルタの帯域幅当りのラウドネス**

[†] 一般には，聴覚フィルタの帯域幅内のラウドネスを求めることになる。5.4 節で詳細を述べるが，Zwicker の方法では臨界帯域を，Moore and Glasberg の方法では等価矩形帯域幅を利用して，それらの帯域幅内のラウドネスを求めている。

（specific loudness）は，**ラウドネス密度**（loudness density）と呼ばれ，ある広帯域音のラウドネスを求めるときに，その帯域にわたってラウドネス密度の総和計算を求めることを**ラウドネス積分**（loundness integration）と呼ぶ。以降の本節の説明は，聴覚フィルタの帯域幅より十分に狭い音（純音や狭帯域音）を対象として，ラウドネスに関する諸特性について説明する。

5.3.2 パーシャルラウドネス

ある音のラウドネスの知覚は，マスキング効果を及ぼす音（マスカ）の有無やその種類によって変化する。**図5.8**は，1 kHz 純音の音圧レベルに対するラウドネスの変化をいくつかのマスキング条件について描いたものである。破線は，マスカのない場合で，すでに何度も見てきたように，この変化は音圧レベルがおよそ 30 dB 以上では，Stevens のべき乗則に従っている。しかし，たとえ静寂時であっても背景には，例えば血流に伴う生体雑音など，何らかの雑音が存在している。そのため，最小可聴値付近では，マスキングの効果によって Stevens のべき乗則に比べ，ラウドネスが小さくなっている。さらに，大きな背景雑音が存在する場合にはマスキングの影響も大きくなり，目的とする音の

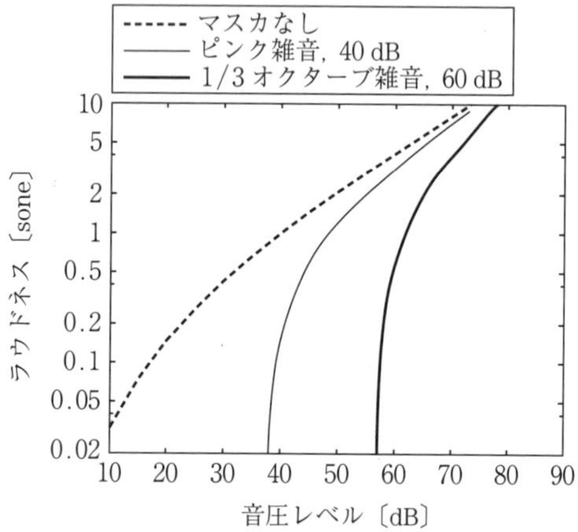

図5.8　音圧レベルの関数とした，背景雑音の有無における 1 kHz の純音のラウドネスの変化

ラウドネスが，図 5.8 の破線に示すものとは大きく異なったものとなる。

例えば，背景雑音として，音圧レベルが 40 dB のピンク雑音もしくは音圧レベルが 60 dB の 1/3 オクターブ帯域雑音を同時に呈示したときの 1 kHz の純音のラウドネスは，図中の実線で示したような関数として変化する。純音の音圧レベルが高い場合は，Stevens のべき乗則の結果に近づくが，純音の音圧レベルがマスカ雑音による純音の最小可聴値の音圧レベルに近いところではラウドネスが急激に低下している。このような影響を Zwicker は周波数スペクトル上のラウドネスへの**パーシャルマスキング**（partial masking）と呼んだ。この低下は，パーシャルマスキングによって，純音のラウドネスが減少したと解釈するものであり，知覚されるラウドネスは部分的にマスクされたラウドネス（partially masked loudness）と呼ばれる。一方，Moore らは，純音のラウドネスと別の音（ここでは雑音）のラウドネスをそれぞれ検討し，純音のラウドネスがもう一つの音のラウドネスによって減少してしまうことを**パーシャルラウドネス**（partial loudness）と呼んだ。いずれも本質的には同じ意味を指しているため，本節ではこれらをまとめてパーシャルラウドネスと呼ぶことにする。

周波数スペクトル的なパーシャルラウドネスの研究に関しては，Zwicker によって別の重要な検討も行われている。例えば，**図 5.9**（a）に示すように，周波数的に離れた二つの音（一つは純音，もう一つは高域雑音）を用意し，周

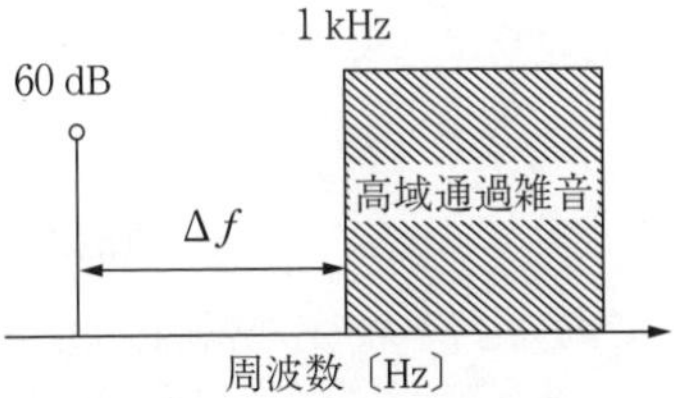

（a）

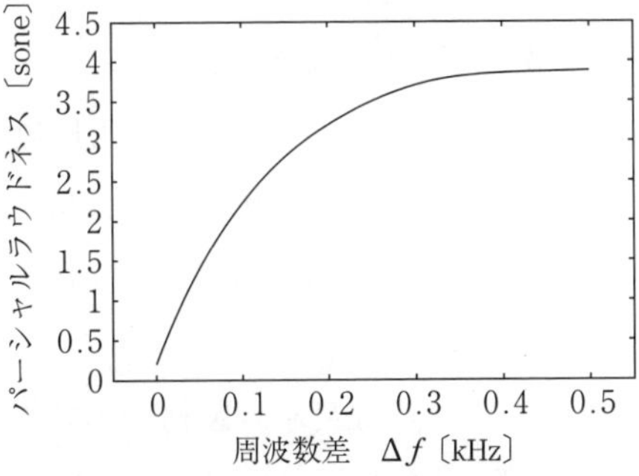

（b）

図 5.9　音圧レベルが 60 dB の純音の周波数スペクトル的なパーシャルラウドネス

波数差Δfの関数として音圧レベル60 dBの純音の周波数スペクトル的なパーシャルラウドネスを調べた。このときの結果を図5.9（b）に示す。ここで高域雑音は臨界帯域ごとに60 dBの音圧レベルをもつような雑音（高域通過均等興奮雑音）である。Δfが十分に大きいときは，もう一つの音（高域雑音）によるマスキングの影響をほとんど受けないため，周波数1 kHz，音圧レベル60 dBの純音のラウドネスは約4 soneとなる（1 kHzの純音は音圧レベル40 dBで1 soneであると定義されており，ラウドネスは10 dBごとに約2倍になるため）。しかし，Δfが臨界帯域に近づくにつれ，パーシャルマスキングが生じ，ラウドネスが小さくなっていくことがわかる。さらに，Δfが0に近づくと，周波数スペクトル的にみて，純音が高域雑音に含まれた一つの新しい高域雑音とみえる（聞こえる）ことになり，マスキングが強まることからラウドネスはかなり小さくなる。

5.3.3 最小可聴値付近におけるラウドネス成長曲線

5.1.1項で述べたように，最小可聴値付近のラウドネス成長曲線は，Stevensのべき乗則から予想されるものよりも小さい値をとり，傾きが急になる（図5.1参照）。このように，Stevensのべき乗則（式(5.1)）は，最小可聴値に近い低い音圧レベルにおいて，現実のラウドネス成長曲線を表現できていない[18),19)]。このようなラウドネス成長を表現するために，過去，複数のラウドネス関数モデルが提案されている。それらはすべてStevensのべき乗則を基本とした修正版であり，違いは最小可聴値付近の低い音圧レベルのみにみられる。

最も初期かつ単純なモデル式は，1950年代の終わりに，複数の研究者によって提案された次式の修正版である[20)～22)]。

$$N = k(I - I_{\mathrm{THRQ}})^{\alpha} \tag{5.2}$$

ここで，I_{THRQ}は最小可聴値での音の強さである。その後，Zwislocki and HellmanとLochner and Burgerにより，つぎのモデル式が提案された[23),24)]。

$$N = k(I^{\alpha} - I_{\mathrm{THRQ}}^{\alpha}) \tag{5.3}$$

式 (5.2) と式 (5.3) の違いは，最小可聴値に関係する定数の引き算がどの領域で行われるかにある。式 (5.2) では刺激領域（物理量）で引き算されており，式 (5.3) ではラウドネスの領域（心理量）で引き算されている[25)]。

Zwislocki は，ラウドネス密度の関数を聴神経の興奮の関数として求めている。彼は，信号音により発生する興奮のほかに静寂時でも生ずる興奮があり，それは聴こえないがラウドネスは存在すると考えた[26)]。純音の場合に，ラウドネス密度が信号音のラウドネスに等しいこと，Zwicker のいう興奮が音の強さに比例すること[27)] を仮定すると，純音のラウドネスはつぎのモデル式で表現される。

$$N = k\left\{(I + CI_{\mathrm{THRQ}})^{\alpha} - (CI_{\mathrm{THRQ}})^{\alpha}\right\} \tag{5.4}$$

ここで C は純音をちょうどマスクできる雑音とその純音のエネルギーの比である。すなわち，$(CI_{\mathrm{THRQ}})^{\alpha}$ は「最小可聴値の音の強さをもつ純音をちょうどマスクできる（聴こえなくする）雑音のラウドネス」に相当する。なお，Zwislocki は，式 (5.3) に生体内部雑音を導入することにより，マスカが存在しない場合の純音のラウドネスも同様のモデル式 (5.4) で表現されることを導いている[26)]。

式 (5.4) は，最小可聴値におけるラウドネスが 0 とならない。これは科学的には正しいが，その値はきわめて小さく，0 としてしまったほうが工学的取扱いには便利である。そこで，Zwicker and Fastl は，最小可聴値で 0 になるよう式 (5.4) をつぎのように変形している[28)]。

$$N = k\left[\left\{I + (C-1)\,I_{\mathrm{THRQ}}\right\}^{\alpha} - (CI_{\mathrm{THRQ}})^{\alpha}\right] \tag{5.5}$$

なお，いずれのモデル式も音圧レベルが高くなるに従い，式 (5.1) に漸近する。

つぎに，五つのモデル式（式 (5.1) ～式 (5.5)）の評価に関する研究成果を紹介する[29)]。この研究では，2 純音の間でべき指数が異なると，それら 2 純音のラウドネスの間でラウドネス関数が等しくなる音圧レベルの関係が直線から外れ非線形となることを利用して，五つのモデル式が実際のラウドネス成長を正しく表現できているかを心理物理実験の結果に基づいて評価している。

図 5.10 に評価結果を示す。横軸は 125 Hz 純音の音圧レベルであり，縦軸はラウドネスレベルである。プロットは実験結果，曲線は 5 種類のモデル式に基づく等ラウドネスレベル関係式を最小二乗法によりフィッティングした結果である。RSS とは，モデル式と実験結果の適合度合を示す残差二乗和（標準偏差で正規化してある）である。式 (5.1) から導出されたラウドネスレベルは直線であり，式 (5.2) から導出されたラウドネスレベルは 10 phon 以上でほぼ直線となっている。これらはいずれも実験データと合致せず，モデル式としては適当でないことを意味している。一方，他の 3 式は実験データをうまく表現している。特に，式 (5.4) と式 (5.5) は，残差二乗和（RSS）が一段と小さく，実験結果を最もよく表現している。しかし，式 (5.3) も，刺激音と，最小可聴値を決めている何らかの雑音をラウドネスとして表した値の差という意味の簡明

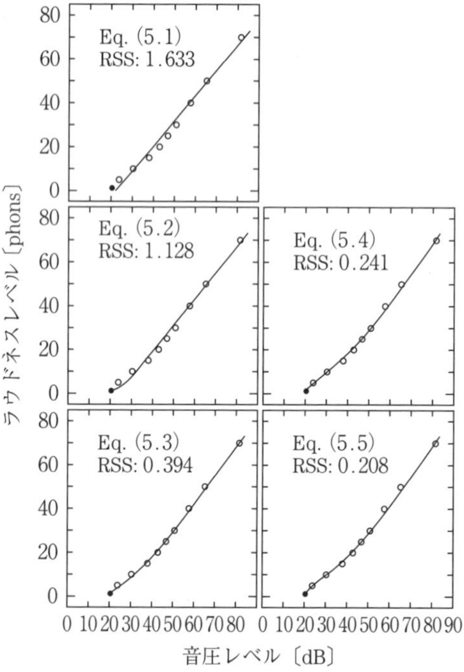

図 5.10　125 Hz 純音の等ラウドネスレベルと非線形最小二乗法によりフィッティングした各モデル関数

さから，実用性の高いモデルであると評価できる。実際，ISO 226:2003 に示されている等ラウドネスレベル曲線の導出では，実験結果から曲線を推定する際の安定性も考慮し，式 (5.3) が用いられている。

5.3.4 ラウドネスの時間的特性

つぎに，ラウドネスの時間的特性について説明する。先に，広帯域音のラウドネスを考えるにあたり，ラウドネス密度とラウドネス積分の概念，ならびに周波数スペクトル的なパーシャルラウドネスという概念が用いられることを述べた。本節の最後に，これと似た概念として，時間的なパーシャルラウドネスについて説明する。継時マスキング（temporal masking）には順向性マスキング（forward masking，あるいは post-masking）と逆向性マスキング（backward masking，あるいは pre-masking）があるが，ここでは逆向性マスキングに起因する時間的なパーシャルラウドネスについて説明する。

図 5.11（a）に実験で利用された刺激の時間パターンを示す。ここでは周波数 2 kHz，音圧レベル 60 dB で 5 ms の短い時間長のトーンバーストを第 1 音として，その後続（Δt だけ離れたところ）に均等興奮雑音を第 2 音としておく。均等興奮雑音は臨界帯域当り 65 dB の音圧レベルをもつものとした。図 5.11（b）に示すように，第 2 音がないときのこのトーンバーストのラウドネスは約 1.9 sone であった。これに対し $\Delta t > 100$ ms までの間は，後続雑音によ

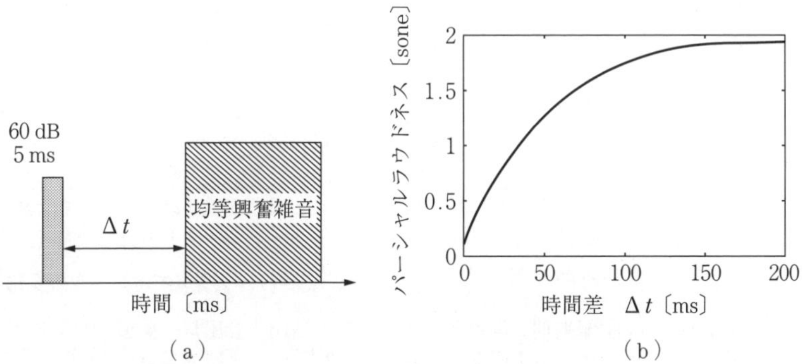

図 5.11 音圧レベル 60 dB の純音の時間的なパーシャルラウドネス

るラウドネスへの影響はほとんどないが，ここからさらに第2音が第1音に近づくにつれ，逆向性マスキングの影響を受け始め，$\Delta t=50$ ms 程度でラウドネスが約半減する形となっている。特に $\Delta t=5$ ms ではラウドネスがほぼ0にまで減少している。このように第1音のパーシャルラウドネスは，第2音の時間配置に依存して定まる。当然ではあるが，順向性マスキング（図5.11とは刺激配置が入れ替わっているもの）の場合は，より大きな時間的なパーシャルラウドネスがみられるものと考えられる。

ラウドネスは，音の持続時間によっても変化する。また，最小可聴値も，音の持続時間に依存することが古くから知られている。代表的な音の持続時間に関するラウドネスの研究は，**図5.12**のような結果を示している[28)]。ここでは，周波数が2 kHz で音圧レベル57 dB のトーンバーストが用いられている。図5.12（a）は持続時間を関数としたラウドネスの変化を，図5.12（b）は持続時間を関数としたラウドネスレベルの変化を示す。持続時間が十分に長いとき，ラウドネスは4 sone，ラウドネスレベルは60 phon であった。つぎに持続時間を100 ms まで短くするとラウドネスは3 sone まで徐々に減少し，10 ms で2 sone となった。持続時間が1/10になるごとに，1 sone ずつ減少していることがわかる。これらに対応するラウドネスレベルは，100 ms で約57 phon，10 ms で47.5 phon と，持続時間が1/10になるごとに，10 phon ずつ減少し

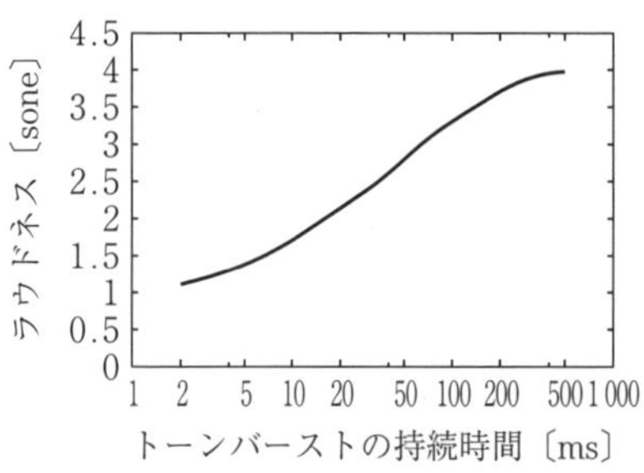

（a） ラウドネス

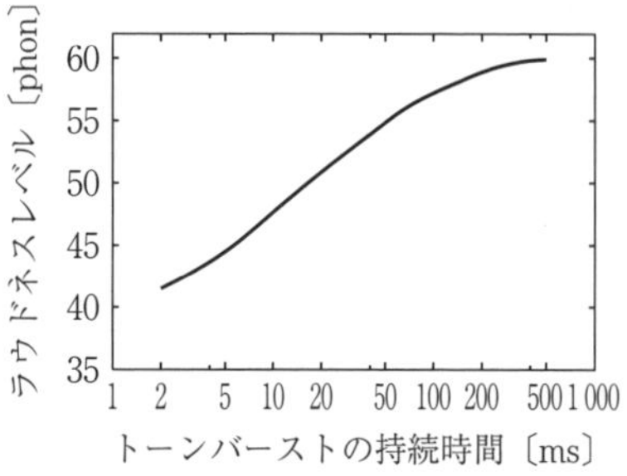

（b） ラウドネスレベルの変化

図5.12　音の持続時間を関数とした，周波数2 kHz，音圧レベル57 dB のトーンバーストのラウドネスとラウドネスレベルの変化

ている。前述のように，音の強さに対するラウドネスのべき指数がおおよそ0.3であることから，ラウドネスの2倍の変化が，おおよそ10 phonのラウドネスレベルの変化に相当すると考えられるため，この実験結果は若干様相を異にしている。

上記の結果を説明するために参考になる報告は，例えば，Garner and Miller[30]による，持続時間の短いトーンバーストの検知に関するものである。彼らは，ある特定範囲の持続時間にわたって刺激のエネルギーが時間的に積分されることを見いだし，刺激の強さI，持続時間tのトーンバーストに対し，$I \times t$=一定という考え方を提案した。その後，彼らはこの考えを修正し，ある強さI_Lを超えた音の強さ$(I-I_L)$だけが持続時間tの積$((I-I_L) \times t)$として一定となり，聴覚系の「積分時間」をτとして$(I-I_L) \times t = I_L \times \tau$=一定という考え方で結果を説明した。この説明に基づけば，図5.12に示すようなラウドネスあるいはラウドネスレベルの低下が，刺激の持続時間にわたって時間積分して得られたエネルギー量の減少に起因しているものと解釈できる。

5.4　定常広帯域音のラウドネスの計算

これまでに音の強さとラウドネス，ラウドネスレベルの関係，ならびにラウドネス密度とラウドネス積分，パーシャルラウドネスの概念を説明してきた。本節では，対象音を定常広帯域音に限定し，ラウドネスの推定値の計算法について説明する。ここでは，ISO 532:1975で規格化されたものをベースに，関連する方法や最新の方法も含めて説明する。

ISO 532:1975では，つぎの二つの計算法が採用されている。一つは，Stevensの計算法[5),7)]である。これは，5.1節で説明したべき乗則（式(5.1)）を利用して，音の強さから直接ラウドネスの推定値を求めるものである。この方法では，帯域間のマスキング特性だけが考慮されている。もう一つの方法は，Zwickerの計算法[31),32)]である。これは，音の強さから直接ではなく，聴覚フィルタを利用して音の強さから聴覚系の興奮パターンを推定し，そうして得られた興奮パターンからラウドネスの推定値を求めるものである。Zwickerの方法では，Stevensのべき乗則とマスキング特性のみならず，外耳および中耳の伝達特性の補正やパーシャルラウドネスといった聴覚特性も加味されている。そのため二つの方法には，マスキング以外にも各聴覚特性を含むかどうかという点で大きな違いがある。

5.4.1 Stevensの計算法

Stevensは，広帯域音のラウドネスの推定法を7版にわたり提案しているが，ISO 532:1975で用いられているのは，第6版（通常Mark VIと呼ばれる）である。ここでは，はじめに，Stevensの計算法[5),7)]について，その要点を説明する。この方法では，3種類のオクターブ帯域（1オクターブ，1/2オクターブ，1/3オクターブ）で分析された音のレベルを対象にラウドネス計算法が記されている。ラウドネスNとラウドネスレベルLの間には

$$N=2^{(L-40)/10}, \quad L=40+10\log_2(N) \tag{5.6}$$

が成り立つものとした。また，音の総ラウドネスNは次式で求まるものとした。

$$N=N_m+F\left(\sum N_i-N_m\right) \tag{5.7}$$

ここで，N_iはラウドネス指標，N_mはラウドネス指標N_iのなかでの最大値であり，$\sum N_i$は該当するラウドネス指標の総和である。重み係数のFは1オクターブ帯域のとき，$F=0.3$であり，1/2ならびに1/3オクターブ帯域のとき，それぞれ$F=0.2$と$F=0.15$であった。このFは，広帯域音自体のなかで，帯域間のマスキングを考慮するために導入されたものである。この計算法は，後述するZwickerの計算法に比べ非常に簡便であり，同程度の精度を与えるといわれている。なお，ISO 532:1975に採用されている方法では，上述のようにFが一定値であるが，Stevensが1972年に発表した第7版（Mark VII）では入力音によってFが変化する。これにより，推定精度が向上したとされている[†]。

† 本節では，この方法で求めるためのラウドネス指標の図を省略するが，原図は，ISO 532:1975の図1ないし，中山・境[1)]の図11.19にも掲載されている。

5.4.2 Zwickerの計算法

つぎに，Zwickerの計算法[27),33)]を説明する。この方法では，Fletcher and Munsonの計算法[12)]が基本概念として用いられている。そこで，このモデルについて少し述べておこう。彼らの研究は等ラウドネスレベル曲線の先駆的研究として著名であるが，純音のラウドネスレベル，等ラウドネスレベルだけでなく，複合音のラウドネスレベルならびにラウドネスの算出法の概念も導いている。例えば，ある周波数f_kでラウドネスレベルL_kの複合音があり，それに対応するラウドネスN_kが$N_k=G\,(f_k, L_k)$であるとする。複合音は純音の集まりであるから，彼らのモデルでは，広帯域音のラウドネスNが，各周波数ごとのラウドネスN_kの重み付き総和計算で求めることができるものとした。総和計算で利用される荷重関数には，マスキング特性が加味され，聴覚特性が考慮されている。このFletcher and Munsonのモデルは，Zwickerの方法のみならず，後述のMoore and Glasbergの計算法[34)]でも利用されており，ラウドネス積分の考え方の土台になる現在でも重要な概念である。

図5.13は，Zwickerの計算法の流れを示すブロックダイアグラムである。以下，この図を利用して計算法の重要ポイントを説明する。Zwickerは，ラウドネスが音の強さによって直接決まるのではなく，音の強さに反映して表される聴覚系内の興奮パターンによって決まると考え，ラウドネスモデルを発展さ

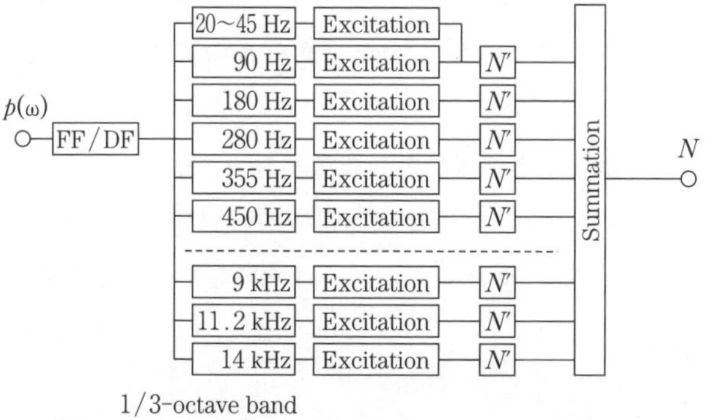

図5.13 Zwickerの計算法のブロックダイアグラム

せてきた。彼のモデルは大別して，四つのステージ：① 音場・外耳・中耳の伝達特性の補正，② 臨界帯域ごとの興奮パターンの計算，③ ラウドネス密度の計算，④ ラウドネス密度の総和計算，で構成される。

具体的にはつぎのような手順で行う。入力は定常信号のスペクトルである。まず，入力される広帯域定常音のスペクトルを $p(\omega)$ とする。第1ステージでは，音場を自由音場（free field，FF）あるいは拡散音場（diffuse field，DF）のいずれかに決め，音場の特性を加味した外耳の伝達特性と中耳の伝達特性を合わせて $p(\omega)$ を補正する。

つぎに，第2ステージでは，聴覚フィルタバンク処理に基づく周波数選択性をイメージして音のスペクトル $p(\omega)$ を臨界帯域ごとに分割し，興奮パターンを求める。聴覚フィルタの考え方としては，本来は各フィルタが連続的に並ぶものをイメージしなければならない。しかし，このような構成をとると，計算の負荷を重くし現実的ではなかったため，24 個の隣接した臨界帯域に分解するように構成された。また，実装上の簡便化から，臨界帯域は 1/3 オクターブ帯域幅で近似された。低周波数域では 1/3 オクターブと臨界帯域に大きな違いがでるため，$p(\omega)$ を 1/3 オクターブ帯域分割後に，臨界帯域に合うよう後処理を施すことで調整されている。このとき，臨界帯域に沿った分解であることから帯域の並びは Bark（バルクあるいはバーク†）スケールとなる（1～24 Bark）。聴覚フィルタバンクの出力そのものが興奮パターンであるため，臨界帯域分割されたスペクトルは，Bark スケールの関数として表される興奮パターンとなる。

第3ステージでは，臨界帯域ごとの興奮パターンからラウドネス密度を求める。Zwicker は，ラウドネス密度が臨界帯域内の興奮のべき乗則に関係して求まると考え，Stevens のべき乗則を音の強さではなく，興奮に対して用いた。

$$N' = k\left(\frac{E}{E_0}\right)^{\alpha} \tag{5.8}$$

† 通信工学の祖といわれる H. G. Barkhausen にちなんだ人名由来の単位である。

ここで，kは係数，αはべき乗数，E_0は音の強さの基準$I_0=10^{-12}\,\mathrm{W/m^2}$に対応する興奮とした。さらに，これをベースとして，静寂時における①最小可聴値に対応する興奮E_{THRQ}の導入，②臨界帯域での内部雑音比sの導入，③境界条件の設定（興奮Eが0のときラウドネス密度N'も0になる），といった手続きを経て，ラウドネス密度N'が次式で決定される。

$$N'=k(E_{\mathrm{THRQ}})^{\alpha}\left[\left(0.5\frac{E}{E_{\mathrm{THRQ}}}+0.5\right)^{\alpha}-1\right] \tag{5.9}$$

ただし，$k=0.08/(sE_0)^{\alpha}$と$\alpha=0.23$であり，N'の単位はsone/Barkである。N'の計算には，5.3節で紹介したスペクトル的なパーシャルラウドネスの効果も組み込まれている。また，式(5.9)は，式(5.5)において，音の強さIを興奮Eに読みかえたものと等価である。この場合，パラメータCは$C=2$であり，この値はFletcherの臨界比とZwickerの臨界帯域の比に対応する[35]。

最後に，第4ステージでは，次式のようにBarkスケールに沿ってラウドネス密度の総和を求めることで，定常音のラウドネスNを求める。

$$N=\int_0^{24\ \mathrm{Bark}} N'(z)\,dz \tag{5.10}$$

ISO 532:1975[36]では，Zwickerの計算法を利用してラウドネスを求めるために，音場（自由音場や拡散音場）や定常音の音圧レベルに合わせて10枚のチャートが用意されている。例えば，このチャートを利用して工場騒音のラウドネスを求めた結果の例を**図5.14**に示す。

図中下側の横軸は1/3オクターブ帯域に分割したときの低いほうのカットオフ周波数を，図中上側の横軸は1/3オクターブ帯域の中心周波数を示す。図中左側の縦軸はラウドネスを，図中右側の縦軸は対応するラウドネスレベルを示す。この図は，工場騒音を1/3オクターブごとに分析し，得られた音圧レベルをチャートに記入したのち，スペクトル上の周波数マスキング特性（興奮パターンでみられる高域側への影響）が加味された，図中の太い実線の帯の集まりを得る。この帯は左側（低域側）に向かって急峻で，右側（高域側）に向かってゆるやかな形状となる。この非対称性は，聴覚系におけるマスキング

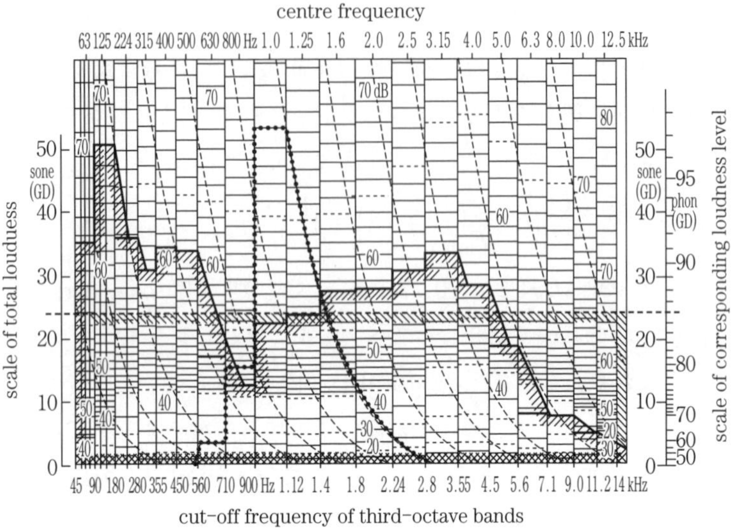

図 5.14　Zwicker の計算法を利用して得られた工場騒音のラウドネスチャートの例

パターンを考慮したもので，右側（高域側）へのゆるやかな形状が，**マスキングの上方への広がり**（upward-spread of masking）と呼ばれる高域側に広がるマスキング特性（スペクトル的なパーシャルラウドネスを生む原因）を表していることになる。最後に，図中の太い実線で囲われる領域（実線から斜線で内側に囲われる領域）の面積を式(5.10)により求め，図中右端あるいは左端にある軸に合わせてラウドネス（sone）とラウドネスレベル（phon）を求める。現在では，コンピュータによる数値積分により面積を求める[37]が，かつてはチャート上でプラニメータを用いて面積を求めていた。ISO 532:1975 に，多数のチャートが含まれているのはこのような理由にもよる。さて，図 5.14 の場合では，ラウドネスが 24 sone，ラウドネスレベルが 86 phon と求まることになる。なお，参考までに，1 kHz の純音に対するラウドネス密度 N' が，太い点線で図中に示されている。

5.4.3　Moore and Glasberg の計算法

ISO 532:1975 以外の代表的な計算法として，Moore and Glasberg の計算法（原著は文献[34),38)] 最新の規格は ANSI S3.4-2007[39)] である）がある。これは，Zwicker の方法の改良法と位置付けることができる。以下，この計算法について，重要ポイントの説明を行う。

Moore and Glasberg の計算法は，Zwicker の計算法と同様に，四つの計算手順に分割することができる。**図 5.15** に，この計算法のブロックダイアグラムを示す。入力は定常信号のスペクトルである。第 1 ステージでは，音場（自由音場か拡散音場）の特性を加味した外耳の伝達特性（外界から鼓膜面までの伝達特性）と中耳の伝達特性を考慮して，定常信号のスペクトルを補正する。このときの特性を**図 5.16** に示す。よく知られるように，外耳の伝達特性はおおむね高域強調フィルタの特性になり，中耳の伝達特性は 1 kHz を中心に盛り上がりをみせるような帯域通過フィルタの特性になる。

つぎに第 2 ステージでは，補正されたスペクトルから興奮パターンを計算す

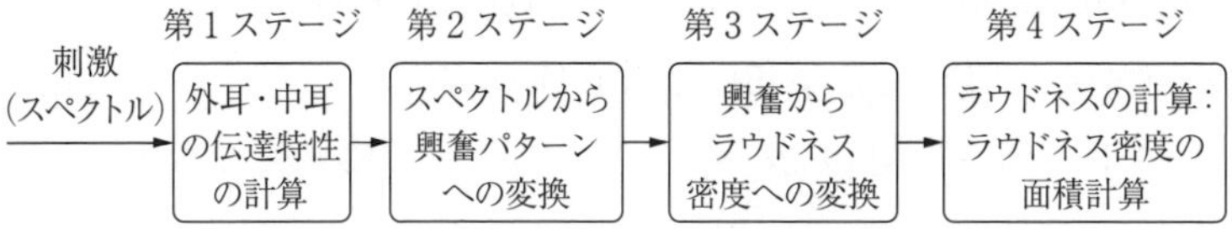

図 5.15　ラウドネスモデルのブロックダイアグラム

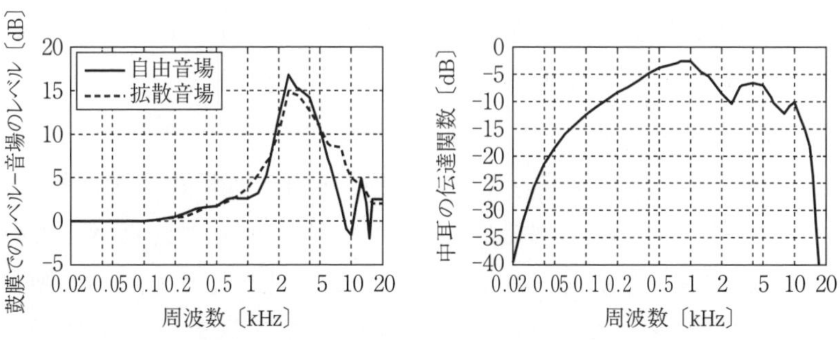

（a）　外耳の伝達特性　　（b）　中耳の伝達特性

図 5.16　音場（自由音場と拡散音場）の特性を加味した伝達特性

る。この計算には聴覚フィルタ（詳細は第4章を参照）を利用するため，手続きは多少複雑である。Moore and Glasberg の計算法では，次式で定義される roex（rounded-exponetial，ローエックス）聴覚フィルタを利用する。

$$W(g)=(1+pg)\exp(-pg) \tag{5.11}$$

ただし，p はフィルタ形状の傾きを表すパラメータであり，g は正規化周波数である。フィルタの中心周波数を f_c とすると，正規化周波数は $g=\left|f_c-f\right|/f_c$ となる。roex フィルタは f_c を中心に低域側と高域側それぞれで独立に定義されるため，p には l（lower）と u（upper）の添字が付くことに注意したい。

つぎに，式(5.11)に示す roex フィルタを利用して，興奮パターンを計算するために，フィルタのパラメータ設定について説明する。聴覚フィルタ形状は音圧レベルに依存して対称性が変化するが，形状がほぼ対称とみられるとき，フィルタパラメータは $p=4f_c/\mathrm{ERB_N}$ で近似できる。Moore and Glasberg の計算法では，高域側のパラメータを $p_u=4f_c/\mathrm{ERB_N}$ とし，低域側のパラメータを次式のように定義して用いている。ただし，$\mathrm{ERB_N}$ は等価矩形帯域幅（equal rectangular bandwidth，ERB，アーブ）である（詳細は第4章参照）。

$$p_l(X)=p_l(51)-0.35\left(p_l(51)/p_l(51,1\mathrm{k})\right)(X-51) \tag{5.12}$$

ここで，X は等価矩形帯域幅当りの入力レベル（$\mathrm{dB/ERB_N}$）であり†，$p_l(51)$ ならびに $p_l(51,1\mathrm{k})$ は，それぞれ中心周波数 f_c と 1 kHz に対する 51 $\mathrm{dB/ERB_N}$ のときのパラメータである。**図 5.17**（a）に，中心周波数 $f_c=1$ kHz の roex フィルタ形状を太い実線で示す。他の細い実線は $f_c=1$ kHz を中心に中心周波数を 0.8，0.9，1.2，1.4，1.6 倍したときのフィルタ形状である。

ここで，周波数 1 kHz，音圧レベル 40 dB の純音を入力した場合を考えてみる（説明を容易にするために，ここでは外耳・中耳の伝達特性の補正を無視している）。1 kHz での純音は図 5.17（a）の太い実線とピークが一致するため，40 dB の出力がそのまま得られる（点 a）。これに対し，他のフィルタを使って

† $\mathrm{dB/ERB_N}$ も，dB/Hz の注釈で説明したものと同様の慣用的表現であり，その計算も dB/Hz と同様に，当該の $\mathrm{ERB_N}$ 帯域に含まれる音の強さを dB 表示したもの，という意味であることに注意が必要である。

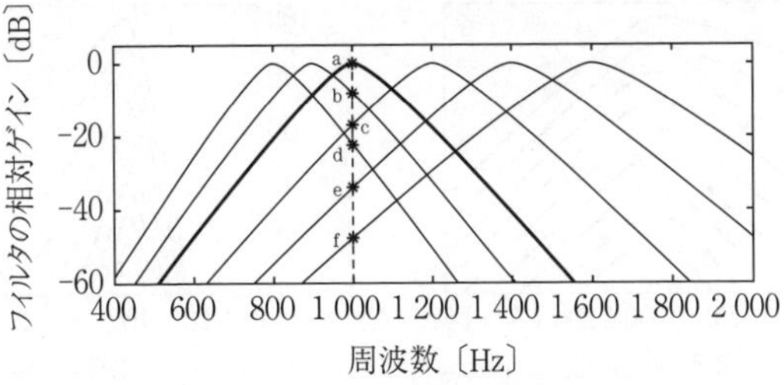

（a）

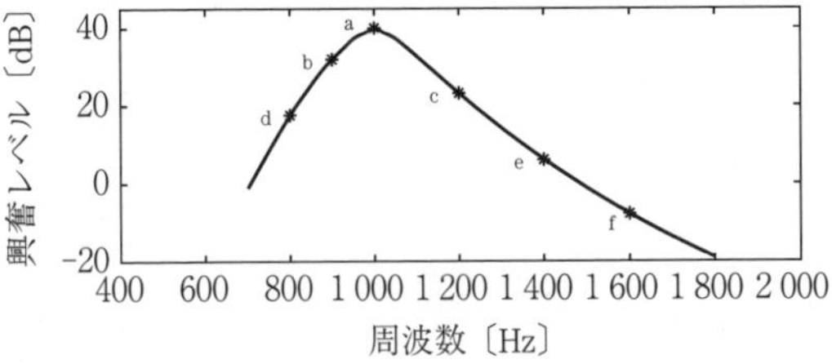

（b）

図 5.17 興奮パターンの算出法の例

信号を分解することを想定すると，純音は先ほどの細い実線のフィルタ形状を通過して出力を得ることになる（点 b～点 f)。これらの出力をフィルタの中心周波数に対応づけてプロットしたものが興奮パターンであり，図 5.17（b）のようになる。この図から，対称な聴覚フィルタ形状を純音が通過した場合でも，興奮パターンの高域側は低域側のものよりも大きく盛り上がっていることがわかる。この計算を利用して，純音の入力レベルを 20～100 dB まで 10 dB 刻みに変化させたときの roex 聴覚フィルタ形状と興奮パターン（フィルタバンク出力）を考えてみる。このときの結果を**図 5.18** に示す。図 5.18（a）から容易に理解できるように，信号レベルが増加するにつれ，形状の低域側がゆるやかになり，それに合わせるように，図 5.18（b）の興奮パターンで，高域側の非線形な増加が生じる。多少説明が複雑になったが，上記のような手順により聴覚フィルタを利用して入力信号のスペクトルから興奮パターンが得られる。

つぎに第 3 ステージでは，得られた興奮からつぎの 3 種類の場合分けに沿っ

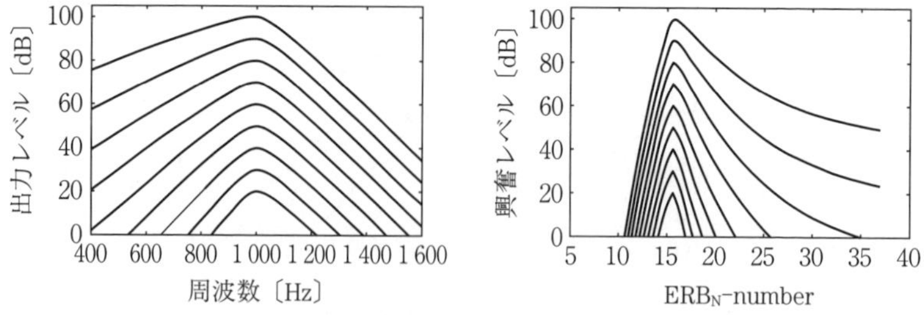

（a） roex 聴覚フィルタ形状　　　（b） 興奮パターン

図 5.18　roex 聴覚フィルタ形状と興奮パターン

て，ラウドネス密度 N'（単位は sone/$\mathrm{ERB_N}$）が計算される。

- $E<E_{\mathrm{THRQ}}$ の場合

$$N'=k\left(\frac{2E}{(E+E_{\mathrm{THRQ}})}\right)^{1.5}\left[(GE-A)^{\alpha}-A^{\alpha}\right] \tag{5.13}$$

- $E_{\mathrm{THRQ}}\leqq E<10^{10}$ の場合

$$N'=k\left[(GE-A)^{\alpha}-A^{\alpha}\right] \tag{5.14}$$

- $10^{10}\leqq E$ の場合

$$N'=k\left[\frac{E}{1.0707}\right]^{0.2} \tag{5.15}$$

Moore and Glasberg の計算法は，Zwicker の計算法と同様に，ラウドネス密度 N' が等価矩形帯域幅内の興奮 E のべき乗則に基本的には従い，最小可聴値付近ではパーシャルラウドネス特性を示すものと考えている。また，式 (5.14) は，式 (5.9) の拡張版であり，大もとは式 (5.5) において，音の強さ I を興奮 E に読みかえたものとほぼ等価である。ここで，k は係数，E_{THRQ} は，静寂下での最小可聴値に対応する興奮であり，**図 5.19**（a）のように決定される（図中は興奮レベル〔dB〕として表示している）。特に E_{THRQ} は，500 Hz から高い周波数で 2.065（E_{THRQ} のレベルで 3.15 dB）一定であることに注意されたい。また，式 (5.15) は，興奮が 10^{10} 以上（興奮レベルが 100 dB 以上であり，音圧レベルで概算すると 100 dB より相当大きなレベルの音に対する興奮に対応）であるため，この計算式の信頼性は決して高いものではないことに注意されたい。

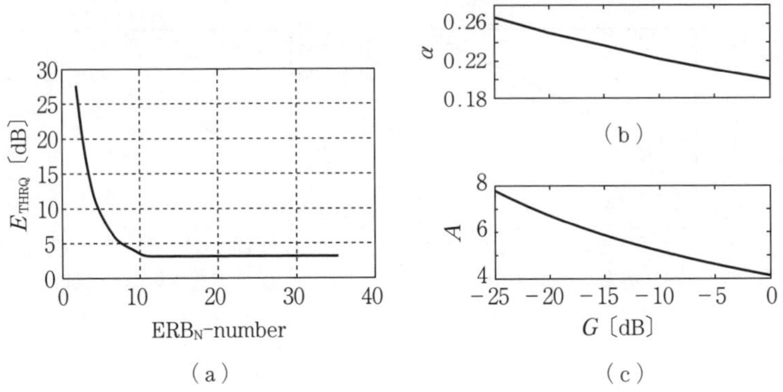

図 5.19 計算法のパラメータ設定：(a) ERB$_N$ スケールごとの E_{THRQ} と，G によって決まる (b) α と (c) A

Moore and Glasberg の計算法には，ほかに三つのパラメータがある。パラメータ G は，500 Hz より高い周波数でのゲインに対する，低域の周波数での蝸牛増幅の低レベルゲイン（単位は線形パワー）を表す。そのため，500 Hz より低域側の E_{THRQ} が 500 Hz より高い周波数での値より K 倍高ければ $G=1/K$（例えば，相対的に 10 倍高ければ $G=0.1$）とする。これ以外の周波数（500 Hz 以上）では $G=1$ である。つぎにパラメータ α と A は，図 5.19 (b) に示すように G によって決定されるものとする。α は Stevens の法則のべき指数である。G が小さくなるに従って大きくなっているのは，低周波数域など，最小可聴値が高く聴覚のダイナミックレンジが狭くなるところではべき指数が大きくなることに対応している。

これらのパラメータを利用して得られた興奮パターンの興奮 E によって得られるラウドネス密度 N' は，**図 5.20** (a) となる。図中の太い実線は 500 Hz より高い周波数（最小可聴値での興奮 E_{THRQ} のレベルが 3.15 dB）でのラウドネス密度 N' を示し，続く 2 本の細い実線は，235 Hz（最小可聴値での興奮レベル 5.7 dB）と 52 Hz（最小可聴値での興奮レベル 27.0 dB）でのラウドネス密度 N' を示す。この最小可聴値での興奮レベルが高くなる，つまり周波数が 500 より低くなるに従って，グラフの開始点は右側にシフトするが，興奮レベルの増加とともに直線の形に近づいていく。

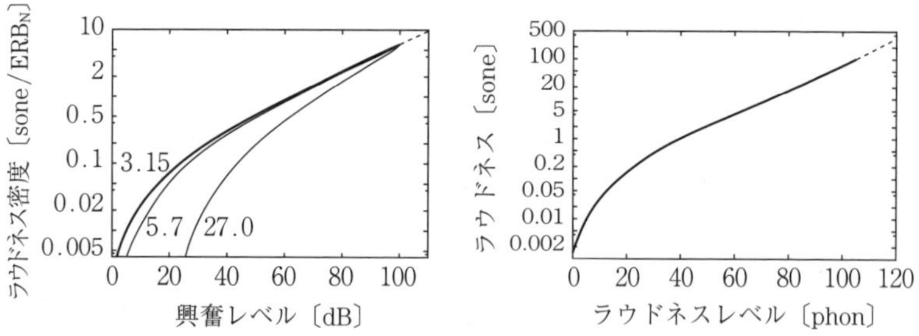

（a） ラウドネス密度 N'　　（b） 図（a）に対するラウドネス N

図 5.20　Moore and Glasberg の計算法の結果：（a）と（b）

最後に，第4ステージでは，図5.20（a）のように得られた等価矩形帯域幅ごとの興奮から，定常音の興奮が得られる範囲にわたって N' の総和を求めることで定常音のラウドネスが求まる。ここで積分範囲に相当するERBスケール[†]（ERB$_N$-number）の範囲は，1.8〜38.9となる（周波数範囲で約50 Hz〜14.8 kHz）。最終的に，図5.20（b）に示すように，ラウドネスが得られる。ここに表示した結果は，ラウドネスレベルに対するラウドネスの変化である。

5.5　ラウドネス計算法に関する残された課題と最近の動向

前節で説明した四つのラウドネス計算法は，すべて定常音に限定した計算法である。しかし，実際の騒音測定などの現場を考えると，対象音は定常音であるとは限らない。また，計算法自体においてもいくつか検討課題として残っているトピックスもある。ここでは，今後の課題とラウドネス計算法に関する最近の動向について説明する。

---

† ERBスケールとは，Barkスケールと同じように，聴覚フィルタの帯域幅（ここではERB$_N$）を単位とした周波数の表現であり，ERB$_N$-numberと表される。なお，かつてはERB$_N$-rateと表記されていたが，現在は用いられていないので注意が必要である。

5.5.1 全般的な注意点

前節で紹介した計算法は，あくまでヒトの平均的な特性（限定された音場での外耳・中耳の伝達特性，最小可聴値，聴覚フィルタの諸特性）に基づいてラウドネスならびにラウドネスレベルを求めるものである。当然のことながら，個人ごとのラウドネス・ラウドネスレベルの正確性には欠けることに注意されたい。また，Zwicker の計算法ならびに Moore and Glasberg の計算法ではさまざまなパラメータが定義されている。これらは彼らの積み重ねた研究成果に基づくものであるが，これもまた平均的な結果であることに注意されたい。また，用いられているモデルも完全なものではなく，まだ改良の余地が残されている。

ある音について，Zwicker の計算法や Moore and Glasberg の計算法を用いて求めた値をその音の「ラウドネス」と表記することがみられる。しかし，これらの方法が完璧ではなく，また，求めた値もヒトの平均的な聴覚特性に基づくものであることを考えれば，これは正しくなく，「ラウドネスの推定値」と呼ぶべき値であることに注意しよう。ラウドネスは，あくまである人間が知覚した感覚値そのものを指しているからである。

5.5.2 モノラルとバイノーラルラウドネス

前節では，ほかの三つの方法と説明対象を合わせるために説明を割愛したが，四つのモデルのうち Moore and Glasberg の計算法だけが，バイノーラルラウドネスの推定方法を提案している。片耳受聴でのラウドネス計算では意識しなくてよかったが，両耳受聴でのラウドネス計算ではダイオティック（diotic）受聴とダイコティック（dichotic）受聴の違いに注意しなければならない。つまり，両耳にまったく同じ刺激が呈示されるダイオティック受聴の場合と，両耳に位相の異なる刺激が呈示されるダイコティック受聴の場合では，ラウドネスに違いがありうることに注意しなければならない。実際，両者のケース間では，ラウドネスが変わるという報告（例えば，Fletcher and

Munson[12]）があるため，モデルでも同様に計算する必要がある。一般に，ダイオティック受聴では，片耳ずつで同じ音のラウドネスを計算するため，ラウドネスは2倍になる。ダイコティック受聴では，それぞれの音に対し片耳ずつで異なるラウドネスの計算をするため，最終的にはそれぞれのラウドネスの荷重総和計算で求められることになる。詳細な計算方法については，Moore and Glasberg の報告[40] を参照されたい。

5.5.3 パーシャルラウドネスモデルの精緻化

5.3節で述べたように，内部雑音によるラウドネスの変化（最小可聴値付近のラウドネスのへたりの原因）や別の音の存在による周波数的・時間的なラウドネスの変化として，パーシャルラウドネスがある。例えば，Moore and Glasberg の方法では，次式のようにパーシャルラウドネス密度を考慮している[38]。

$$N'_{\mathrm{SIG}} = N'_{\mathrm{TOT}} - N'_{\mathrm{NIS}} \tag{5.16}$$

ここで，N'_{SIG}，N'_{TOT}，N'_{NIS} は，それぞれ，対象音のパーシャルラウドネス密度，対象音と背景雑音からなる混合音のラウドネス密度，背景雑音のラウドネス密度である。この考え方は，5.3.3項で紹介した式 (5.3)～式 (5.5) と同じである。式 (5.16) で，パーシャルラウドネス密度を興奮パターンと関係付けると

$$N'_{\mathrm{SIG}} = C\left[(E_{\mathrm{SIG}} + E_{\mathrm{NIS}} + A)^{\alpha}\right] - C\left[(E_{\mathrm{NIS}} + A)^{\alpha}\right] \tag{5.17}$$

となる（**図5.21**）。この式では，時間的な特性が加味されていないため，それぞれの音が時間的に同時に始まる定常音であると十分にモデル化できているが，対象音の立上りが異なる場合や対象音が非定常音である場合は十分な対応がされていない。時間的なパーシャルラウドネスに関しては，立上りの非同期も関係するが，時間的なマスキング（順向性マスキングや逆向性マスキング）の影響を深く検討しない限り，モデルへの組込みは難しいように思われる。このトピックについては，非定常音への対応にも関係するため，次項で詳しく述べる。

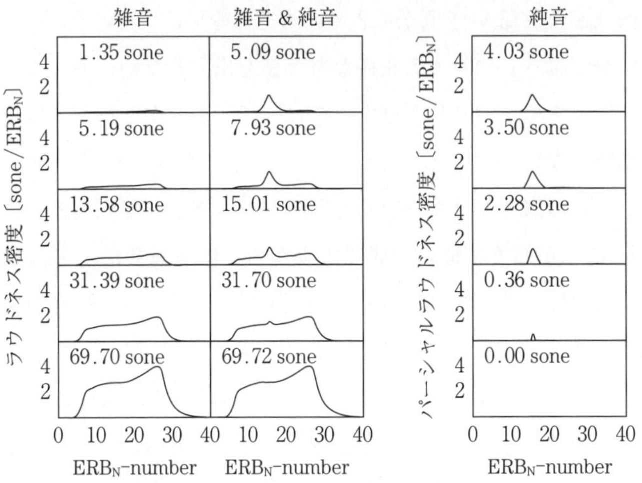

図 5.21　パーシャルラウドネス密度

5.5.4　非定常音のラウドネス計算

現在，ISO 532:1975[36] は大幅な改訂作業中であり，Moore and Glasberg の計算法（ANSI S3.4-2007）[39] と Zwicker の計算法の改良法（DIN 45631/A1:2008）[41] を中心に検討が進んでいる（ISO CD-532-1:2010）。ここでは，定常音に対するラウドネスの計算法が規格化され，のちに ISO 532-2 として非定常音のラウドネスの計算法が規格化される予定である。定常音のラウドネスの計算については 5.4 節で説明したことがすべてである。現在のところ，非定常音のラウドネス計算については，Zwicker の計算法（DIN 45631/A1:2008）[41] が DIN で規格化されつつあり，Moore and Glasberg の計算法でも短時間スペクトルを利用した時変信号音のラウドネスの推定法が提案されている[42]。しかしながら，つぎのような意見・疑問点があり，いまだ計算法の規格化にあたっては議論中である。

- 最小可聴値と等ラウドネスレベル曲線に関する最新の ISO 規格（ISO 226:2003[14]，ISO 389-7:2005[10]）を反映していない。
- ANSI S3.4-2007 をベースに，Glasberg and Moore の報告[42] を組み合わせ，

拡張することでよい予測ができるかもしれない。

- 音色成分が違う音に対する正確な計算値を出力しない。
- パラメータを微小に変化させたときに，予測されたラウドネス値がなめらかに変動しない。

一方，これらの研究とはまったく違うアプローチとして，桑野・難波らのグループの研究[43]がある。彼らの研究成果から，環境騒音にみられるような定常・非定常音に関して，等価騒音レベル（A 周波数重み付け特性のフィルタに通したあとのエネルギー平均値を dB 化した値，L_{Aeq}）が，ラウドネスと比較的よく対応することが示されている。さらに彼らは，Zwicker の計算法によって求められたラウドネスを dB 値に変換し，これを騒音レベルとみなして，等価騒音レベルに相当する値を求めることにより，時間変動音のラウドネスがかなり正確に評価できることを示している[44]。この方法は，Zwicker の計算法に限らず，Moore and Glasberg の計算法にも適用が可能であると考えられる。そのため，簡便な時間変動音のラウドネス評価法として有用性が高いと考えられる。また，曽根・鈴木らのグループの研究では，衝撃騒音を含む非定常騒音のラウドネスが，比較的短時間の時定数と数秒に及ぶ長い時定数からなる 2 次定数積分モデルと Zwicker の計算法を組み合わせて用いることにより，よい精度で評価できることを示した[45]。この方法も，いずれのラウドネスの推定値の計算法への適用が可能であると考えられる。この方法が，長時間にわたる音のラウドネスについても適用可能かどうかは未検討であるが，桑野・難波の提案にならい等価騒音レベル的な評価を導入することにより適用が可能であると考えられる。

以上，現在の動向も含め，聴覚フィルタを利用したラウドネスの計算法を中心に説明してきた。第 4 章では，さまざまな周波数・音圧レベルにわたる聴覚フィルタ形状の変化や圧縮特性の変化に関する非線形効果を説明できるガンマチャープ聴覚フィルタが説明されている。このような聴覚フィルタを利用して，Moore and Glasberg の計算法が改善されることによって，定常・非定常音のラウドネスの計算法が確立されることに強く期待したい。

引用・参考文献

1) 日本音響学会 編，境　久雄 編著：聴覚と音響心理，音響工学講座 6，コロナ社 (1978)

2) 泉　清人：ラウドネスをめぐる三つの話題，音響会誌，**36**，5，pp. 265-267 (1980)

3) 泉　清人：騒音の心理的不快感に関する属性についての考察，建築学会北海道支部研究報告集，46, p. 35 (1976)

4) 難波精一郎：ノイジネス・アノイヤンスについて，音響学会誌，**44** (10)，pp. 775-780 (1988)

5) S. S. Stevens：Calculation of the loudness of complex noise, J. Acoust. Soc. Am., **28**, 5, pp. 807-832 (1956)

6) S. S. Stevens：On the psychophysical law, Psychological Review, **64**, 3, pp. 153-181 (1957)

7) S. S. Stevens：Procedure for calculating loudness：Mark VI, J. Acoust. Soc. Am., **33**, pp. 1577-1585 (1961)

8) Y. Suzuki and H. Takeshima：Equal-loudness-level contours for pure tone, J. Acoust. Soc. Am., **116** (2), pp. 918-933 (2004)

9) E. C. Poulton：Models for the biases in judging sensory magnitude, Psycho. Bull., **86**, pp. 777-803 (1979)

10) International Standard, ISO 389-7：Acoustics — Reference zero for the calibration of audiometric equipment —— Part 7：Reference threshold of hearing under free-field and diffuse-field listening conditions (2005)

11) 鈴木陽一，竹島久志：最小可聴値と等ラウドネス曲線をめぐる最近の話題，音響会誌，**58**, 2, pp. 130-137 (2002)

12) H. Fletcher and W. A. Munson：Loudness, its definition, measurement and calculation, J. Acoust. Soc. Am., **5**, pp. 82-108 (1933)

13) D. W. Robinson and R. S. Dadson：A redetermination of the equal-loudness relations for pure tones, British J. Appl. Phys., **7**, pp. 166-181 (1956)

14) International Standard, ISO 226：Acoustics —— Normal equal-loudness-level contours, Second Edition (2003)

15) R. P. Hellman and J. J. Zwislocki：Loudness determination at low sound frequencies, J. Acoust. Soc. Am., **43**, p. 60 (1968)

16) S. Buus, H. Müsch and M. Florentine：On loudness as threshold, J. Acoust. Soc. Am., **104**, p. 339 (1998)

17) E. Zwicker, G. Flottorp and S. S. Stevens：Critical bandwidth in loudness

summation, J. Acoust. Soc. Am., **29**, pp. 548–557 (1957)

18) R. P. Hellman and J. J. Zwislocki：Some factors affecting the estimation of loudness, J. Acoust. Soc. Am., **33**, pp. 687–694 (1961)

19) B. Scharf and J. C. Stevens：The form of the loudness function near threhold, Proc. Int. Congress on Acoustics, 3rd, Stuttgard, 1959, edited by L. Cremer, Elsevier, Amsterdam, pp. 80–82 (1961)

20) G. Ekman：Weber's law and related functions, J. Psychol., **47**, pp. 343–352 (1959)

21) R. D. Luce：On the possible psychophysical laws, Psychol. Rev., **66**, pp. 81–95 (1959)

22) S. S. Stevens：Tactile vibration：Dynamics of sensory intensity, J. Exp. Psychol., **59**, pp. 210–218 (1959)

23) J. J. Zwislocki and R. P. Hellman：On the psychophysical law, J. Acoust. Soc. Am., **32**, p. 924 (1960)

24) J. P. A. Lochner and J. F. Burger：Form of the loudness function in the presence of masking noise, J. Acoust. Soc. Am., **33**, pp. 1705–1707 (1961)

25) R. P. Hellman：Growth of loudness in sensorineural impairment：Experimental results and modeling implications, in Modeling Sensorineural Hearing Loss, edited by W. Jesteadt, Lawrence Erlbaum, Mahwah, N. J., Chap. 12, pp. 199–212 (1997)

26) J. J. Zwislocki：Analysis of some auditory characteristics, in Handbook of Mathematical Psychology, R. D. Luce, R. R. Bush and E. Galanter, Eds., Wiley, New York, pp. 84–85 (1965)

27) E. Zwicker：Über psychologische und methodische Grundlagen der Lautheit, Acoustica, **8**, pp. 237–258 (1958)

28) H. Fastl and E. Zwicker：Psychoacoustics, Facts and Models, Third Edition, Berlin, Springer (2007)

29) H. Takeshima, Y. Suzuki, K. Ozawa, M. Kumagai and T. Sone：Comparison of loudness functions suitable for drawing equal-loudness-level contours, Acoust. Sci. & Tech., **24**, 2, pp. 61–68 (2003)

30) W. R. Garner and G. A. Miller：The masked threshold of pure tones as a function of duration, J. Exp. Psychology, **37**, pp. 293–303 (1947)

31) E. Zwicker：Verfahren zur Berechnung der Lautstärke (A procedure for calculating loudness), Acoustica, **10**, pp. 304–308 (1960)

32) E. Zwicker：Der gegenwärtige Stand der objektiven Lautastärkemessung, Teil I und Teil II (The present state of the art in objective measurements of loudness, Part I and Part II), ATM, V55–6, V55–7 (1961)

33) E. Zwicker and B. Scharf：A Model of Loudness Summation, Psychological Review, **72**, 1, pp. 3–26 (1965)

34) B. C. J. Moore and B. R. Glasberg：A Revision of Zwicker's Loudness Model,

Acustica, **82**, pp. 335–345 (1996)
35) B. C. J. Moore : An Introduction to the Psychology of Hearing, Chapter 4, Fifth Edition, Academic Press (2003)
36) International Standard, ISO 532 : Acoustics —— Method of calculating loudness level, First Edition (1975)
37) E. Zwicker, F. Fastl, U. Widmann, K. Kurakata, S. Kuwano and S. Namba : Program for calculating loudness according to DIN 45631 (ISO 532B), J. Acoust. Soc. Jpn. (E), **12**, 1, pp. 39–42 (1991)
38) B. C. J. Moore, B. R. Glasberg and T. Baer : A Model for the Prediction of Thresholds, Loudness, and Partial Loudness, J. Audio. Eng. Soc., **45**, 4, pp. 224–240 (1997)
39) ANSI S3. 4-2007 : Procedure for the computation of loudness of steady sounds (2007)
40) B. C. J. Moore and B. R. Glasberg : Modeling binaural loudness, J. Acoust. Soc. Am., **121**, 3, pp. 1604–1612 (2007)
41) DIN 45631/A1:2008 : Calculation of loudness level and loudness from the sound spectrum —— Zwicker method —— Amendment 1 : Calculation of the loudness of time-variant sound (2008)
42) B. R. Glasberg and B. C. J. Moore : A Model of Loudness Applicable to Time-Varying Sounds, J. Audio. Eng. Soc., **50**, 5, pp. 331–342 (2002)
43) S. Kuwano and S. Namba : Psychological evaluation of temporally varying sounds with L_{Aeq} and noise criteria in Japan, J. Acoust. Soc. Jpn. (E), **21**, 6, pp. 319–322 (2000)
44) S. Kuwano, S. Namba and H. Miura : Advantages and Disadbantages of A-weighted Sound Pressure Level in Relation to Subjective Impression of Environmental Noise, Noise Cont. Eng. J., **33**, pp. 107–115 (1989)
45) Y. Ogura, Y. Suzuki and T. Sone : A new method for loudness evaluation of noises with impulsive components, Noise Control Engineering, **40**, 3, pp. 231–240 (1993)

第6章 聴覚中枢神経系の生理現象とそのモデル

本章では，まず，聴覚特有の**脳幹**の神経構造について述べ，つぎに聴覚中枢神経系の入り口にあたる**蝸牛神経核**（cochlear nucleus，CN）の時間および周波数応答特性とそのモデルについて述べる。つぎに，**上オリーブ複合体**（superior olivary complex，SOC）における両耳処理とそのモデルについて述べ，最後に中枢神経系のちょうど中間地点に位置する**下丘**（inferior colliculus，IC）の時間応答特性とそのモデルについて述べる。

6.1 脳幹における聴覚情報の伝搬経路

聴覚情報の伝搬経路を**図6.1**に示す。脳は，脳幹，小脳，大脳から構成されており，点線で挟まれた範囲が脳幹と呼ばれる。脳幹に複数の**神経核**[†]が存在する神経構造は，視覚などのほかの感覚系にはみられない聴覚特有のものである。

蝸牛で処理された聴覚情報は（第2章参照），聴神経を介してまず，蝸牛神経核（CN）に運ばれる。蝸牛神経核を出た聴覚情報はその後，両耳処理に特化した上オリーブ複合体（SOC）を経由して上位の神経核に向かう系と経由せずに向かう系に分かれる。ここで，両耳処理とは，音の方向を判断する音源定位のための聴覚処理のことである。上オリーブ複合体からの両耳情報は，その後，外側毛帯核（nucleus of lateral lemniscus，NLL）や下丘（IC）に運ばれる。一方で，音声の理解など必ずしも両耳の情報を必要としない単耳性の聴覚処理もあり，それらは上オリーブ複合体を経由せずに，蝸牛神経核から直接，

---

† 脳の中には，どこにでもニューロンがあるわけではなく，ある特定の場所にまとまって分布している。神経核とは，ニューロンが集まっている場所のことを指す。

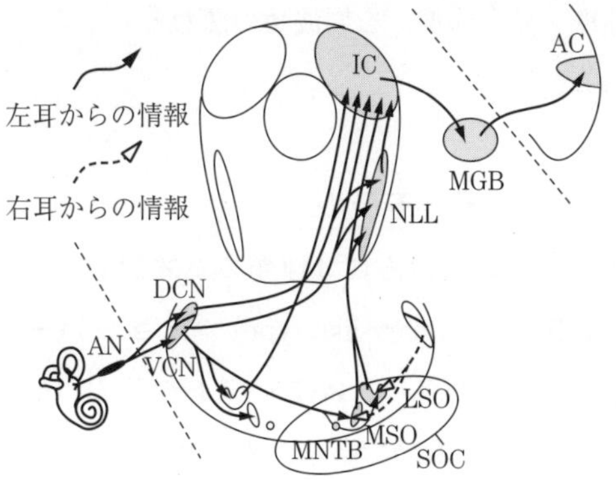

AN　：聴神経
VCN　：複側蝸牛神経核
DCN　：背側蝸牛神経核
MNTB：台形体内側核
MSO　：上オリーブ内側核
LSO　：上オリーブ外側核
SOC　：上オリーブ複合体(MNTB, MSO, LSO から構成)
NLL　：外側毛帯核
IC　：下丘
MGB　：内側膝状体
AC　：聴覚皮質

図 6.1　聴覚情報の伝搬経路。蝸牛から聴覚中枢へ向かう主要な神経路のみ表示。右耳からの情報の伝搬経路は一部しか示していないが，左耳からの情報伝搬経路と同様（左右対称）である。点線で挟まれた範囲が脳幹と呼ばれる

外側毛帯核や下丘に情報が運ばれて処理される。外側毛帯核以降の神経核は上オリーブ複合体からの両耳情報も受け取るため，単耳性と両耳性の両方の処理にかかわっていると考えられる。下丘以降は内側膝状体（medial geniculate body, MGB），聴覚皮質（auditory cortex, AC）という順番で情報が運ばれていく。一般的に，より上位の神経核になるほど，ニューロンの応答は複雑になっていく傾向がある。

6.2　蝸牛神経核の応答特性とそのモデル

蝸牛神経核は，**腹側蝸牛神経核**（ventral cochlear nucleus, VCN）と**背側蝸牛神経核**（dorsal cochlear nucleus, DCN）に二分される（6.3 節のコラム 3 参照）。腹側蝸牛神経核のニューロンは，末梢の聴神経ではみられないような多様な**時間応答パターン**を示す。ここで時間応答パターンとは，音に対するニューロンの反応を，時間経過とともに観察したときに現れるパターンのことである。背側蝸牛神経核では，時間応答パターンの多様化とともに**周波数応答パターン**も複雑化する。ここで周波数応答パターンとは，さまざまな周波数の

音を呈示し，ニューロンの反応強度（発火頻度）を周波数の関数として表したときに現れるパターンのことである。

6.2.1　腹側核の時間応答パターンとそのモデル

腹側核でみられる時間応答パターンは，おもに3種類で，**オンセット型**（onset type），**プライマリーライク型**（primary-like type），**チョッパー型**（chopper type）と呼ばれている。この呼び名は，**PST ヒストグラム**（post-stimulus-time histogram）†の外形に由来するものである。オンセット型とはその名の通り，応答開始直後しか反応しないタイプである。プライマリーライク型とは，末梢の聴神経と同じような反応をするタイプである（図2.11参照）。チョッパー型とは，ある一定の時間間隔で規則的に発火するタイプである。この3種類の応答型のさらにサブタイプまで分類されることもある。**図6.2**は

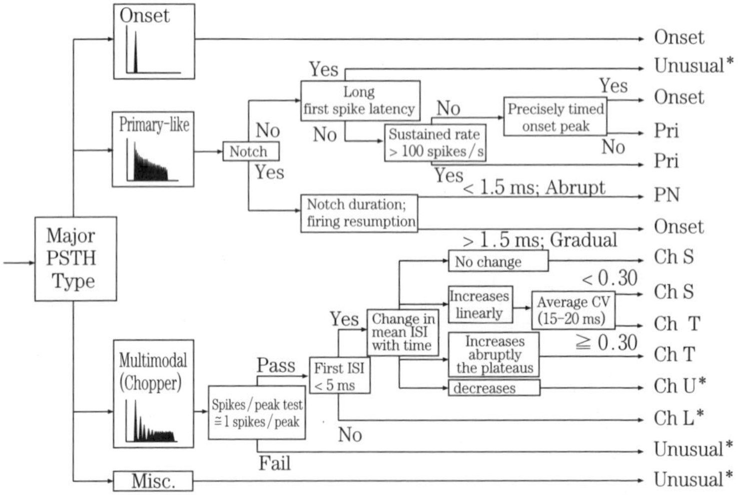

図6.2　腹側蝸牛神経核ニューロンの時間応答パターンを分類するために用いられた「決定木」。Blackburn and Sachs[1] から引用。＊印および“CV”については本文を参照。“ISI”は，スパイク時間間隔を指す

† PST ヒストグラムとは，ニューロンの発火頻度の時間経過を表すもので，ニューロンの発火（反応）イベントを，ある微小な時間幅（ビン）ごとに平均加算することで得られる度数分布である。PSTH と略されることもある。2.3節参照。

実際の生理データの分類に用いられた「決定木」[1]である。

図6.2において，左列の模式図はおもな3種類の時間応答パターンのカテゴリーとその外形を表している。最初の分岐は，この外形に基づいて行われる。“Yes”は，四角内の各条件を満たす場合，“No”は，条件を満たさない場合である。“Notch”は，応答開始直後の発火の休止または減少を表し，“first spike latency”は，刺激開始から最初に発火するまでの遅延時間を表し，“sustained rate”は，応答後部の定常部の発火率を表し，“spikes/peak”は，図6.2でmultimodal（chopper）に分類されるピークを複数もつ応答型の，一つのピーク当りの発火数を表し，“first ISI”は，応答開始時における平均発火時間間隔を表している。図中の*印は，数が少ないなどの理由で生理データの分析で取り扱われなかった応答型を示している[1]。

これまで，ニューロンのモデルは数多く提案されているが[2)~14)]，このような腹側蝸牛神経核ニューロンの多様な時間応答パターンをモデルにより再現しようという試みは少ない[13),14)]。末梢にはみられない腹側蝸牛神経核ニューロンの多様な時間応答パターンは，初期聴覚の時間情報処理と関係が深いと考えられ興味深い。モデルの立場からこのような問題に迫っていくためには，これらの時間応答パターンを再現可能なモデルが必要である。

ここでは，図6.2に示した腹側蝸牛神経核で観察される応答型（＊印以外）をすべて再現することができる蝸牛神経核ニューロンモデル[14)]を紹介する。このモデルは，ニューロンのスパイク発生現象を単純に機能モデル化したものである。ニューロンの**シナプス後電位**[†1]の生成を時間とともに上昇後減衰する関数 te^{-t} を使ってモデル化し，それが一定レベル以上になった場合にパルスを出力，ただし**不応期**[†2]の間はパルスを出力しないという仕組みをこのモデルは採用している。単一蝸牛神経核ニューロンモデルの概略図を**図6.3**に示す。

[†1] シナプスとは，ニューロンとニューロンの結合部を指す。あるニューロン（シナプス前ニューロン）からシグナルを伝えられたニューロン（シナプス後ニューロン）が，細胞内に生じさせる電位をシナプス後電位と呼ぶ。

[†2] ニューロンは，一度スパイクを生成（発火）すると，すぐにはつぎのスパイクを生成することができない。このスパイクを生成できない期間を不応期と呼ぶ。

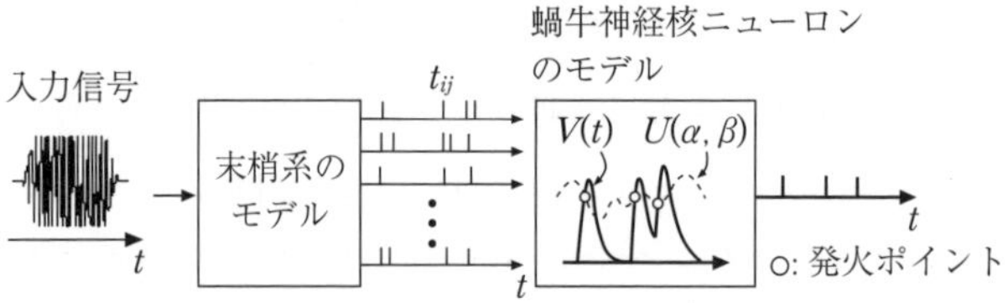

図 6.3　単一蝸牛神経核ニューロンモデルの概略図[14)]

単一蝸牛神経核ニューロンモデルへの入力は，N本の聴神経の発火列を模擬したパルス列である。このパルス列は，聴神経の発火特性を忠実に模擬可能な末梢系モデル[15),16)]で作成されている（第2章の末梢系モデルも参照)。i番目のパルス列データにおけるj番目のパルスを，t_{ij}で表す。時刻tにおける，単一蝸牛神経核ニューロンのシナプス後電位の値は，式(6.1)，(6.2)で表される。

$$V(t)=\sum_{i=1}^{N}\sum_{\{j|t_{ij}+t_c<t\}} a_i(t-t_c-t_{ij})e^{-(t-t_c-t_{ij})/\tau_i} \tag{6.1}$$

$$t_c \sim N(\mu_c, \sigma_c^2) \tag{6.2}$$

ここでt_cは，ニューロンの時間発火特性をモデル化したもので，ニューロンの発火遅延時間を正規分布の平均μ_cで，**位相固定性**†1を分散σ_c^2でモデル化している。a_iは，i番目のパルス列データが入力される聴神経群のシナプスが単一蝸牛神経核ニューロンの膜電位変化に与える影響量を示す係数で，興奮性シナプス†2の場合に正，抑制性シナプスの場合に負の値を与える。

ニューロンモデルは，シナプス後電位（$V(t)$）が閾値以上のとき発火（$S(t)=1$）する。ただし，不応期の間は発火しない（$S(t)=0$）（式(6.3)，(6.4))。

$$S(t)=\begin{cases}1 & V(t)\geqq U(\alpha,\beta) \\ & \text{and } S(t')=0 \quad \text{for} \quad t'\in[t-t_r, t] \\ 0 & \text{otherwize}\end{cases} \tag{6.3}$$

†1　音刺激，あるいは基底膜振動のある特定の位相に同期してニューロンが発火（反応）する性質。2.3節参照。

†2　前シナプスニューロン（シグナルを伝える側）が，後シナプスニューロン（シグナルを伝えられる側）の反応を促進する場合，ニューロン間のシナプスを興奮性シナプスと呼ぶ。逆に抑制する場合は抑制性シナプスと呼ぶ。

$$t_r \sim N(\mu_r, \sigma_r^2) \tag{6.4}$$

ここで，t_r は不応期をモデル化したものである。不応期 t_r は，平均 μ_r，分散 σ_r^2 の正規分布でモデル化されている。$U(\alpha, \beta)$ は，発火の閾値を一様乱数でモデル化したものである。閾値を α から β まで変化させることで，ニューロンの確率的な発火をモデル化している。

モデルのパラメータ値を調整し，腹側蝸牛神経核で観察される多様な時間応答パターンをモデルにより再現した結果を**図 6.4** に示す。図 6.4 では，モデルのパルス出力を分析して得たデータと再現の対象とした生理データを左右に並べて表示している。それぞれの応答型（Pri 型，Ch T 型など）の分類は，図 6.2 に示した決定木[1]に基づいている。それぞれの応答型においてモデル出力

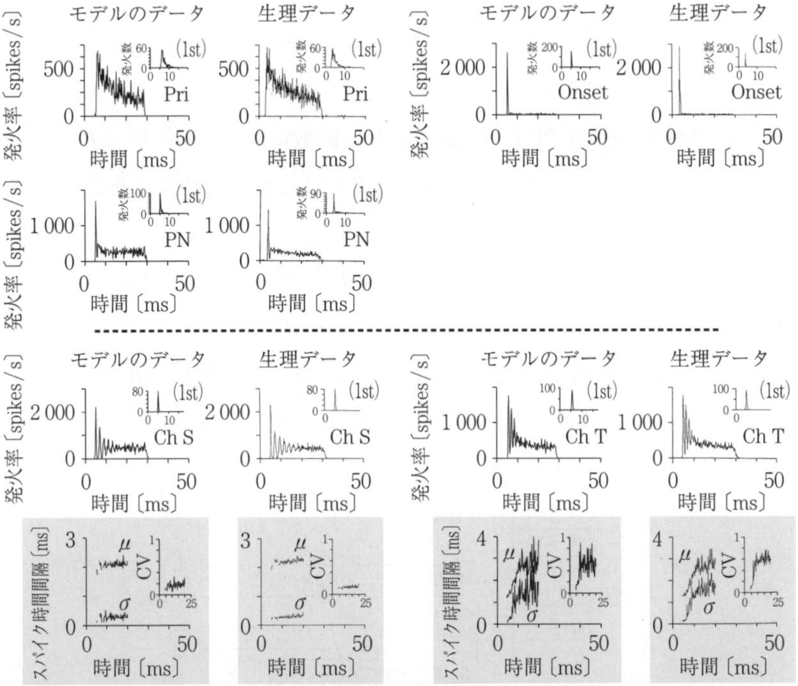

図 6.4　腹側蝸牛神経核において観察される多様な時間応答パターンをモデルにより再現した結果。生理データは，Blackburn and Sachs[1]より引用。図中の応答型は，すべて図 6.2 に示した決定木に基づく。横軸はすべて時間軸。CV＝σ/μ

から作成したPSTヒストグラムは，生理データと見分けがつかないほど類似している。図6.4において，(1st)に示したヒストグラムは，first spike latencyヒストグラムと呼ばれるもので，ニューロンが最初に発火した時刻をヒストグラムとして表したものである。灰色で示した領域のデータは，ニューロンのスパイク時間間隔を分析したものである。スパイク時間間隔の平均と標準偏差を，それぞれμ，σで表している。例えば，μやσが時間的に変化しないということは，ニューロンが一定時間(μ)ごとにきわめて規則的に発火していたということを意味する。CVは，σをμで割ったもので，スパイク時間間隔の特徴分析に用いられるインデックスである。このCVは，図6.2に示した決定木において，応答型の分類にも用いられている。first spike latencyヒストグラム，およびスパイク時間間隔の分析結果ともに，モデルから得たデータは，生理データの特徴をよく再現できている。例えば，生理データでは，Ch S型はCVが時間によらず一定か時間経過とともに直線的に上昇するという特徴をもっており，Ch T型は，時間とともに急激にCVが上昇し，その後一定の値をとるという特徴をもっている。モデルはこれらの特徴を再現できている。

モデルにおけるおもなパラメータとその応答型との関係を**図6.5**に示す。図6.5において，値の記入していないパラメータは，相対的な値の大小のみを基準としている。モデルのパラメータ，τ，σ_c，α，およびβの値を，図6.5の規則に基づいて変更することで，このモデルは，比較的簡単に生理データの応

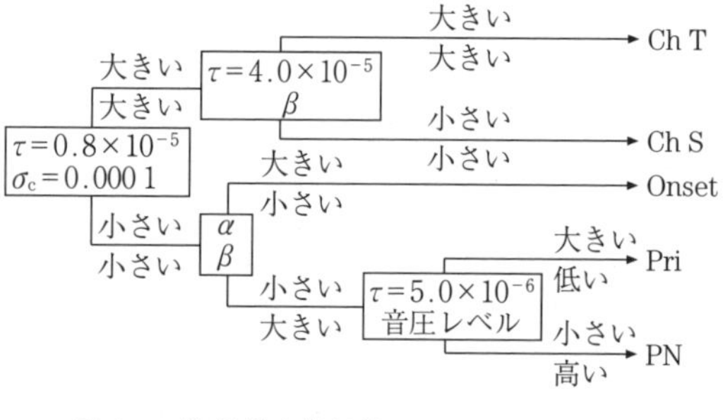

図6.5　腹側蝸牛神経核ニューロンモデルのパラメータと応答型との関係

答型を再現することができる。また，紹介したモデルは，従来モデルのなかで最もパラメータ数が少なく，かつ，従来モデルのような非線形微分方程式を含んでいないため計算コストが低いのも特徴である。さらに，このモデルは，各応答型の振幅変調音に対する応答特性やチョッパー型ニューロンの合成母音に対する応答特性も再現できることが示されている[17),18)]。

電気生理実験手法では，技術的な問題から計測可能なニューロンの数は限られる。そのため，このようなモデルを使って大規模シミュレーション行い，腹側蝸牛神経核全体の特徴抽出機能の解明を図っていくという方法は，電気生理実験手法と同様に，今後より重要度を増していくと予想される。また，腹側蝸牛神経核のモデルは，下丘などのより上位の神経核の入力段としても有用である。

6.2.2 背側核の周波数応答パターンとそのモデル

背側蝸牛神経核は腹側核と異なり，複雑な周波数応答パターンを示すニューロンが多数存在する。このことから，背側核は聴覚の複雑な周波数処理を担っていると考えられ，聴覚生理学者の間で注目されてきた。6.3節で紹介する音源定位手がかりの一つであるスペクトル手がかりに対する処理も，背側核が関与していると考えられている[19)]。周波数応答パターンは，いろいろな周波数の音に対するニューロンのスパイク数をカウントし，周波数の関数として表すことで観察される。通常は，刺激の音圧レベルも変え，周波数応答パターンの特徴を分析する。

背側蝸牛神経核で観察される周波数応答パターンの一例を**図 6.6** に示す。複雑な応答を示すものは**Ⅳ型応答**と呼ばれ，背側核に特有の応答パターンである。腹側核でも観察される単純な応答型はⅠ型，Ⅱ型，あるいはⅢ型応答に属する。Ⅲ型応答は，音圧レベルの上昇とともに，ニューロンの**特徴周波数** (characteristic frequency，**CF**)[†]付近で発火率が単調に増加していくタイプで

† 発火の閾値付近で最も反応感度の高い周波数。

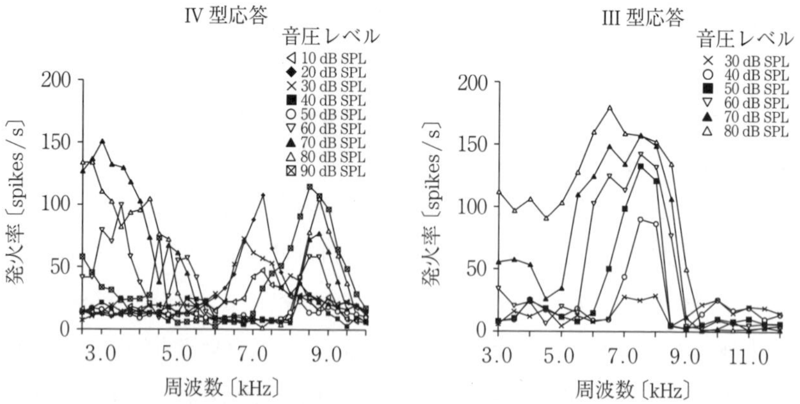

図6.6　蝸牛神経核背側核で観察される周波数応答パターン。Joris[20]より引用。Ⅳ型応答は，腹側核にはみられない背側核特有の応答型。Ⅲ型は，腹側核にもみられる単純な応答型

ある。ただし，興奮野[†1]の側帯域に抑制野をもつ点が，Ⅰ型，およびⅡ型と異なる。Ⅰ型とⅡ型の違いは，自発発火[†2]の有無である。一方，Ⅳ型応答では，音圧レベルが低いときに高い発火率を示していた周波数（特徴周波数付近。図6.6では7.5 kHz付近）で，音圧レベルが高くなると発火が抑制され，その周辺で逆に発火率が上昇するという複雑なパターンがみられる。

このⅣ型応答の発生メカニズムを説明するために，これまでいくつかの概念的なモデルが提案されてきた[21)〜23)]。その例を**図6.7**に示す。図6.7に示す各モデルにおいて，丸および四角などは一つのニューロンを表している。

図6.7に示すモデルは，かなり複雑な神経構造をしている。これらのモデルは概念的なもので，実際に背側蝸牛神経核内にこのような複雑な神経回路があるかどうかは実証されていない。生理実験では，ニューロンの出力は電極を通して計測することができるが，そのニューロンがどのような入力をどこのニューロンから受け取っていたかを調べることは技術的に難しい。このような

†1　刺激を与えていないときに比べて，刺激を与えたときにニューロンの反応（発火）が増大する（刺激の）周波数領域。抑制野はその逆。

†2　自然発火とは，（音）刺激を与えていないときに，ニューロンが自然にスパイクを出す現象。

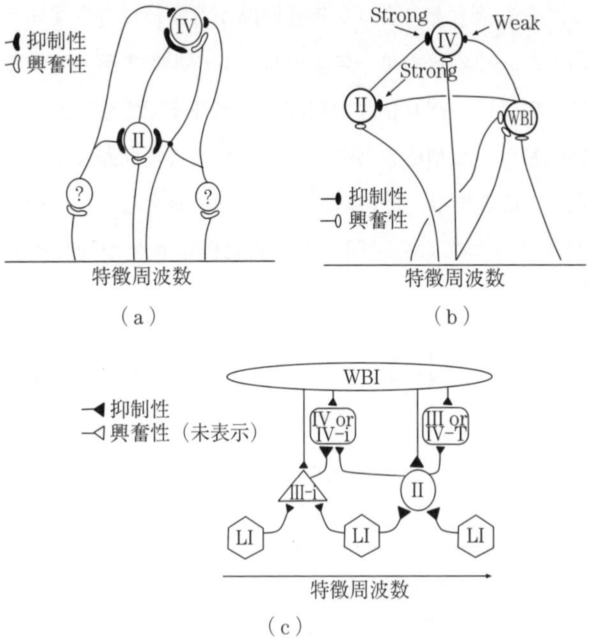

図 6.7　背側蝸牛神経核で観察されるⅣ型応答を説明する概念モデル。図（a），（b）のモデルは，ともにネコの生理データをもとに提案され[21),22)]，図（c）のモデルは，スナネズミの生理データをもとに提案された[23)]。LI：側抑性ニューロン，WBI：広帯域抑制性ニューロン。図（a）～（c）における基線は，聴神経の並びを表現している

場合，モデルを使ったアプローチはきわめて有効である。これまで，Ⅳ型応答の生成メカニズムを説明するために計算モデルによる検証が行われてきた[24)~30)]。しかし，これらの多くの研究では，モデルの構築を，実際の脳内状況を想定した単一ニューロンのレベルで行っていなかった。また，Ⅳ型応答ニューロンモデルへの入力に関して，ニューロンの音圧レベル依存の周波数選択性[†]まで考慮しているものも少なかった。さらに，これらの計算モデルは，図 6.7 に示した概念モデルを意識して，Ⅳ型応答の再現にⅢ型応答よりも複雑な神経回路を

---

† ニューロンは，すべての周波数の音刺激に対して反応するわけではない。周波数選択性とは，ニューロンがある特定の周波数の刺激に対して反応する性質を指す。

仮定しており，そもそもそのような神経回路が背側核に存在するかどうかは不明のままであった。その後，単一ニューロンレベルでモデルを構築し，入力となるニューロンの音圧レベル依存の周波数選択性まで考慮したモデルの研究によって，Ⅳ型応答は，Ⅲ型応答と同様に，単純な神経回路で実現可能であることが示された[31)]。ここでは，その研究について紹介する。この研究で，Ⅳ型とⅢ型応答の発生メカニズムを説明するために仮定された神経回路を**図 6.8** に示す。

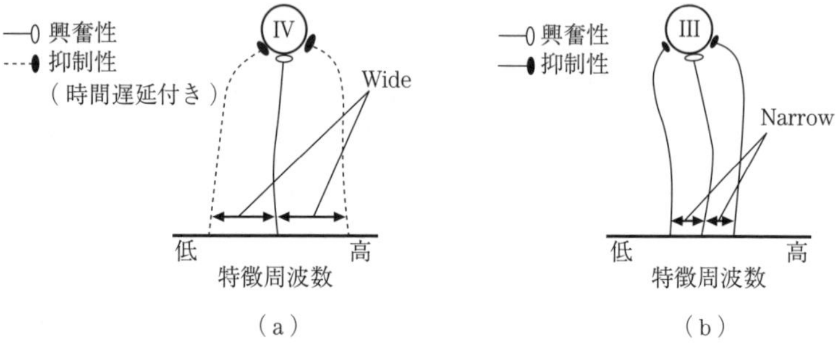

図 6.8　Ⅳ型応答を説明する神経回路モデル。Ⅲ型も同様に同図に示す。神経接続に関しては，応答型によらず側抑制のみを仮定している。基線は聴神経，または腹側蝸牛神経核プライマリーライク型応答ニューロンの特徴周波数上での並びを表現している

図 6.8 に示す神経回路では，Ⅳ型応答を説明するために，図 6.7 に示すモデルのような複雑な神経回路は仮定されていない。構造はⅢ型と同じである。すなわち，このモデルでは，自身の特徴周波数に近いニューロンから興奮性入力を受け取り，その両側帯域に位置するニューロンから抑制性入力を受け取るという単純な神経回路が仮定されている。この側抑性は，蝸牛神経核の広範囲でみられる一般的な神経構造である。図 6.8 において，Ⅳ型とⅢ型の違いは，どこのニューロンから抑制性入力を受け取るかということである。Ⅳ型のほうが，Ⅲ型よりも，自身の特徴周波数より離れた特徴周波数をもつニューロンから抑制性入力を受け取ると仮定されている。この特徴周波数軸上での距離の違いを，図 6.8 では，「Wide」と「Narrow」で表現している。やや乱暴であるが，特徴周波数軸上での距離の違いは脳内での物理的な距離の違いであると解

釈するとわかりやすい。また，このモデルでは，Ⅳ型応答ニューロンの時間応答パターンを説明するために，抑制性入力に中間神経細胞経由による時間遅延があることが仮定されている。

つぎに，図6.8に示した神経回路モデルを計算機へ実装する際の手続きについて紹介する[31]。実装する際の模式図を**図6.9**に示す。図6.9に示した単一背側蝸牛神経核ニューロンのモデルには，6.2.1項で紹介した腹側蝸牛神経核ニューロンのモデルがそのまま使用されている。このモデルの入力となるスパイク列は，末梢系モデル[15),16)]，および6.2.1項で紹介した腹側蝸牛神経核モデルを使って作成されている。図6.9中のプラスの印は，背側蝸牛神経核ニューロンモデルへの興奮性入力を表し，マイナスの印は抑制性入力を表している。すなわち，興奮性入力の側帯域に抑制性入力があり，側抑性を実現して

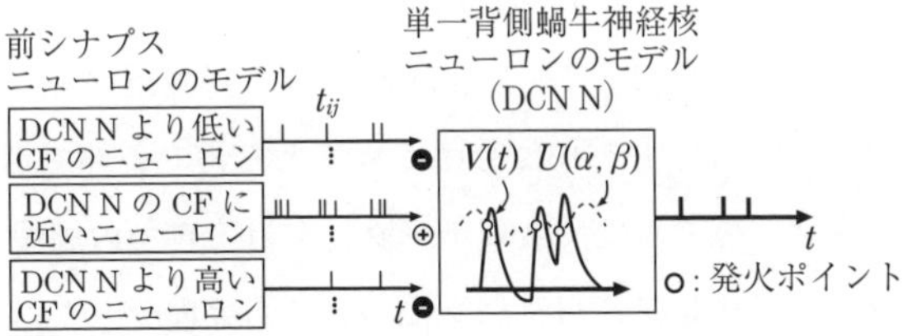

図6.9　図6.8に示す概念モデルを計算機上に実装する際の模式図

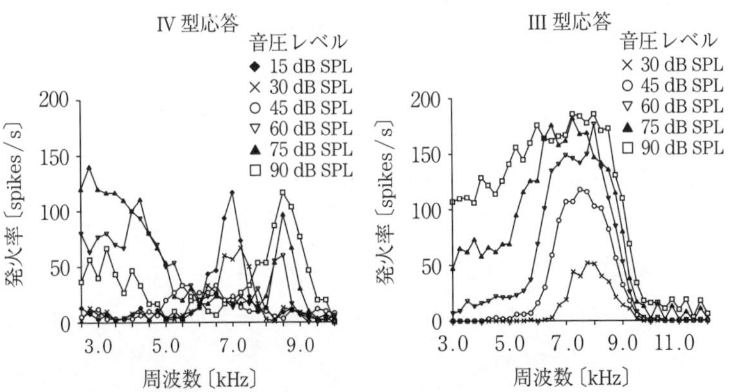

図6.10　図6.8に示した神経回路モデルを計算機に実装し（図6.9参照），モデルによりⅣ型，およびⅢ型応答を再現した結果

いる。このモデルを使ってⅣ型，およびⅢ型応答を再現した結果を**図 6.10** に示す。なお，この両応答型の再現に際して，図 6.9 に示した単一背側蝸牛神経核ニューロンモデルのパラメータ値は，同じ値が用いられている。ただし，入力のパルス情報は異なる。

図 6.10 に示した，モデルを用いた計算機シミュレーションで再現されたⅣ型およびⅢ応答と，図 6.6 に示した生理データのⅣ型およびⅢ型応答は，それぞれきわめて類似している。モデルの応答は，Ⅳ型やⅢ型の特徴を再現しているだけなく，発火率も生理データに近い。

このモデルを使って，別の生理実験で得られたⅣ型応答と，そのときにみられる時間応答パターンの再現を行った結果を**図 6.11** に示す。Ⅳ型応答ニューロンは，そのほとんどが応答開始のピーク直後に発火の休止がみられるポーズ/ビルド型（pause/build type）の時間応答パターンを示すことが知られている[32]。図 6.11 に示した生理データもほとんどの刺激条件で，ポーズ/ビルド型の応答を示している。モデルにおいてもほとんどの条件でポーズ/ビルド型応答を示しており，モデルは，生理データにおけるⅣ型の周波数応答パターンの特徴だけでなく，時間応答パターンについても生理データの特徴を再現できている。

ここで紹介した研究では，背側蝸牛神経核で観察される複雑なⅣ型応答を，単純なⅢ型応答と同じ神経回路モデルで再現できることが示されている。モデルでのⅣ型とⅢ型応答の違いは，背側蝸牛神経核ニューロンに抑制性入力を送るニューロンの特徴周波数上での距離であった。よって，この結果は，背側蝸牛神経核ニューロンに投射する抑制性ニューロンの特徴周波数上での距離の違いにより，Ⅳ型とⅢ型応答の違いが生じるという可能性を示している。このように生理現象は観察できていても，その発生メカニズムがわからない場合に，モデルによるアプローチはきわめて有効である。モデルについての詳細は，文献[31]を参照していただきたい。

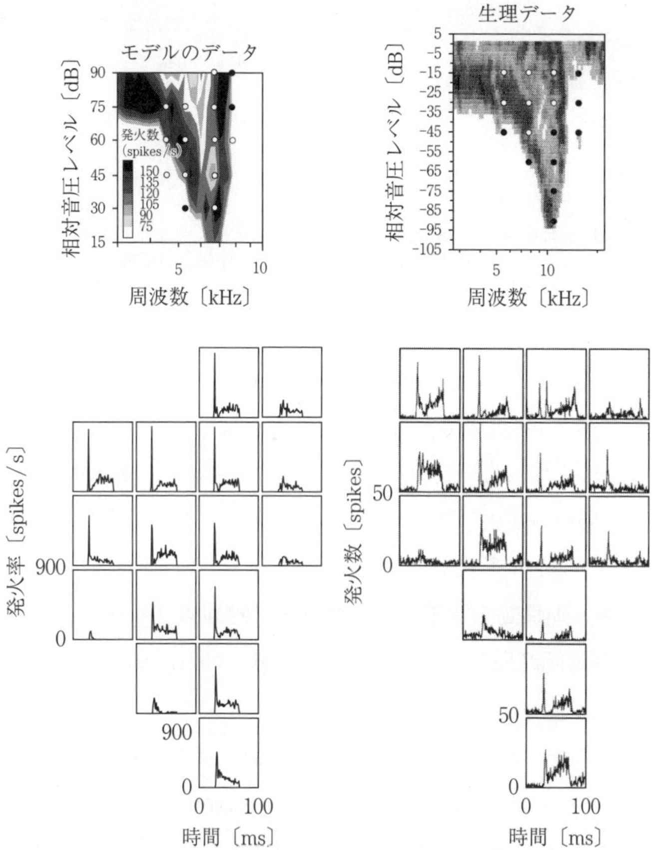

図 6.11 モデルにより再現されたⅣ型応答とその時間応答パターン。生理データは，Stabler ら[32]から引用。上図：周波数応答パターン。平均発火率の高さを濃淡で表示。下図：黒丸（●），白丸（○）で示した位置でニューロンが示す時間応答パターン（PST ヒストグラム）

6.3 上オリーブ複合体の機能と両耳聴のモデル

上オリーブ複合体は，音の方向判断のための処理を行っていると考えられている。音の方向を知るための音響手がかりを**図 6.12** にまとめた。音源定位のための音響手がかりとしては，両耳間の時間差（interaural time difference,

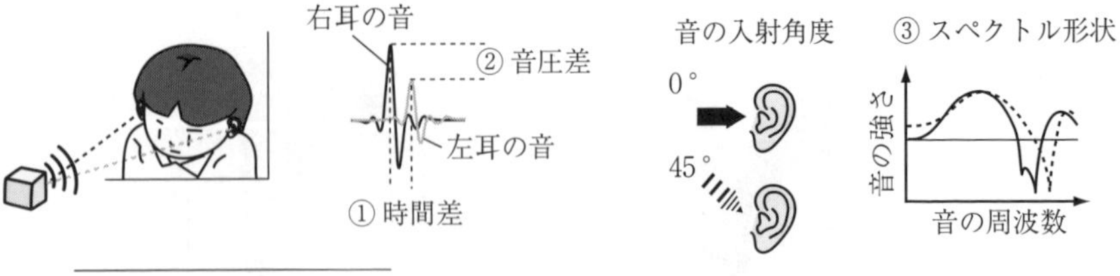

図 6.12　音の方向を知るための音響手がかり。音源定位のための手がかりとして，①両耳間時間差，②両耳間音圧差，③鼓膜でのスペクトル形状が挙げられる。鼓膜面での音のスペクトル形状は，耳介への音の入射角度によって変化する

ITD）と音圧差（interaural level difference，**ILD**），および耳介により生じる鼓膜面でのスペクトル形状が知られている。

図 6.12 の①，②では，音の位置が正面にないときに，両耳に入ってくる音に，音圧差と時間差が生じることを示しており，③では，音の入射角度によって鼓膜でのスペクトル形状が変化する様子を示している。これらの音源定位手がかりのうち，**両耳間時間差**は，**上オリーブ内側核**（medial superior olive，**MSO**）で，**両耳間音圧差**は**上オリーブ外側核**（lateral superior olive，**LSO**）で処理されていると考えられている。

両耳間時間差を処理する機構としては，1948 年に Jeffress により提唱されたモデル[33)] が歴史的に最も有名である。**Jeffress のモデル**では，脳内に**図 6.13** に示すような神経回路があることが仮定されている。音源が正面にある場合（左図），両耳には音が時間差なく到来する。左右の耳からの音情報は，左右同じ速度で，中央のニューロンに向かって脳内を伝搬していく。中央の

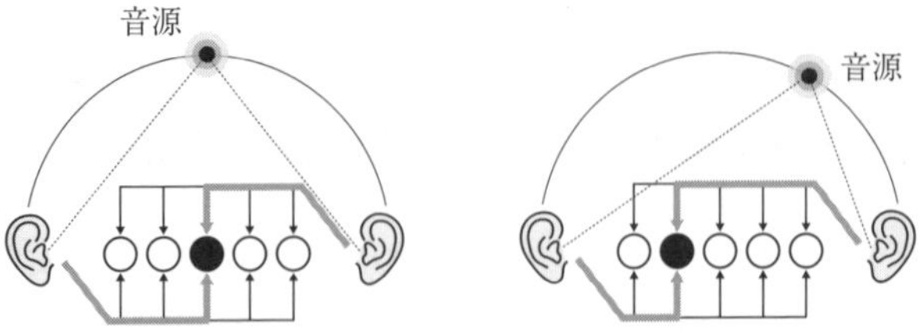

図 6.13　Jeffress により提唱されたモデル。丸はニューロン，線は音情報が通る経路を表している。「反応」しているニューロンを黒く塗りつぶしている

ニューロン（黒丸）は，音源が正面にある場合，左右の音情報を同じタイミングで受け取る。このときに入力強度が高まり，このニューロンは反応する。一方，音源が正面より右寄りにある場合（右図），右耳のほうが，左耳よりも音が早く到来する。その分，脳内では右耳からの音情報のほうが，左耳からの音情報よりも長く神経路を伝搬する。そうすると，中央のニューロンでは，左右の音情報が入ってくるタイミングが一致せず，左隣りのニューロン（黒丸）で一致し，このニューロンが反応することになる。このように，左右の耳に入ってくる音の時間差に応じて，反応するニューロンの位置が変化する。よって，脳は，どのニューロンが反応したかということをみれば，外界の音の方向が判断できることになる。

Jeffress のモデルは概念的なものであったが，のちに，メンフクロウ[†1]の**層状核**[†2]で実在することが証明された[34)]。このこともあって，その後，層状核や上オリーブ内側核のモデル，あるいは両受聴のモデルとして，Jeffress のモデルを踏襲した，より実体を意識した神経回路モデルが提案された[35),36)]。

メンフクロウで時間差検出回路が発見されて以来，Jeffress のモデルは，構造がシンプルであることから，メンフクロウ（鳥類）だけでなく，哺乳類でも通用すると考えられてきた。しかし，最近，哺乳類では，このモデルが当てはまらないのではないかという議論が起こっている[37),38)]。

図 6.14 は，メンフクロウの層状核，およびスナネズミ（哺乳類）の上オリーブ内側核ニューロンの応答を模式化したものである。グレーの領域は，それぞれの動物で生じ得る両耳間時間差の範囲を表している。当然，頭の大きい動物は両耳間の距離が長くなるので，自頭で生じる両耳間時間差の範囲は大きくなる。図 6.14 に示した動物間では，さほど大きな違いはない。両耳間時間差を処理するニューロンは，自分の得意とする両耳間時間差があり，そこで最大の反応を示し，そこから離れていくほど反応が小さくなるという特徴をもっ

†1 メンフクロウは，暗闇でも音だけを頼りに獲物を捕らえることができる音源定位能力が非常に優れた鳥類である。
†2 哺乳類の上オリーブ内側核に相当する神経核。

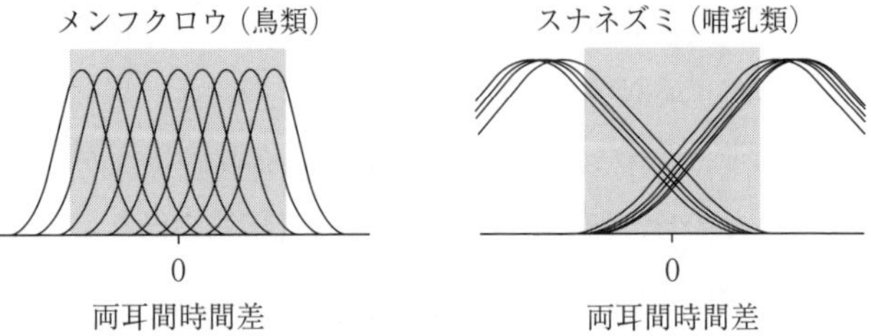

図 6.14　両耳間時間差に対するニューロンの反応。グレーの領域は，それぞれの動物の頭部で生じうる両耳間時間差の範囲を表している。複数の線は，複数のニューロンの反応を表している

ている。複数の線は，複数のニューロンの反応を表している。

メンフクロウでは，自頭で生じる時間差の範囲のなかに，重なり合わないピークをもった反応が複数みられる。これは，脳内で整然と並んだ図 6.13 に

コラム 3

神経核のサブ領域の名前のルール

神経核のサブ領域は，下図に示したルールに従って名前が付けられている。腹側とは，その名前のとおり動物の腹側の脳部位を指し，背側とは，背中側の脳部位を指す。前側とは，動物の吻側（前側）の脳部位を指し，後側とは，尾側（後ろ側）の脳部位を指す。そのほか，中心部を占める脳領域は中心核と呼ばれる。また，内側とは体の中心線に近いほうの脳部位を指し，外側とは中心線から見て体の外側の脳部位を指す。神経核のサブ領域は，ほとんどがこれらの組合せで名前が付けられている。例えば，「前腹側核」などと呼ばれる。ただし，人間は二足で立っているので，名前を考えるときは，ネコなどのように四つん這いになったあとで配置を考えなければならない。

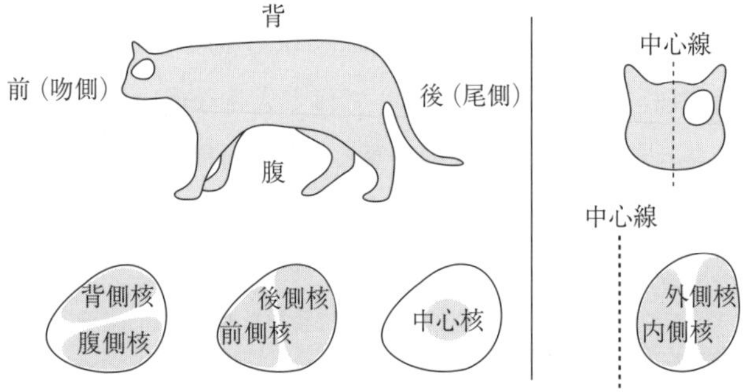

示したJeffressのモデルにおけるそれぞれのニューロンの反応であると考えてよい。メンフクロウの場合，反応しているニューロン，あるいはその応答のピーク値をみれば，どの時間差で音が耳に入ってきたかがわかる，すなわち，音の方向がわかるということになる。一方，スナネズミ（哺乳類）の場合，現実に起こりうる両耳間時間差の範囲のなかに，ニューロンの反応のピークが存在せず，それぞれのニューロンの反応も重なり合っている。これは，反応するニューロンや，反応のピーク値を見ていたのでは，音の方向が判断できないことを意味している。こうした生理現象から，ヒトを含めた哺乳類の両耳間時間差を処理するモデルは，Jeffress型ではないという説が有力になりつつある[37),38)]。しかし，変わりうるモデルはまだ確定しておらず，ヒトを含む哺乳類の両耳間差を処理するモデルや符号化法については解明が待たれるところである。

そのほか，両耳間レベル差を処理する上オリーブ外側核のモデル[39)]や，外側核と内側核を統合したモデル[40)]，さらに，前後の神経核を含む総合的な両耳聴モデル[41)]も提案されている。

6.4　下丘の複雑な時間応答パターンとそのモデル

下丘では，蝸牛神経核でみられた時間応答パターン（6.2.1項）がさらに複雑化する。腹側蝸牛神経核ではサブタイプも合わせて応答型は5種類であったが，**下丘中心核**[†]では，10種類程度まで増える。下丘中心核でみられる時間応答パターンの割合をまとめたものを**図6.15**に示す[42)]。下丘中心核ニューロンの時間応答パターンは，PSTヒストグラムの外形から，**チョッパー型**（chopper type），**サステインド型**（sustained type），**ポーザー型**（pauser type），**オンセット型**（onset type）に大別され，さらに，これらの混合型やサブタイプに細別される[42),43)]。

聴覚末梢では1種類のみで，腹側蝸牛神経核で多様化し，下丘中心核で複雑

† 下丘の中心部の領域を占める神経核（コラム3参照）。

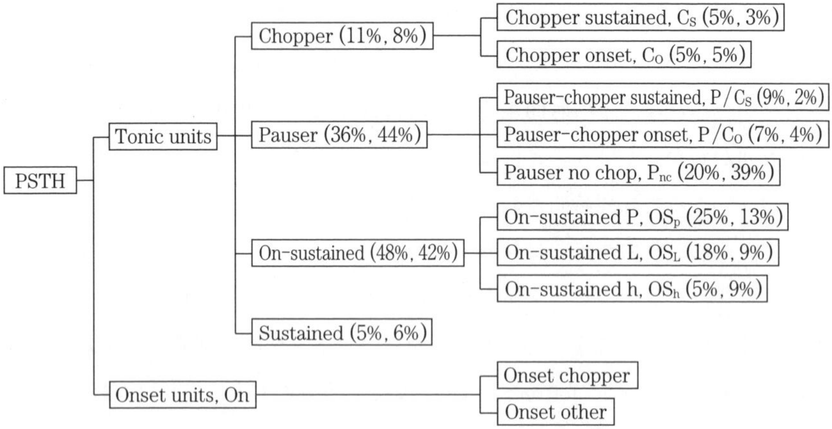

図 6.15　下丘中心核ニューロンの時間応答パターンの分類結果。Rees らの結果から引用[42]。図中の二つの数字は，それぞれウレタンおよびクロラロース麻酔において現れる時間応答パターンの割合を表す（onset 型は除く）。3 種類のポーザー型の応答例は，図 6.19 に表示

化する時間応答パターンは，時間情報を処理する聴覚の処理過程を見ているようでたいへん興味深い。生理実験では，それぞれの神経核において，ニューロンの時間応答パターンの観測には成功しているが，その発生メカニズムの解明には至っていない。これは，ニューロンの出力（神経スパイク）は計測できるが，入力の同定が困難な生理実験の技術的な問題に起因する。そこで，複雑な時間応答パターンの発生メカニズムを説明可能な計算モデルを提案することができれば，単なる応答型の解明を超えて，下丘自体の時間情報処理機能の解明に迫っていくことができるかもしれない。しかし，下丘中心核ニューロンの複雑な時間応答パターンを再現可能なモデルは，これまでのところほとんど提案されていない。ここでは，下丘中心核ニューロンの複雑な時間応答パターンの発生メカニズムを説明可能な数少ない計算モデルの一つ[44]について概説する。

図 6.16 は，下丘中心核ニューロンの複雑な時間応答パターンの発生メカニズムを説明する計算モデルの構成を示している。この計算モデルは，単一下丘中心核ニューロン，それに興奮性入力を送る A ニューロン，および時間遅延を伴った抑制性入力を送る B ニューロンより構成されている。また，興奮性

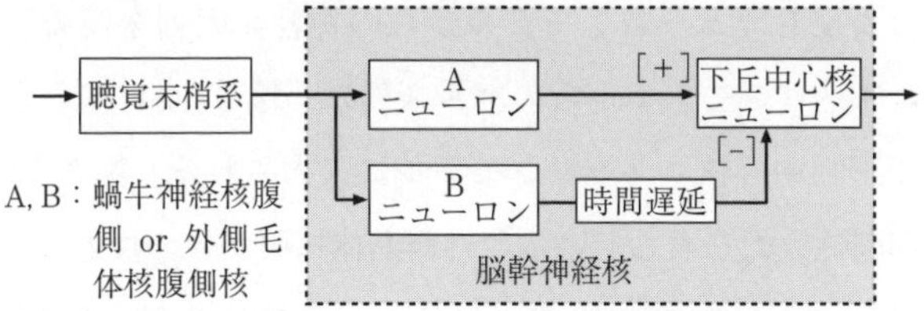

図 6.16 下丘中心核ニューロンの複雑な時間応答パターンの発生メカニズムを説明する計算モデル[44]。点線内がそのモデル

および抑制性入力を送るニューロンは，蝸牛神経核腹側核[†1]または外側毛体核腹側核に属すると仮定されている。

図 6.16 に示したモデルは，生理学的，解剖学的な根拠に基づいて提案されている。抑制性入力に関しては，抑制性伝達物質のアンタゴニスト[†2]を使った生理実験で，下丘中心核ニューロンは抑制性入力を受けていることや，抑制性入力は興奮性入力よりも時間的に遅れて入力されることが示されている[45]。また，A および B の神経核について，解剖実験で，下丘中心核のニューロンは，対側の蝸牛神経核腹側核と同側の外側毛体核腹側核からの神経投射が特に多いことが報告されている[46),47]。

図 6.16 に示したモデルを，計算機上に実装する際の模式図を**図 6.17** に示す。

単一下丘中心核ニューロンのモデルには，6.2.1 項で紹介した腹側蝸牛神経核ニューロンモデルが利用されている。単一下丘中心核ニューロンモデルへの

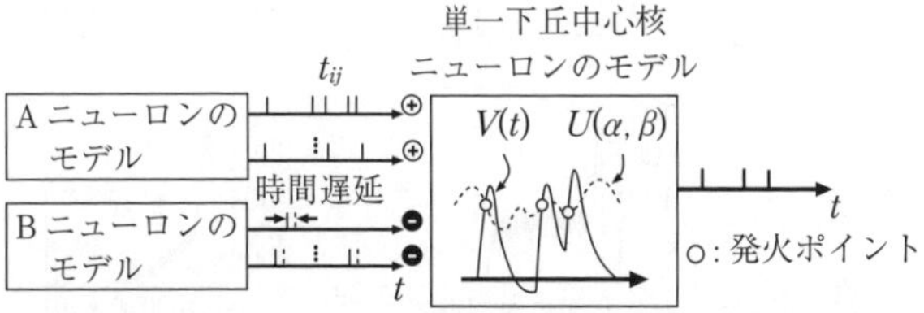

図 6.17 図 6.16 に示したモデルを計算機上に実装する際の模式図。単一下丘中心核ニューロンモデルとその入力段を表す

†1 腹側蝸牛神経核と同じ。
†2 ここでは，抑制効果を弱める効果をもつ薬剤のことを指す。

入力は，AおよびBニューロンモデルからの神経発火列を模擬したパルス列である。Bニューロンモデルからのパルス列は，図6.17に基づき，時間遅延が付与されて下丘中心核ニューロンモデルに入力される。図6.17中の⊕は興奮性，⊖は抑制性入力を表している。外側毛体核腹側核の反応は，蝸牛神経核腹側核と類似しているため[48]，AおよびBニューロンモデルの出力パルス列の作成には，6.2.1項で紹介した腹側蝸牛神経核モデルが利用されている。

単一下丘中心核ニューロンモデル自身のパラメータ値およびその入力パルス列の調整を行い，図6.15に示すReesらが分類した10種類の時間応答パターンの再現が行われた。まず，入力例として，図6.15に示す3種類のポーザー型応答の再現に用いられた，単一下丘中心核ニューロンモデルへの入力情報を**図6.18**に示す。図6.18では，AおよびBニューロンモデルのパルス出力から作成したPSTヒストグラム（時間応答パターン）と時間遅延の値を示して

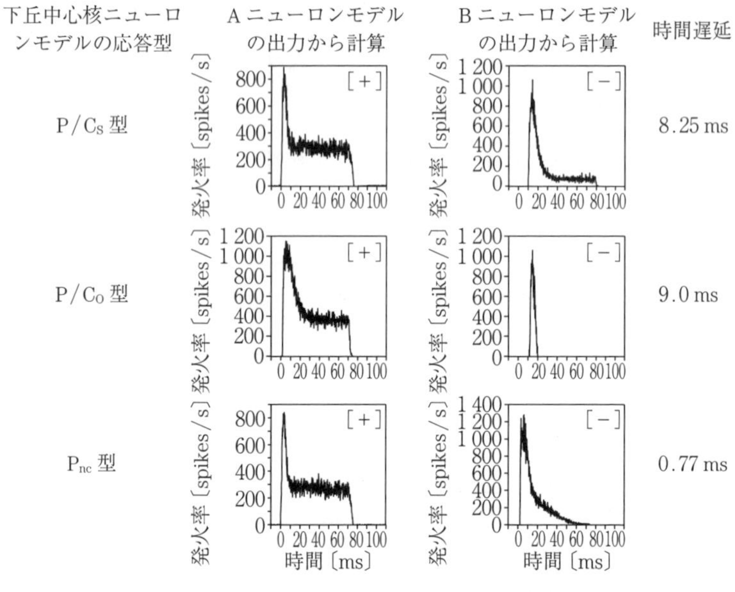

図6.18　下丘中心核ニューロンモデルへの入力情報の例。図6.15に示した3種類のポーザー型応答を計算モデル（図6.16）により再現する場合。Aニューロンモデル，およびBニューロンモデルの出力パルス列から作成したPSTヒストグラムと時間遅延を表示

いる。

図6.16に示した計算モデルでは，下丘中心核ニューロンへ入力する神経核として，蝸牛神経核腹側核，または外側毛体核腹側核が仮定されていた。単一下丘中心核ニューロンモデルへの入力情報は，図6.18に示した入力情報も含めて，すべて蝸牛神経核腹側核，または外側毛体核腹側核の時間応答パターンとして妥当である。例えば，図6.18に示したAおよびBニューロンモデルの出力パルスから得られた時間応答パターンは，蝸牛神経核腹側核では，プライマリーライク型，またはオンセット型に分類される（6.2.1項参照）。蝸牛神経核腹側核では，プライマリーライク型は30％程度，オンセット型は10％程度観察され，これらの応答型は頻繁にみられる。同様に，モデルで仮定した時間遅延に関しても，生理学的に妥当な範囲である。例えば，図6.18に示した時間遅延は0.77〜8.25 msであり，単耳刺激における単一下丘中心核ニューロンの発火時間遅延の範囲（〜70 ms[43)]）を考慮すると，脳幹における下丘までの神経路において十分に発生可能な時間遅延である。

下丘中心核ニューロンモデルによって再現された，P/C_s，P/C_o，P_{nc}型応答と対応する生理データを**図6.19**に示す。

ポーザー型応答は，応答開始直後に短時間の発火の減少および休止がみられる応答型である。そのなかで，応答にチョッパー型の性質（一定時間間隔ごとの規則的な発火）がまったくみられない応答はP_{nc}型，C_s型の性質をもつ応答はP/C_s型，C_o型の性質をもつ応答はP/C_o型に分類される[42)]。C_s型，C_o型については6.2.1項を参照されたい（6.2.1項では，C_s型は“Ch S”型，C_o型は“Ch T”型と表記されている）。図6.19に示すモデルから計算した3種類のポーザー型応答は，上記に示すそれぞれの応答型の条件を満たしている。また，P/C_o型およびP_{nc}型応答の発火の休止部（20 ms前後）におけるCVの上昇もモデルは模擬できている。そのほかの応答型についても，モデルは，ポーザー型の場合と同程度に生理データを模擬できることが示されている[44)]。

本節では，下丘で観察される複雑な時間応答パターンを再現可能な計算モデルについて紹介した。この計算モデルは，Reesらが詳細かつ体系的に分類し

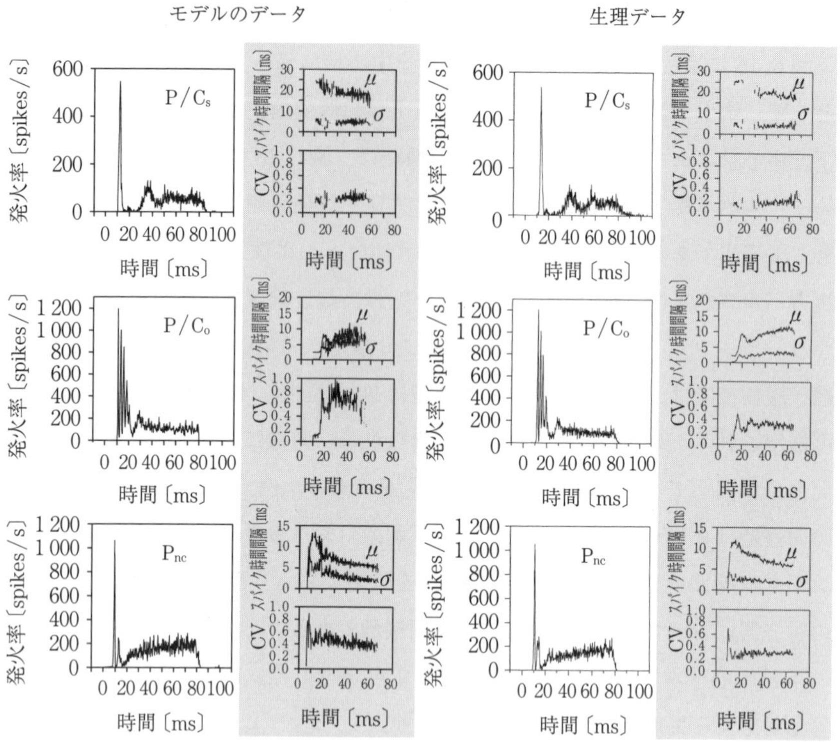

図 6.19　下丘中心核で観察される P/C_s，P/C_o および P_{nc} 型の時間応答パターンをモデルにより再現した結果。生理データは，Rees らから引用[42]。灰色の領域は，左に示す PST ヒストグラムのスパイクデータのスパイク時間間隔を分析した結果。$CV=\sigma/\mu$

た 10 種類の下丘中心核ニューロンの時間応答パターンを再現可能である。この結果は，下丘中心核において観察される時間応答パターンは複雑であっても，それを生じさせる神経回路は単純であるという可能性を強く示している。このように計算モデルを使用することで，生理実験手法のみでは解明が困難であった発生メカニズムの解明に迫っていくことができる。

本章では，脳幹神経核の基礎的な生理現象とそのモデルについて紹介した。基礎的な生理現象とはいえ，その発生メカニズムについては不明な点が多く，今後，計算モデルによる解明が期待されるところである。われわれは通常，本章で紹介したような音刺激よりも，はるかに複雑な刺激（例えば，雑音中の音声）に対して処理を行っている。そのような処理に対しては，実験動物を使った生理実験手法だけでは解明が困難であり，モデルを使った計算機シミュレーションと合わせて，その解明に取り組んでいく必要がある。今後，計算機の並列化，高速化によって，聴覚機能解明に向けたモデルによるアプローチはより有効性を増していくことが予想される。

引用・参考文献

1）C. C. Blackburn and M. B. Sachs：Classification of unit types in the anteroventral cochlear nucleus：Histograms and regularity analysis, J. Neurophysiol., **62**, pp. 1303–1329（1989）

2）A. L. Hodgkin and A. F. Huxley：A quantitative description of membrane current and its application to conduction and excitation in nerve, J. Physiol., **117**, pp. 500–544（1952）

3）J. E. Arle and D. O. Kim：Neural modeling of intrinsic and spike-discharge properties of cochlear nucleus neurons, Biol. Cybern., **64**, pp. 273–283（1991）

4）M. I. Banks and M. B. Sachs：Regularity analysis in a compartmental model of chopper units in the anteroventral cochlear nucleus., J. Neurophysiol., **65**, pp. 606–629（1991）

5）M. J. Hewitt and R. Meddis：Regularity of cochlear nucleus stellate cells：A computational modeling study, J. Acoust. Soc. Am., **93**, pp. 3390–3399（1993）

6）M. J. Hewitt and R. Meddis：A computer model of dorsal cochlear nucleus pyramidal cells：intrinsic membrane properties., J. Acoust. Soc. Am., **97**, pp. 2405–2413（1995）

7）J. S. Rothman, E. D. Young and P. B. Manis：Convergence of auditory nerve fibers onto bushy cells in the ventral cochlear nucleus：Implications of a computational model., J. Neurophysiol., **70**, pp. 2562–2583（1993）

8）D. O. Kim, S. Ghoshal, S. L. Khant and K. Parham：A computational model with ionic conductances for the fusiform cell of the dorsal cochlear nucleus., J. Acoust. Soc. Am., **96**, pp. 1501–1514（1994）

9）X. Wang and M. B. Sachs：Transformation of temporal discharge patterns in a ventral cochlear nucleus stellate cell model：Implications for physiological mechanisms., J. Neurophysiol., **73**, pp. 1600–1616（1995）

10）Y. Cai, E. J. Walsh and J. McGee：Mechanisms of onset responses in octopus cells of the cochlear nucleus：Implications of a model., J. Neurophysiol., **78**, pp. 872–

883 (1997)
11) D. R. Kipke and K. L. Levy：Sensitivity of the cochlear nucleus octopus cell to synaptic and membrane properties：A modeling study., J. Acoust. Soc. Am., **102**, pp. 403-412 (1997)
12) K. L. Levy and D. R. Kipke：A computational model of the cochlear nucleus octopus cell, J. Acoust. Soc. Am., **102**, pp. 391-402 (1997)
13) G. F. Meyer and W. A. Ainsworth：Modeling response patterns in the cochlear nucleus using simple units., *Advances in Speech, Hearing and Language Processing*, **3**, Part B, JAI Press Inc., pp. 403-427 (1996)
14) 牧 勝弘，赤木正人，廣田 薫：蝸牛神経核細胞の機能モデルの提案——前腹側核細胞の応答特性——，音響会誌，**56**, 7, pp. 457-466 (2000)
15) 牧 勝弘，赤木正人，廣田 薫：聴覚末梢系の機能モデルの提案——聴神経の位相固定性およびスパイク生成機構のモデル化——，音響会誌，**65**, 5, pp. 239-250 (2009)
16) 牧 勝弘，赤木正人：聴神経の順応特性の計算機シミュレーション——順応の音圧レベル依存特性のモデル化——，音響会誌，**67**, 2, pp. 55-64 (2011)
17) 牧 勝弘，赤木正人，廣田 薫：蝸牛神経核腹側核細胞モデルの振幅変調音に対する応答特性，音響会誌，**59**, 1, pp. 13-22 (2003)
18) 牧 勝弘，伊藤一人，赤木正人：初期聴覚系における神経発火の時間-周波数応答パタン，音響会誌，**59**, 1, pp. 52-58 (2003)
19) T. J. Imig, N. G. Bibikov, P. Poirier, F. K. Samson：Directionality derived from pinna-cue spectral notches in cat dorsal cochlear nucleus., J. Neurophysiol., **83**, pp. 907-925 (2000)
20) P. X. Joris：Response classes in the dorsal cochlear nucleus and its output tract in the chloralose-anesthetized cat., J. Neurosci., **18**, pp. 3955-3966 (1998)
21) E. D. Young, W. Shofner, J. White, J. M. Robert and H. F. Voigt：Response properties of cochlear nucleus neurons in relationship to physiological mechanisms., in Auditory Function：Neurological Basis of Hearing, Eds. G. Edelman, W. E. Gall and W. M. Cowan (Wiley, NY), pp. 277-312 (1988)
22) I. Nelken and E. D. Young：Two separate inhibitory mechanisms shape the responses of dorsal cochlear nucleus type IV units to narrowband and wideband stimuli., J. Neurophysiol., **71**, pp. 2446-2462 (1994)
23) K. A. Davis, J. Ding, T. E. Benson and H. F. Voigt：Response properties of units in the dorsal cochlear nucleus of unanesthetized decerebrate gerbil., J. Neurophysiol., **75**, pp. 1411-1431 (1996)
24) J. E. Arle and D. O. Kim：Simulations of cochlear nucleus neural circuitry：excitatory-inhibitory response-area types I-IV., J. Acoust. Soc. Am., **90**, pp. 3106-3121 (1991)

25) M. C. Reed and J. J. Blum：A computational model for signal processing by the dorsal cochlear nucleus. I. esponses to pure tones, J. Acoust. Soc. Am., **7**, pp. 425–438 (1995)

26) J. J. Blum, M. C. Reed and J. M. Davies：A computational model for signal processing by the dorsal cochlear nucleus. II. Responses to broadband and notch noise, J. Acoust. Soc. Am., **98**, pp. 181–191 (1995)

27) K. A. Davis and H. F. Voigt：Computer simulation of shared input among projection neurons in the dorsal cochlear nucleus., Biol. Cybern., **74**, pp. 413–425 (1996)

28) M. C. Reed and J. J. Blum：Model calculations of the effects of wideband inhibitors in the dorsal cochlear nucleus., J. Acoust. Soc. Am., **102**, pp. 2238–2244 (1997)

29) J. J. Blum and M. C. Reed：Effects of wide band inhibitors in the dorsal cochlear nucleus. II. Model calculations of the responses to complex sounds., J. Acoust. Soc. Am., **103**, pp. 2000–2009 (1998)

30) K. E. Hancock and H. F. Voigt：Wideband inhibition of dorsal cochlear nucleus type IV units in cat：a computational model, Ann. Biomed. Eng., **27**, pp. 73–87 (1999)

31) 牧　勝弘，赤木正人，廣田　薫：蝸牛神経核背側核細胞の周波数応答特性に関する神経回路モデルの提案——トーンバースト刺激に対する応答——，音響会誌，**60**, 1, pp. 3–11 (2004)

32) S. E. Stabler, A. R. Palmer and I. M. Winter：Temporal and mean rate discharge patterns of single units in the dorsal cochlear nucleus of the anesthetized guinea pig., J. Neurophysiol., **76**, pp. 1667–1688 (1996)

33) L. A. Jeffress：A place theory of sound localization, J. Comp. Physiol. Psychol., **41**, pp. 35–39 (1948)

34) C. E. Carr, M. Konishi：Axonal delay lines for time measurement in the owl's brainstem, Proc. Natl. Acad. Sci. USA., **85**, pp. 8311–8315 (1988)

35) H. S. Colburn, Y. A. Han, C. P. Culotta：Coincidence model of MSO responses, Hear. Res., **49**, pp. 335–346 (1990)

36) Y. Han, H. S. Colburn：Point-neuron model for binaural interaction in MSO, Hear. Res., **68**, pp. 115–130 (1993)

37) B. Grothe：New roles for synaptic inhibition in sound localization, Nat. Rev. Neurosci., **4**, pp. 540–550 (2003)

38) N. S. Harper, D. McAlpine：Optimal neural population coding of an auditory spatial cue, Nature, **430**, pp. 682–686 (2004)

39) M. C. Reed, J. J. Blum：A model for the computation and encoding of azimuthal information by the lateral superior olive, J. Acoust. Soc. Am., **88**, pp. 1442–1453

(1990)

40) 黒柳　奨，岩田　彰：音源方向定位聴覚神経系モデルによるITD, ILDの脳内マッピングの実現，電子情報通信学会論文誌，D-II, J79-D2, pp. 267-276 (1996)

41) V. Aharonson, M. Furst：A model for sound lateralization, J. Acoust. Soc. Am., **109**, pp. 2840-2851 (2001)

42) A. Rees, A. Sarbaz, M. S. Malmierca and F. E. N. Le Beau：Regularity of firing of neurons in the inferior colliculus, J. Neurophysiol., **77**, pp. 2945-2965 (1997)

43) S. C. Nuding, G. D. Chen and D. G. Sinex：Monaural response properties of single neurons in the chinchilla inferior colliculus, Hear. Res., **131**, pp. 89-106 (1999)

44) 牧　勝弘，赤木正人，廣田　薫：下丘細胞の時間応答特性に関する計算モデルの提案，音響会誌，**60**, 6, pp. 304-313 (2004)

45) F. E. N. Le Beau, A. Rees and M. S. Malmierca：Contribution of GABA and glycine-mediated inhibition to the monaural temporal response properties of neurons in the inferior colliculus., J. Neurophysiol., **75**, pp. 902-919 (1996)

46) R. D. Frisina, J. P. Walton, M. A. Lynch-Armour and J. D. Byrd：Inputs to a physiologically characterized region of the inferior colliculus of the young adult CBA mouse, Hear. Res., **115**, pp. 61-81 (1998)

47) K. W. Nordeen, H. P. Killackey and L. M. Kitzes：Ascending auditory projections to the inferior colliculus in the adult gerbil, Meriones unguiculatus, J. Comp. Neurol., **214**, pp. 131-143 (1983)

48) R. Batra and D. C. Fitzpatrick：Discharge patterns of neurons in the ventral nucleus of the lateral lemniscus of the unanesthetized rabbit, J. Neurophysiol., **82**, pp. 1097-1113 (1999)

第7章 シミュレータによる内部表現と特徴量

この章では，聴覚の処理過程の流れを概観することを可能とするシミュレーションを紹介する。

まず7.2節では，Langnerのグループによるモデルを紹介する。彼らのモデルは周期性分析をするための仕組みを，蝸牛神経核や下丘における生理学的知見から実現可能な神経回路網として，発振回路，遅延回路，共起検出器（一致検出器，coincidence detector）を構成して構築する。つぎに7.3節では，Meddisのグループによるモデルを紹介する。彼らのモデルでは，生理学的にはその存在が確認されていない遅延回路を用いずに聴覚刺激に備わる周期性を分析する機構を構築することを目指す。さらに7.4節では，Pattersonのグループによるモデルを紹介する。彼らは聴覚系の個々の神経細胞の反応特性にはこだわらず，聴知覚処理の裏付けとなる機能モデルの提案に重点を置く。7.5節ではShammaのグループによるモデルを紹介する。彼らのモデルは聴覚皮質での受容野の特性から多層解像度モデルを目指している。最後に7.6節では，実際のシミュレータの動作例をPattersonらのAIM（auditory image model）を用いて紹介する。

7.1 モデルとシミュレータのもつ意味

聴覚に限らず知覚現象を取り扱ううえで，適切なモデルを使用することは大切である。明確なモデルをもつことによって，われわれはその時点で意義深い研究をするためには何をどのように調べるべきかの洞察を得ることができ，他者の研究の意味を深く読み取ることもできる。さらにそのようなモデルを研究者間で共有することは，その分野の研究進展の効率化を促す。

聴覚の刺激は耳に与えられる気圧変動であり，聴覚器官はそれを脳へ伝える神経信号へと変換する。その過程には蝸牛における機械的な周波数分析，内有毛細胞・聴神経における神経信号への変換などが介在している。

このような信号処理過程の結果として得られる表現を直観的に見通すのはなかなか難しい。手軽に使用できるシミュレータの存在はそのハードルを低くしてくれる。例えば，「蝸牛における周波数分析はフーリエ分析的でなくウェーブレット分析的である」という文面から，両者の差異を見抜くには信号処理に関する専門知識が必要である。聴覚処理のシミュレータがあれば，それを用いて得られる「聴覚的」スペクトログラムを手にすることができる。これとフーリエ・スペクトログラムの比較を通じて両者の違いを直観的に知ることが可能である。

以下に紹介する近代的な聴覚モデルは，少なくとも聴覚の初期過程における信号処理過程をある程度現実的に実装している。ただし，研究グループによってモデル構築の狙いはそれぞれ異なっている。本章は，その違いに伴うそれぞれのモデルの特徴を概観し，さらに最後には，具体的にシミュレータを使用して聴覚モデルの動作に関するイメージをつかんでもらうことを目的とする。

7.2　Langner の発振・遅延による周期性検出モデル

Langner とそのグループは，音響刺激の周期性をその周波数構成成分とは独立に抽出するための神経回路モデルを提案している。この場合，周期性と周波数成分の違いは**ミッシングファンダメンタル**の例を想定すると理解しやすい。ミッシングファンダメンタルは，例えば以下のような状況で出現する。1 000 Hz の正弦波に 100 Hz の変調周波数で振幅変調をかけると，周波数成分としては 900，1 000，1 100 Hz が出現する。これらは，欠落した基本周波数（ミッシングファンダメンタル）100 Hz の高調波系列であり，その周期性は 100 Hz の逆数である 10 ms となる。このとき，われわれは 100 Hz に対応したピッチを聞くことが知られている。先駆的な Licklider[1)] による自己相関モデル以降，蝸牛

基底膜よる周波数分析のあとに周期性分析がなされるという発想は，多くの聴覚研究者に受け入れられてきている。これは，以下に紹介するすべてのモデルにも共通している点である。Langnerらのモデルも，その一つとして位置付けられる。

7.2.1 PAN

図7.1はLangerの同期性検出ネットワーク（periodicity analyzing network, PAN）の模式的概要図である[2),3)]。この周波数成分（**特徴周波数**）に直交した周期性（**変調周波数**）の聴覚生理学的表現については，チンチラの下丘における電気生理学的観察，スナネズミの下丘における放射性トレーサ（14C-2デオキシグルコース法）によるマッピング[2)]，ネコの聴覚野における光計測によるマッピング[4)]などを通してその実在性が示唆されている。

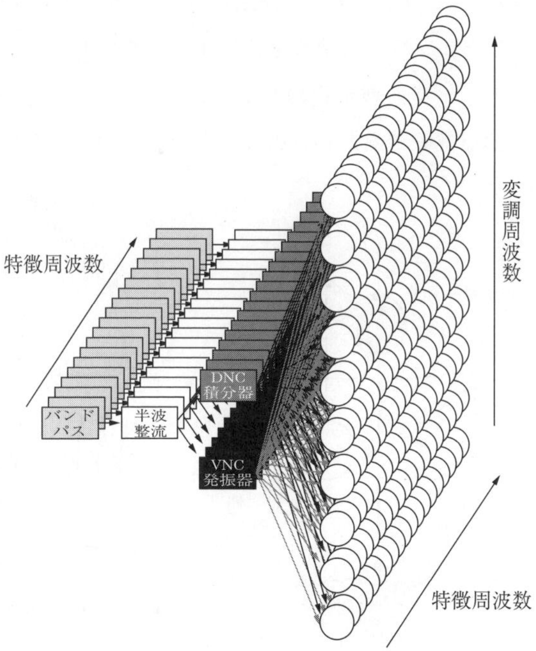

図7.1　Langnerの周期性検出ネットワークの模式図

7.2.2　発振回路と遅延回路

このモデルにおけるシミュレーションの特徴は，**背側蝸牛神経核**（DCN）における時間積分と**腹側蝸牛神経核**（VCN）における発振の結果が下丘（ICC）において共起検出されるとする点である。その前段における蝸牛フィルタと聴神経による半波整流については，ほかの多くのモデルと基本的には同様の思想に基づくものである。

蝸牛神経以降の処理部の構成を詳細に記したのが**図 7.2** である。ここでは搬送周波数が $1/\tau_c$，変調周波数が $1/\tau_m$ である振幅変調音を入力として説明を進める。この場合，PAN の目的は搬送周波数とは独立に変調周期を検出することになる。まず，聴神経からの出力は**オンセット型**の細胞に入力され，各変調周期につき 1 個のトリガー発火が生じる。このトリガー発火は 3 系統に入力される。第 1 の系統は発振回路である。この回路はチョッパー型細胞が連結した形で構成される[5)〜7)]。**チョッパー型細胞**は入力信号によらず τ_k の周期で自律発振する。このチョッパー型細胞を連結する回路は Langner らのモデルの特徴で，同じくチョッパー型細胞のもつ特性を考慮した Meddis らのモデル（7.3 節）と対比的な部分である。このような連結を想定した理由については

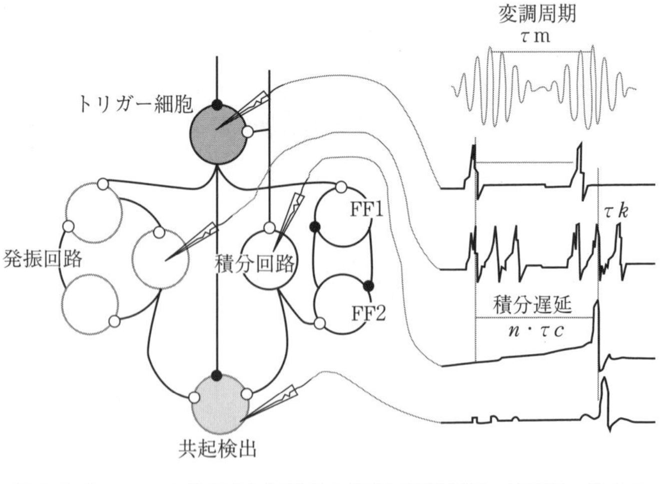

図 7.2　Langner の発振系と遅延系の神経回路的実現。細胞間の結合で○印は興奮性の結合を，●印は抑制性の結合を表す

7.2.3項において述べる。

トリガー発火が供給される第2の系統は時間積分回路である。これは，DCNに存在する**ポーザー型**あるいは**ビルドアップ型**の細胞を念頭に入れてモデル化されたものである。ここでは，トリガー発火を受けて搬送波の周期τ_cで到来する発火が積分されていき，変数n回の発火を受けて積分器が1回発火するとモデル化される。積分の開始・終了はフリップフロップ回路で制御する。結果として積分器はもとのトリガー発火から$n\tau_c$秒後に発火するという遅延器として機能する。この遅延系統と発振系統の出力の共起検出をすることによって，遅延時間$n\tau_c$と変調周期τ_mが一致しているとき（厳密には$n\tau_c = \tau_m + (\mathrm{k}-1)\tau_k$の関係が成立するとき。ここで$k$はチョッパー型細胞が発振するときの発振回数）に発火するという形で，周期性検出器が構成される。

ただし，上記だけではτ_mだけではなく，$\tau_m/2$の周期で到来する変調に対しても共起検出器はほぼ同等に反応してしまう。これを防ぐ目的で，発火トリガーは共起検出器へ抑制性の結合をしている。$\tau_m/2$という本来の検出すべき周期よりも短い周期で変調されている場合は，変調周期ごとに繰り返される抑制によって共起検出器は発火できないようになる。なお，蝸牛神経核におけるオンセット型，チョッパー型については6.2節に詳述されている。

7.2.3　チョッパー間の最小シナプス遅延

ここでは，Langnerらのモデルのなかで，単一の細胞でも自律的な発振が実現できるにもかかわらず，相互連結するチョッパー型の細胞回路を想定している理由について述べる。7.3節で紹介するMeddisのグループでもチョッパー型の細胞のモデルは重要な役割を果たしている。しかし，その自律的な発振を実現し，発振の特性を制御する方法は異なっている。

MeddisらのモデルAKでは単一のMacGregor型[8]の積分発火細胞の膜電位の変化によってチョッパー型細胞の実現をしているのに対し，Langnerらのモデルではトリガー発火を受けて連結する細胞が相互循環的に発火することによって発振する形態をとっている。トリガー発火を引き起こすオン型細胞は，比較的広範囲のトノトピー領域の聴神経細胞から投射を受けるように設計されている。このため，狭い範囲に同調している場合に比べて広いダイナミックレンジをもつことになる。この特性は実際のチョッパー型の特性をうまく反映する[5)~7)]。

さらに，ホロホロチョウの中脳におけるチョッパー型細胞の発火時間パターンを観察した結果には，周期 0.4 ms に対する選択性が観察されており[9)]，また，AM 音に対するピッチマッチングの心理物理学的な観察結果においても 0.4 ms の整数倍の周期に対する量子化を示唆するデータなどがあることから[10)]，Langner らは 0.4 ms の基本周期への分解がチョッパー型細胞によって実現されていると主張している[11)]。この特性は種を越えて共通に観察される。これに対して膜電位の特性は種によって多様であり，0.4 ms の基本周期への分解を膜電位特性によって説明するのは困難である。彼らは化学的なシナプス遅延の限界として，この 0.4 ms の分解能（の限界）があるのではないかとして，相互連結する発振回路の存在をモデル化している。

後述する Meddis や Patterson のグループが，それぞれのモデルを実行できる計算機プログラムパッケージを配布しているのに対し，Langner のグループのものはパッケージとしての配布はない。しかし文献 3）では，MATLAB の SIMULINK のブロックダイアグラムとしてモデルの構成を示している。また，このモデルの知見を受けて，構成はまったく異なるが，周期性の成分を変調フィルタバンクによって検出できるようにした機能的なモデルも提案されている[12)]。これは最近，音響特性の知覚的な評価をする場合に使われている[13)]。

7.3 Meddis のチョッパー型細胞による変調周期検出モデル

Licklider[1)] の発想に基づく聴神経発火の時間パターンの**自己相関**によるピッチ検出機構の構築は，Meddis らによる内有毛細胞の貯蔵庫モデル[14),15)]（詳しくは 2.4.5 項を参照）の提供（ならびに 7.4 節に紹介するような蝸牛フィルタ）によってシミュレータとしての現実性と精度が高まった。

7.3.1 Meddis グループのモデルの変遷

彼らは，蝸牛フィルタによって帯域分割された周波数チャネルごとに求めた自己相関関数の帯域間の総和によって得られる総括自己相関グラムから，ミッシングファンダメンタル，ピッチのあいまい性，変調周波数を固定して搬送周波数を移行した場合の AM 音のピッチ変化，複合音ピッチの成分間位相への依存性など，さまざまなピッチ知覚現象が説明可能であることを示している[16),17)]。この段階のモデルは聴覚初期過程の機能モデルとして非常にうまく動作するものであるが，Meddis のグループはさらに生理学的な知見との不整合を排除すべく，自己相関を使わない方向へモデルを修正して行っている。

自己相関の発想は Licklider のときから，神経伝達路による遅延線を用いた**共起検出**（coincidence detection）により神経系で実現可能であることが示されてきた。ある特定の遅延 τ をもつ遅延線を通った信号と遅延なしの信号との共起検出器は，信号に τ に相当する周期性が備わっていれば強く反応する。さまざまな遅延時間 τ をもった遅延回路を備えておくことにより，それぞれの共起検出器の反応活性度のパターンは自己相関関数に相当したものとなる。しかしながら，ピッチが聞こえる周波数の下限が約 30 Hz であることを考慮すると，これに相当する遅延時間は 33 ms 程度となる[18)]。現在までの生理学的な知見からは，このような長い遅延を単に神経伝達に要する時間として実現しているという仮定は現実味が乏しい。Meddis らのグループは生理学的に確認されている細胞の振る舞いとして VCN におけるチョッパー型細胞に着目し，その変調伝達特性のシミュレーションを通してピッチ知覚のモデル化を試みている[19)〜21)]。

7.3.2 チョッパー型細胞の変調伝達特性と周期性検出

Meddis らのモデル化では，MacGregor 型[8)] の積分発火細胞の膜電位の変化によってチョッパー型細胞の実現をしている。チョッパー型細胞モデルでは，① 静止電位からの逸脱として測定される膜電位，② カリウムイオンの伝導率，③ 時変の閾値，④ 神経発火の有無を決定する制御変数，の四つの変数が存在し，これらの変数の状態変化を四つの微分方程式で制御する[22]。ここで膜電位特性としてのカリウムの回復時定数を変化させることによって，チョッパーの自律的周期発火間隔が変化する。チョッパー型細胞は振幅変調刺激に対して低い音圧レベル（10 dB SPL）では，ローパスの変調応答を示すのに対して，中音圧レベル（30～50 dB SPL）では，バンドパスの特性を示す生理学的データがある。モデルはレベル依存の振幅変調応答特性を良好に模擬し，さらにバンドパスの特性を示す場合の最適変調周波数は，カリウムの回復時定数によって系統的に変化することを示した[23]。

チョッパー型細胞は，その最適周波数付近の純音入力に対して刺激周波数に依存しない自律発振を示すと同時に，信号が振幅変調されていると，その変調に同期した発振をするようになるという特徴をもつ。

7.3.3　全体のモデルの構成

モデルの全体構成は**図 7.3** に描くようなものとなる。図の左列から第 1 段階（聴覚末梢の最適周波数に応じた分解），第 2 段階（蝸牛神経核における変調周期検出），第 3 段階（下丘における共起検出），第 4 段階（最適周波数間の統合）と処理は流れる。

第 1 段階として，聴覚末梢の基底膜による周波数分解と蝸牛神経の活動が実装されている。第 2 段階には，7.3.2 項で説明した CN に存在すると想定されるチョッパー型細胞による振幅変調刺激の変調周期検出機構のモジュールがある。ここには第 1 段階の出力が並列分岐した形で入力される。すなわち，一つのトノトピーチャネル（最適周波数に対応）から複数の最適変調周波数をもつモジュールに分岐して入力がなされる。

つぎの第 3 段階として，VCN チョッパー型の細胞は下丘（ICC）の共起検出器へ投射する。この際，一つの ICC 細胞は同一の膜電位性質を有する複数の VCN 細胞から投射を受けるものとしてモデル化されている。VCN 細胞の出力は発火が確率的変動をする性質からすべてが同一ではないが，最適変調周波数によって駆動されることにより複数の VCN チョッパー細胞からの発火が共起

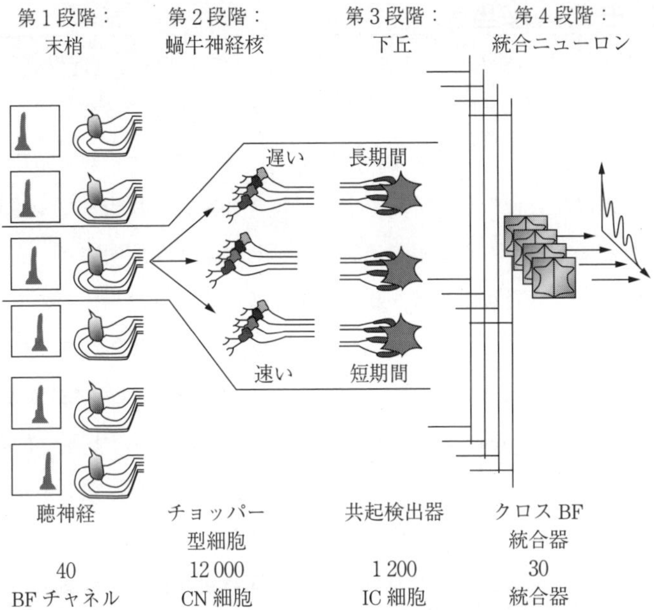

図7.3 Meddisのチョッパー型細胞による周期性検出機構の模式図（R. Meddis and L. P. O'Mard：Virtual pitch in a computational physiological model," J. Acoust. Soc. Am, **120**, pp. 3861-3869（2006）より）

する確率は高くなる。これにより，一つのICC細胞の発火率は変調周波数に対してバンドパスの特性を示すこととなる。このICC細胞モジュールは各最適周波数（トノトピー軸）に対してそれぞれの最適変調周波数（周期性軸）に対応するものが存在するという2次元の構造となる。

モデルの最終段階（第4段階）は，同一の最適変調周波数をもつモジュールの出力を最適周波数間で統合する段階である。このモジュールは共起検出器ではなく，単に複数の前段ICC細胞の発火を受けるごとに発火をするという統合器として実装される。つまり，第3段階で得られた最適周波数と最適変調周波数の2次元的な活性を，最適周波数間に共通する最適変調周波数について統合する。したがって，このモジュールの個数は異なる最適変調周波数のチャネル数に相当する。この段階は，自己相関モデルの場合の総括自己相関グラムの算出に相当する[20),21)]。

7.3.4 モデルの妥当性

Meddis らは，この新しいモデルについて，彼らが以前に自己相関モデルについてテストした内容と同じテストを実施してその動作を確認している。それらはミッシングファンダメンタルに対するピッチ，ピッチに対する成分間位相の影響，非調波複合音のピッチシフト，ピッチ弁別閾，反復リプル雑音に対するピッチなどである[20]。自己相関モデルが示したような説明力が，遅延線を排除した機構によって発現すれば，新しいモデルの妥当性は高いものとなる。

図 7.4 はミッシングファンダメンタルを入力とした場合のモデルの第 4 段階の出力パターンである。ミッシングファンダメンタルの基本周波数は 150, 200, 250 Hz であり，左側はその第 3～第 8 高調波を用いた場合，右側は第 13～第 18 高調波を用いた場合である。前者では各高調波が聴覚フィルタによって分解されているのに対して，後者では分解されていない。まず，分解される場合とされない場合によって出力パターンの違いが存在しているものの，いずれも基本周波数が上昇するにつれて発火率はより高い自律発振率の側へ系統的に移行していっており，このパターンにピッチ情報が表現されていることがわかる。ただし，自己相関モデルの総括自己相関グラムの場合には（欠落した）基本周波数の逆数に相当する時間遅れの点に活性のピークが観察されるのに対

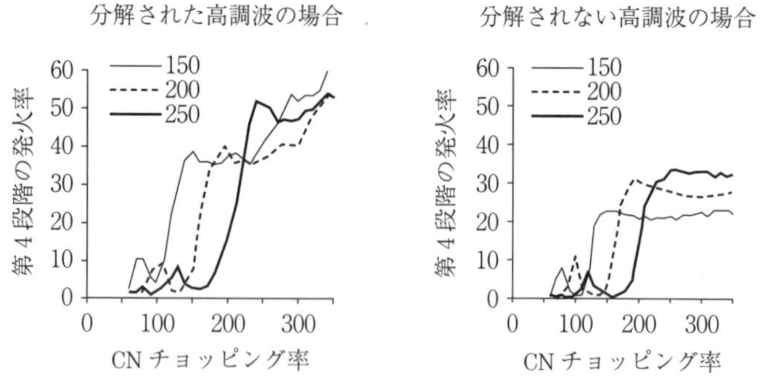

図 7.4　図 7.3 の第 4 段階における発火率パターンのミッシングファンダメンタルに対する変化。パラメータは基本周波数（R. Meddis and L. P. O'Mard：Virtual pitch in a computational physiological model, J. Acoust. Soc. Am, **120**, pp. 3861-3869,（2006）より）

して，新モデルの第4段階の出力はそのようなピッチ指示器としての役割は担えない。

刺激の周波数成分が分解されない場合は，第4段階の出力パターンは右肩上がりになる。これは自律発火として高い頻度をもつVCN細胞群が刺激を受けるからと考えられる。これに対して分解されない場合は，VCN細胞は複合された成分のなす振幅変調に同期した発振を示すために右肩上がりとはならずに，右側では平坦な様相を呈する。

7.3.5 公開パッケージ

以上紹介したMeddisのグループのシミュレーションは，公開されているソフトウェアパッケージをダウンロードして，研究用途であれば無償で実施できる。ソフトウェアパッケージの中心はDSAM（development system for auditory modeling）と呼ばれるC関数ライブラリ群で，これを使用するためのGUIとしてAMS（auditory model simulator）も提供されている†。現時点でサポートされている動作環境はWindows OSとLinuxである。ユーザはAMSのインタフェースを介して，モデルのパラメータをインタラクティブに変更してモデルの挙動変化を確認することができる。

また最近では，MATLAB環境で動作するMAP（MATLAB auditory periphery）と呼ばれるMATLAB関数群とスクリプト群も提供されている。これは，MATLABが動作する環境であれば動作するはずであるが，現時点ではまだ開発途上であるため，開発環境（Windows OS）以外では動作が保証されていない。

7.4 Pattersonの聴覚イメージモデル

7.2，7.3節で紹介したいずれのモデルも，聴覚系における周期性検出機構について生理学的な背景に基づいてシミュレートしようとするものであった。

† http://dsam.org.uk/（2011年7月現在）

生理学的な知見として得られる観察事実は，ある特定の神経細胞の活性化，またはある一群の神経細胞の活性化のパターンである。したがって，上記の二つのモデルの出力結果は，その入力信号が周期性以外の知覚的側面についてどのような性質を有するかという点については表現していないか，表現していたとしてもシミュレーション結果のどの側面に注目すれば，その特徴が出ているかを直観的に理解することは困難である。Pattersonのグループは，上記の二つのモデルと同様に周期性情報を利用しながらも，ピッチ以外にも音の音色に対する直観的な理解を助ける機能モデルを提案している。

7.4.1 音色のモデル —— 時間的な非対称性の直観的表現 ——

このグループでは，蝸牛基底膜の振る舞いを模擬する**ガンマトーンフィルタバンク**を先駆的に発表し，さらにその後，基底膜振動の非線形性まで模擬できる**動的圧縮型ガンマチャープフィルタバンク**を提供している（第4章参照）。ここでは，聴覚の末梢系の周波数分解や非線形性が考慮された時間周波数パターンである神経活動パターン（neural activity pattern，NAP）を出力する。このレベルにおける表現を用いれば，十分聴覚処理を導入したことになると誤解される場合が多いが，聴覚特性は末梢系だけでは語れない。例えば，物理世界の時間と知覚される「時間」が異なることは，単純なフィルタプロセスを通しただけでは説明できない。Pattersonらの発想は，音は時間軸上の変化でありながら，例えばピッチをもった楽器の音は定常的な音として知覚される点を重視して，音刺激に対する内部表現を構築するというものである。さらに，その際に微細構造としての時間パターンの違いも明確に保ちながら定常的な表現を構築する必要性を重視している。そのためにPattersonらは，末梢的な符号化レベルと相似性の高い表現を記憶する遅延機構と**ストローブ時間積分**（strobed temporal intergration，**STI**）を特徴とするモデルを提案している[24)〜26)]。

7.4.2 ストローブ時間積分と遅延

瞬時瞬時の圧力変動である音刺激に対して，「定常」という性質を取り出すために最もなじみ深いものは交流電圧計で，このなかで重要な役割を果たしているのは漏洩積分器である。しかし，このような漏洩積分器を用いた機器では音量のみが表現されるだけであり，例えば，詳細なピッチの違いなどは表現できない。このためには，短時間フーリエ変換に基づいたパワースペクトル表現を用いることができる。このパワースペクトル表現には，刺激の成分間の位相関係が表現されていないにもかかわらず（むしろ表現しないがゆえに），19世紀末にヘルムホルツ[27]が，音色には成分間の位相関係は影響しないと主張して以降，聴覚的な表現の代表的な存在，すなわち聴覚のモデルとして長く信じられ続けてきた。

Pattersonは，正弦搬送波に指数関数的な減衰包絡特性をもたせた繰返し音（damped sounds）とその時間反転波形（ramped sound）の間に存在する音色の違いに着目した[24),25]。時間反転は一般に，パワースペクトル表現上の差につながらないにもかかわらず，知覚的にこの両者は明瞭に区別できる。このことから，Pattersonらはパワースペクトル表現の不適切性を明らかにし，両者の違いを明確に表現できるとして**安定化聴覚像**（stabilized auditory image, **SAI**）を提案した。SAIの発想は，音信号が定常であれば，変動をしない表現として表そうとする点にある。例えば，明確なピッチをもつ定常音は，ピッチ周期が安定に表現されて観察できる。このSAIを構築するためのアルゴリズムとしてPattersonらは**ストローブ時間積分**を考案している。これにより，振動体や回転体を静止状態で観察できるようにするストロボスコープや，信号に位相同期して表現するシンクロスコープのような機構を実現している。

例えば，入力が搬送周波数2 000 Hzで，変調周波数120 HzのAM音の場合を例にとってSTIの動作について説明する。この場合，聴覚的には120 Hzに対応するピッチが聞こえるのに対し，ある周波数チャネルからの神経活動パターン（NAP）は**図7.5**に示すようなものとなる。ここには，搬送波の周期に対応した微細な凹凸が現れるとともに，変調周期に対応した大きな山と谷の繰

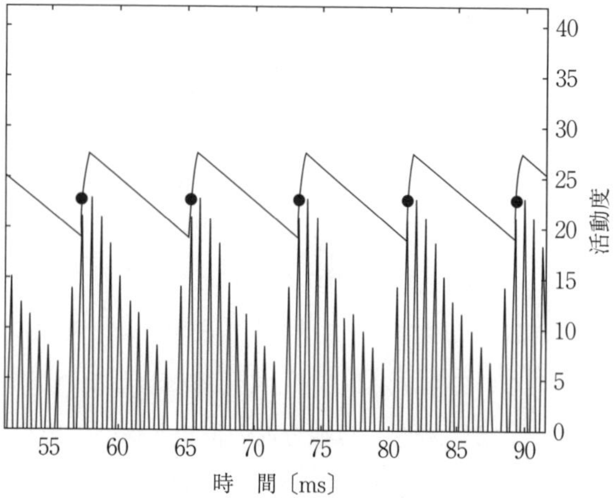

図 7.5　ある周波数チャネルからの NAP の出力例とストローブ点検出のための適応的閾値変化。NAP の時間波形の包絡をたどるように描かれた線は適応的なストローブ閾値の変化を表し，●はストローブ点を表す

返しが出現する。STI はこの大きな山の極大点を見つけ出すことによって実施される。この極大点検出は適応的閾値制御によって実現されている。最初に設定された閾値を上回る神経活動が到来すると，閾値はその神経活動レベルまでいったん上昇し，5 ms 以内にそのレベルを上回る神経活動が到来すると更新を続ける。5 ms 待っても現在値を上回る神経活動が来ない場合，その点がストローブ点となり，その後，閾値は一定の率で下降をする。図 7.5 では●印をつけた点がストローブ点になる。

モデルの周波数チャネルごとに，SAI の表現を保持する 33 ms のバッファと，入力 NAP を 33 ms 間保持しておくバッファがある。SAI 表現部は，ストローブ点を時間遅れ 0 として，NAP 保持バッファから情報を受け取り，時間的な微細構造を保持したまま加算（積分）される。SAI 表現部に蓄積された記憶像は，時定数 30 ms で半減するようになっている。

これが STI で，その動作は遅延を使用して神経活動パターンに存在する時間間隔のヒストグラムをとることに相当する。入力刺激が完全に周期的であれば，その結果として得られるSAIはつねに同じ記憶像が重ねて加算されるので，ぶれることがなく安定している。反対に周期性が乱れてジッタ（jitter）が存在すると，SAIにはぶれが生じる。ストローブ点からどの程度の区間まで遡れるかという限界は，およそ33 msと想定されている。その周期より長い場合は，ジッタの存在の検出閾が増加したり[28]，また，音楽的ピッチ（旋律を奏でることのできるピッチ）の周期の上限もこの近くに存在することなどがその根拠となっている[18]。

このようにSAIは周期性の検出に威力を発揮するが，それ以外にも音色の違いを直観的に表現できる。**図7.6**はパワースペクトル表現としては等価となるdamped，ramped音に対するSAIである。いずれのSAIにおいても繰返し周期に対応する時間間隔に周波数チャネル間に共通のピークが出現していることがまずわかる。しかし，その共通性以上にSAIはdamped，ramped音間の時間的な非対称性をよく反映している。注意深く見ると，ramped音に対するSAIには繰返し周期以外にもチャネル間に共通の周期性（図の上で縦方向へ直線的に並ぶ構造）が存在することがわかる。この周期性は搬送波の周期に対応するものである。実際に聞いてみるとdamped，ramped音の間には明瞭な音色の差があり，ramped音には搬送波のもつ純音的な音色が加味されているように感じる。これは，図7.6のSAIが与えている視覚的な印象と符合する[24),25)]。このことを定量的に評価するため，定常的な成分と過渡的な成分の

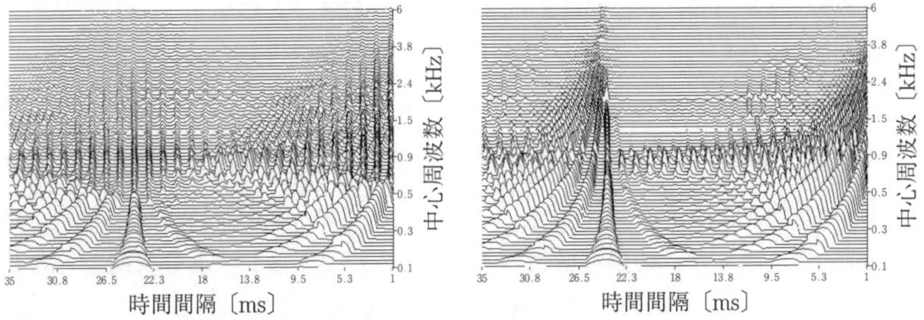

図7.6　damped音とramped音に対するSAI

比率を心理物理的に測定した結果とモデル出力からの計算結果を比較すると，よく一致することも示されている[29),30)]。

7.4.3 ストローブとインパルス応答 —— 寸法の正規化モデルへ ——

ストローブ点は，現在までの実装では各周波数チャネルで独立にとることとしている。しかし，STIでは，結果的にはある共鳴特性をもつ音源に励振パルスが供給されるごとに，聴覚末梢における神経活動パターンを「記憶バッファ」に転送していくことになる。したがって，共鳴体のもつインパルス応答に相当する聴覚像が構築されることとなる。SAIの上では，このインパルス応答情報は周期性とは分離されていることになる。われわれは声道の形状を変えずに声の高さを変えることができ（つまり，同じ母音を声の高さだけを変えて発話する），それを聞いた場合も，ピッチの違いはあるが母音性は変わらないと判断できる。SAI上の表現では，ピッチの違いは横方向の活性度の移動だけ表現され，フォルマントの位置は変わらない。まさにそのような特性を視覚的に見ることできる。

母音の知覚に注目すると，ピッチ以外にもう一つ分離して表現すべきものがあることに気づかされる。それは声道の寸法の要因である。一般に，頭の大きさの大きい男性のほうが女性よりも声道長が大きい。また，子供から大人への身体の成長に伴って声道長は伸びる。このような声道長の違いは子供と大人，男女の間に母音のフォルマントの系統的な違いとなって現れてくる。このような違いにもかかわらず，母音の知覚は身体の大きさや男女の違いに左右されずに，日常的に難なく行えるという現実がある。

Irino と Patterson[31)] は，この寸法正規化過程に対する計算モデルとして**メリン変換**を基盤とするものを提案している。このメリン変換の発想は，ヒト（より一般的には哺乳類）の蝸牛による信号分解がウェーブレット分析的なものとなっていることの意味 —— それがどのような処理にとって最適であるか —— と関連している（第4章参照）。ウェーブレット的な周波数表現では，周波数軸は対数的なものとなる。例えば，ある声道（音響管）が形をそのままに寸法が拡大・縮小したような場合，そのスペクトル包絡は，対数軸的な周波数表現上で同型のパターンが平行移動するものとなる。このパターンの形が声道形状の違いに，パターン全体の位置が寸法の大小の違いに対応することとなる。Irino と Patterson は，メリン変換に相当するような処理によって母音のピッチと寸法を正規化した聴覚像（メリンイメージ）を構築するモデルを提供している。

このモデルの提供を契機として，寸法情報に関する数々の心理物理学的な研究がなされ，モデルの背景にある発想の妥当性を裏付けつつある。母音や音韻の知覚が現実には存在しないような寸法の場合でも頑健にできることを示す知覚実験結果[32),33)]や，寸法の弁別が高精度でできることを示す結果[32),34)]，また，寸法の変化によって音脈分凝が発生するなどの結果である[35),36)]。さらに，脳画像計測の結果[37)]，寸法に対応して活性化する部位の存在が推測されつつあり，聴覚初期過程のモデルとしての妥当性と，さらに発展させられる可能性を示しているようである。

7.4.4 公開パッケージ

Patterson のグループではソフトウェアパッケージをダウンロードできるようにいくつかのリンクを掲載した Web ページを用意している[†]。このページを訪れると aim2009，aim2006，aim2003，aim2000，aim1992 というリンクが見える。aim2009 については現在構築中であり，また aim1992 は古い Unix 環境用に用意されたまま手つかずの状態なので，最新の環境で構築するには計算機環境での C 言語のコンパイルについての専門的な知識を必要とする。aim2000 は 7.3 節で紹介した Meddis のグループと共同で開発された環境で DSAM のライブラリ群が動作する必要があり，公式にサポートされているのは Windows と Linux の OS である。aim2003，aim2006 は MATLAB のコードで，MATLAB が動作する環境であれば使用可能である。

† http://www.pdn.cam.ac.uk/groups/cnbh/research/aim.php（2011 年 7 月現在）

7.5 Shamma の聴覚皮質応答野モデル

ここまで取り上げてきたモデルは，聴覚刺激の周期性や安定性に着目したものであった。しかしながら，実際に聴覚で取り扱う音声信号などを例にすると，その時間周波数平面のパターン変化の重要性があることがわかる。Shmma のグループでは，このような時間周波数平面上でのパターンに対する脳内表現のモデルの構築を目指している。

7.5.1 側抑制ネットワーク

初期のモデルでは，側抑制結合の役割に焦点を当てている。このような**側抑制**（lateral inhibition）形の結合は，前腹側蝸牛神経核に存在すると考えられている。さらにこのような側抑制の機能が有効に働くための鍵として，**基底膜**上に振動が伝搬する際の時間遅れを用いている。音響振動は蝸牛底側に入力される。その付近の基底膜は高い周波数に対する共振特性をもち，入力からの距離に応じて共振周波数は徐々に低下し，蝸牛頂では最低となる。このとき，ある正弦信号が入力されるとそれに対応する共振点より蝸牛底の側よりも，共振点より蝸牛頂の側では進行波が伝搬する速度が遅くなる。この速度の変化によって隣接する周波数チャネル間には興奮ピークの生じる時点に時間遅れが生じることになる。その間に側抑制形の結合が存在することにより，成分周波数と共振点が合致するところでは神経活動が強調される（側抑制からの解除を受ける）。この側抑制の導入によって，側抑制なしの状態での移動平均発火率では，目立たなくなったフォルマントに対応するピークや調波成分に対応するピークが出現しやすくなることを示唆している[38),39)]。

7.5.2 皮質における受容野

さらに彼らは，フェレットの**第 1 次聴覚野**における微小電極法による反応野の観察を通じて，そこに視覚第 1 次野と類似した**多層柱状構造**があることを発見し[40]，そこから3次元的な応答野の構造をもつ聴覚皮質レベルのモデルを提案している[41]。この構造は**図7.7**に模式的に示すように，3次元の第1軸はトノトピー（周波数）軸であり，第2軸はスケール軸で，第3軸は対称性軸である。ここでのスケール軸は，蝸牛位置による振幅分布の空間周波数分析をする際のフィルタの解像度に対応する。例えば，声帯振動を低い周波数の聴覚フィルタで分析すると各調波成分は別々のピークで表現され，これらは分解された調波成分（resolved harmonics）と呼ばれるが，この成分については高解像度フィルタの出力として表現される。これに対して，個々の成分に分解されない，ゆるやかなフォルマントの変化は低高解像度フィルタの出力として表現される。対称性軸では，抑制野が興奮野よりも低周波数側に存在するか，対称に存在するか，あるいは高周波数側に存在するかの違いに対応する。この軸により時間周波数平面上の変化が周波数の上昇であるか下降であるかを表現できる[41]。

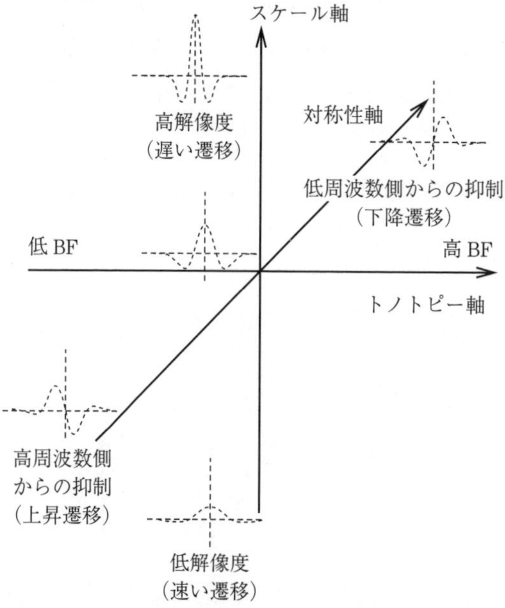

図7.7 Shammaによる聴覚皮質の受容野構造の概略図

7.5.3 多層解像度分解

文献40）の段階では，第1次聴覚野における受容野の興奮・抑制のパターンを調べるために2音刺激パラダイムを用いて，そこから推定されるパターンのモデル化としてガウス関数の2次微分の負関数をシードとして使用していた[41]。これは，観察された受容野に対するかなりおおまかな近似であった。その後，聴覚皮質の受容野測定には，**図7.8**に示すような**リプル音**を使用し，観測値そのものを利用したシミュレーションができるようになった。リプル音は対数周波数軸上で正弦関数の振幅包絡をもつように変調された正弦信号の群である。重要な変数としてリプルの空間周波数（単位はcycles/octave）と，変調レート（単位はHz）がある。変調レートが負値の場合は周波数の上昇，正値の場合は周波数の下降に相当する[42]。図7.8では，一つのパネルが一つのリプル刺激のスペクトログラム的表現となっている。横軸は時間軸で，縦軸は対数周波数である。リプルには正弦関数に従った振幅変調がかかっている。中央の列は時間的な変化はなく，左側は上方への遷移，右側は下方への遷移となり，中央から外れるほど遷移速度が速くなる。上段へ行くほどリプルの空間周波数は高くなる。

このリプル音刺激の空間周波数，変調レートすべての組合せに対して皮質細

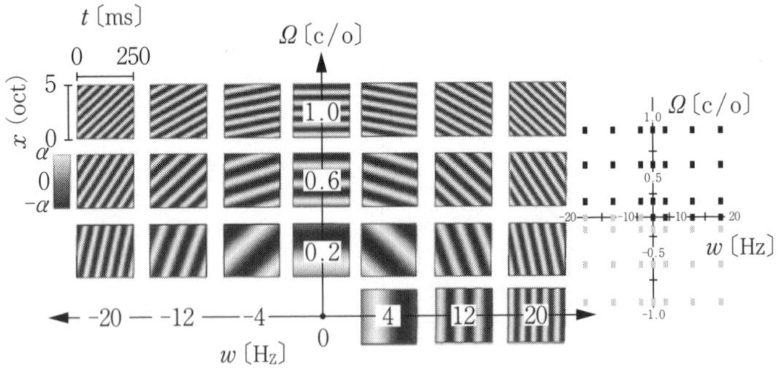

図7.8　聴覚皮質受容野を調べるために使用されるリプル刺激群
（D. J. Klein, D. A. Depireux, J. Z. Simon, and S. Shamma：Robust spectrotemporal reverse correlation for the auditory system: Optimizing stimulus desing, J. Comput. Neurosci より）

胞（群）からの電位活動をとり，それに対するピリオドヒストグラムをつくって最適近似する振幅と位相を推定する。その結果，すべての空間周波数と変調レートについて振幅項と位相項が与えられることになり，この結果を逆フーリエ変換すると**時間周波数受容野**（spectro-temporal receptive field，**STRF**）が推定できる。このSTRFを，ある細胞のもつ時間周波数平面上の2次元フィルタとして用いて，聴覚皮質における情報表現を模擬する[43),42)]。

このモデルの動作の概略図を**図7.9**に示す。まず，入力は聴覚的なスペクトログラム（図（a））である時間周波数表現である。この空間上の1点を中心として時間周波数平面でのインパルス応答であるSTRFが，それぞれの空間周波数（スケール），変調レートの組合せに対して存在しており（図（b）），各点からは時間周波数方向への応答がSTRFを畳み込むことによって求められる。その結果，モデルの出力はスケール，変調レート，周波数（トノトピー），時間の4次元表現となる。

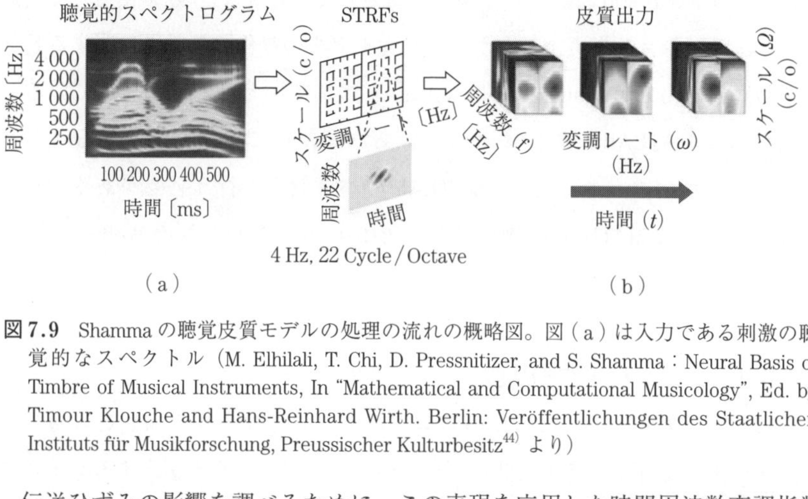

図7.9 Shammaの聴覚皮質モデルの処理の流れの概略図。図（a）は入力である刺激の聴覚的なスペクトル（M. Elhilali, T. Chi, D. Pressnitizer, and S. Shamma：Neural Basis of Timbre of Musical Instruments, In “Mathematical and Computational Musicology”, Ed. by Timour Klouche and Hans-Reinhard Wirth. Berlin: Veröffentlichungen des Staatlichen Instituts für Musikforschung, Preussischer Kulturbesitz[44]より）

伝送ひずみの影響を調べるために，この表現を応用した時間周波数変調指数（spectro-temporal modulation index，STMI）が提案されている。STMIは皮質モデルの出力上に現れるクリーンな信号への応答と雑音を付加した信号への応答の差分の指標である。白色雑音の付加，残響の付加に加えて従来の音声伝達指標（speech transmission index，STI）ではうまく予測できなかった位相ジッタひずみや位相シフトひずみに対しても人間の評価者による音声明瞭度を良好に予測する結果を得ており，音声のような時間周波数平面上の変化パターンへの表現形式としての可能性が示されている[43)]。

7.5.4　公開パッケージ

Shamma のグループでは，ソフトウェアパッケージをダウンロードできるようにリンクを用意している†。NSL Matlab Toolbox と呼ばれる MATLAB 関数群と，初心者用に GUI から関数を動かして出力表現を見るための NSL Matlab Toolbox Graphical User Interface がダウンロードできる。

7.6　AIM を使ってみよう

ここでは Patterson のグループから配給されている aim 2006 を使用して実際にシミュレーションを実施しながら，聴覚モデルの動作の各段階に関する具体像をつかんでもらう。aim 2006 は MATLAB の関数群として構築されている。したがって MATLAB が動作する環境であれば使うことが可能である。パッケージをダウンロードしたら，MATLAB のパス設定を行う必要がある。その詳細については MATLAB の操作説明，Patterson のグループの Web ページにあるのでここでは説明しない。

7.6.1　シミュレータの起動

環境設定が整ったら，MATLAB のコマンドプロンプトから aim と入力してリターンキーを押す。まず，波形データの入ったファイルを指定するダイアログが出るので，そこで自分がシミュレーションにかけたい音響刺激データの入ったファイルを選択する（ファイル形式としては WAV，AIFF 形式がサポー

---

† http://www.isr.umd.edu/Labs/NSL/nsl.html（2011 年 7 月現在）

トされている。また，このシミュレータは中間ファイルを波形データが存在しているディレクトリにつくろうとするので，使用者はそのディレクトリに対する書込み権限をもっていなければならない)。この例の入力としては，8 ms 周期で到来するパルス列を用いる。

波形の入力が終わると**図 7.10** に示すような GUI が出る。最上段にあるボタンはシミュレータの各処理段階に対応しており，左から右の順で処理をしていく。PCP は前蝸牛過程である外耳と中耳の影響，BMM は基底膜振動，NAP は神経活動パターン，SP はストローブ点検出，SAI は安定化聴覚像の各段階である。それぞれ実際の処理としてどのモジュールを使うかは，下にあるポップアップメニューから選択して使い分けられるようになっている。

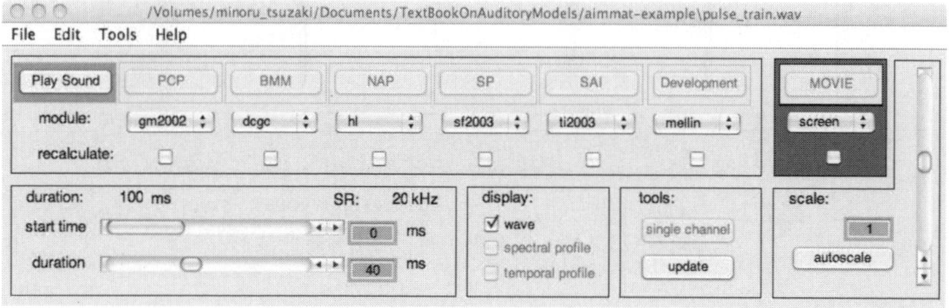

図 7.10　aim 2006 の GUI の初期状態

7.6.2　外耳・中耳の影響（PCP）

計算を実行するには，module とある列のポップアップメニューを選択するか，デフォルトのモジュールでよい場合は，recalculate とある列のチェックボックスをチェックしたあとに，対応するボタンを押す。これによって最後に実施した計算結果が別の図上に表示される。第 1 段階の PCP が終わったあとの出力結果が**図 7.11** である。上段が入力波形，下段が外耳・中耳によるバンドパス的な応答特性を通ったあとの波形である。図 7.11 より厳密なパルスではなくなっていることがわかる。

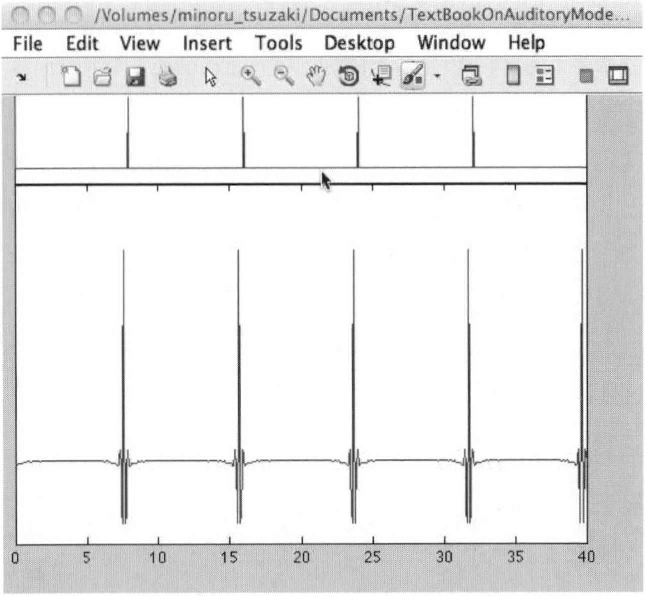

図 7.11　パルス列を入力として外耳・中耳の特性を反映したバンドパスフィルタを通過した出力時間波形

7.6.3 基 底 膜 振 動

つぎの段階として**基底膜フィルタ**（**BMM**）のシミュレーションがある。デフォルトのモジュールは dcgc（**動的圧縮型ガンマチャープフィルタバンク**）となっているが，ここでは線形の**ガンマトーンフィルタバンク**を使ってみよう。module 列のポップアップメニュー（**図 7.12**）から gtfb を選択して，BMM ボタンを押す。その結果，**図 7.13** のような出力が得られる。図の横軸は時間で，縦の方向はトノトピー，すなわち中心周波数の違いに対応しており，各フィルタからの出力波形が表示される。蝸牛フィルタの定 Q 的な特性（中心周波数に比例してバンド幅が広がる特性）から，低周波数域では各高調

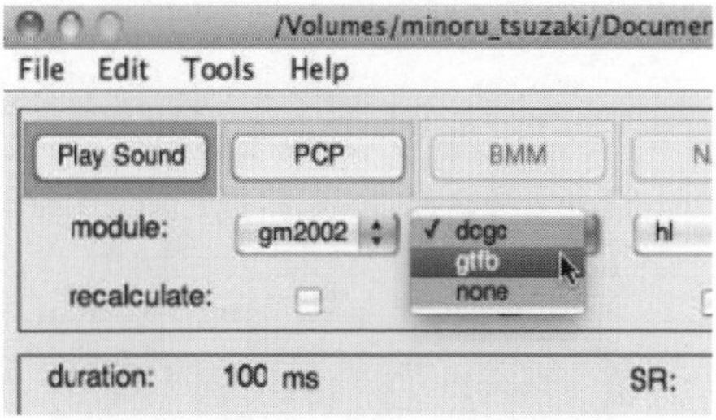

図7.12　aim 2006のGUIにおける処理モジュール変更のためのポップアップメニュー

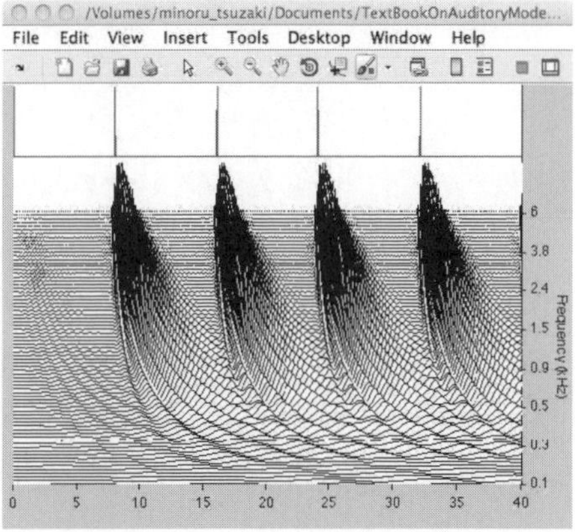

図7.13　パルス列に対するガンマトーンフィルタバンクによる基底膜振動（BMM）の出力例

波が分解され，正弦波的な発振が続くのに対して，高周波数域では一つのフィルタに複数の高調波が通ることで，もともとのパルス周期を反映した周期性で振幅包絡の山が訪れることがわかる。

gtfbモジュールは線形フィルタであり，実際の基底膜において外有毛細胞の能動性によって生じている動的な特性（本書第2章，第3章を参照）については模擬していない。これについて模擬をしているのがdcgcのモジュールである。**図7.14**は純音の振幅が上昇した場合に対する両モジュールの応答である。gtfbでは各フィルタの出力レベルが上昇するだけであるのに対して，dcgcで

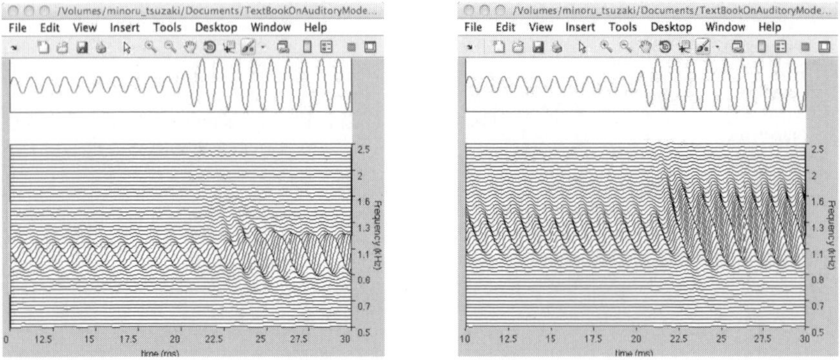

図 7.14　正弦信号（1 kHz）が振幅を増大した場合のガンマトーンフィルタバンクの出力（上パネル）と動的圧縮型ガンマチャープフィルタバンクの出力（下パネル）

は入力音圧の上昇に応じてフィルタの特性が変化し，高域側のフィルタの出力レベルの上昇が顕著にみられる。この出力図ではフィルタの中心周波数を 0.5〜2.5 kHz の範囲のみにクローズアップしているが，そのようなデフォルトの設定からの変更は GUI の Edit メニューから “Edit parameters …” を選択することによって可能である（このメニュー項目を選択することによってパラメータを格納したファイルが MATLAB のエディタで開かれる。変更を反映させるためには，編集終了後，保存し，さらに再度波形ファイルをファイルメニューからロードし直す必要がある）。

7.6.4　神経活動パターン

つぎの段階は，神経活動パターン（NAP）のシミュレーションである。**図 7.15** に示す例では，twodat 2003 のモジュールを使用している。このモジュールでは，半波整流，対数的な圧縮，時間周波数両次元への順応，3〜4 kHz 付近から消失する位相固定特性が反映されている。出力されているのは個々の聴神経の発火そのものではなく，その発火確率に対応する。

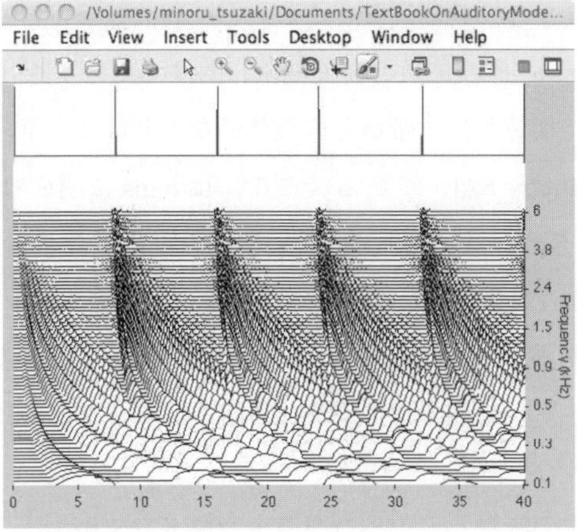

図 7.15　パルス列に対する神経活動パターン（NAP）

7.6.5　ストロービングと安定化聴覚像

つぎの段階はストローブ点の検出である。この結果を**図 7.16** に示す。ただし，全周波数チャネルについて出力すると図が煩雑になってわかりにくいので，0.1〜6 kHz の間の 5 チャネルについてのみ出力してある。図中の黒丸で示した点でストローブが行われる。このストローブ点を原点として同期加算したものが**安定化聴覚像**（**SAI**）であり，**図 7.17** に示す。この図では横軸は

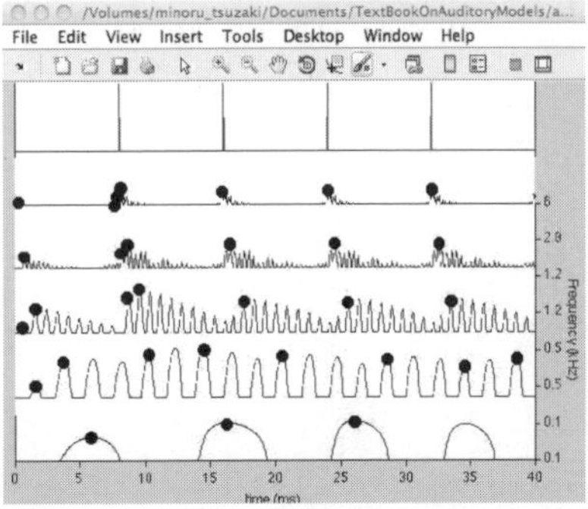

図 7.16　図 7.15 の NAP 上に検出されるストローブ点（図中●印）。煩雑さを避けるために 5 チャネル分のみ表示している

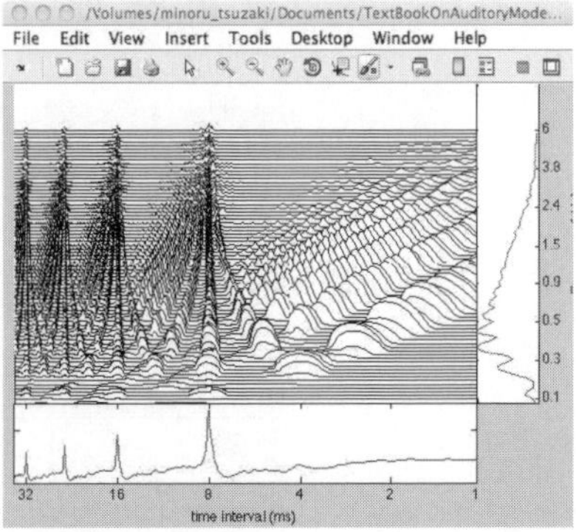

図 7.17　パルス列に対する安定化聴覚像（SAI）

BMM や NAP と異なり，時間間隔である。どの周波数チャネルにも共通して入力刺激である 8 ms とその倍数の時間間隔に対するピークが出現している。周波数チャネル間で加算した全帯域分の全体的な周期性は，下段に表示されている総括 SAI（summary SAI）である。ここには 8 ms に明確なピークが存在することが確認できる。また，時間間隔方向へ加算したものは**興奮パターン**（excitation pattern）に相当し，右端のパネルに表示されている。これをみると，低域では高調波が分解されて 125，250，375，500 に対応するピークが観察できるのに対して，高域では高調波に対応するピークが観察されない。

〔1〕 フィルタの影響とミッシングファンダメンタル　この例のパルス列をハイパスフィルタに通すと，いわゆる**ミッシングファンダメンタル**の状態になる。このときに基本周波数が欠落しているにもかかわらず，それに対応したピッチを感じる知覚過程の背景も SAI をみることによってよく理解できる。**図 7.18** はハイパスフィルタを通したパルス列に対する SAI である。低周波数域の成分がなくなっていることが明瞭に現れているのに対して，高周波数域に存在する時間間隔として 8 ms 周期が強固に残っており，総括 SAI にも 8 ms に対応する明瞭なピークが存在している。

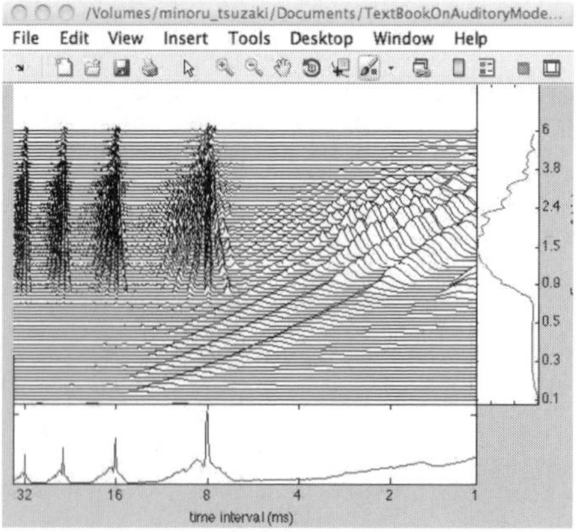

図 7.18　パルス列をハイパスフィルタに通して低域を遮断した場合の SAI

〔2〕 AM 音（変調周波数による違い）　純音信号を振幅変調すると，その変調周波数が十分に高い場合は変調周波数に対応したピッチを聞くことができる。この変調周波数に応じた違いをSAIの上でみてみよう。入力刺激は搬送波が1kHzの正弦波で，それに正弦的な変調をかけたものである。一方は4Hzの変調周波数，もう一方は100Hzの変調周波数で変調する。それぞれに対するSAIを**図7.19**に示す。

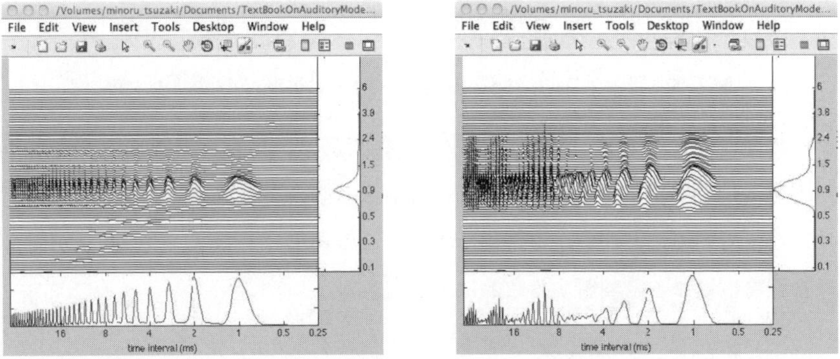

図7.19　AM音に対するSAI。搬送波は1kHzの正弦波で，上パネルは変調周波数が4Hzの場合，下パネルは変調周波数が100Hzの場合

上段が変調周波数4Hzの場合で，ここでは搬送波である1kHzの純音に対する像とほとんど変わらないものが得られる（SAIはスナップショットなので音に備わる変動は観察できず，例えば振幅変調による時間的な変動を観察するためには，それらをつなげた動画をつくる必要がある。GUI上には動画を作成するボタンも用意されている）。これに対して変調周波数が100Hzの場合は，SAIの上にも10msに対応する場所にピークが出現することがわかり，変調周波数に応じたピッチの知覚の背景にこの周期性を知覚系がとらえていることが推測される。

〔3〕 音声に対する声道長の影響　音声刺激は，例えば非常に単純な母音「ア」の音を一つをとっても，実際の音響信号にはさまざまな変動がある。同じ母音を男女がそれぞれ発話した場合，喉頭の大きさ，声道の寸法に伴って基本周波数も絶対的なフォルマントの位置も異なってくる。**図7.20**は男女に

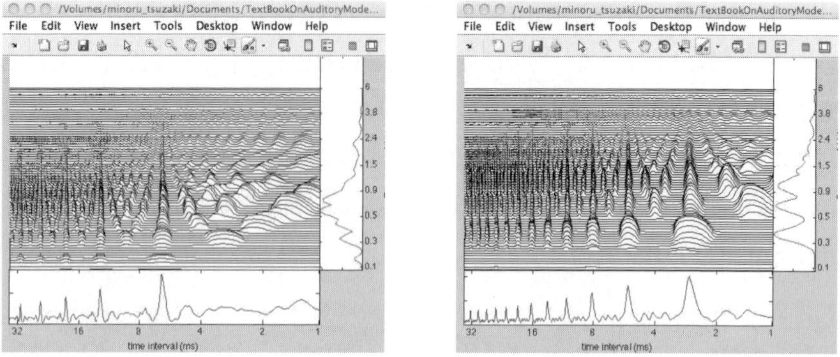

図 7.20　母音「ア」に対する SAI。上パネルは男声。下パネルは女声

よって発話された母音「ア」に対する SAI である。男声（上図）のほうが基本周期は長く，フォルマントの低さに対応して低い周波数チャネルへの活性が多くなっていることがわかる。すなわち，この表現の上では二つの刺激が同じ母音範疇に属すると判断することは困難である。

7.6.6 メリンイメージ

図 7.21 はこの二つの音それぞれについてメリンイメージ（MI）を求めたものである。両者で非常に似通ったものとなっていることがわかる。つまり，この表現の上には，駆動音源の周期，共鳴体の寸法の影響が分離されていること

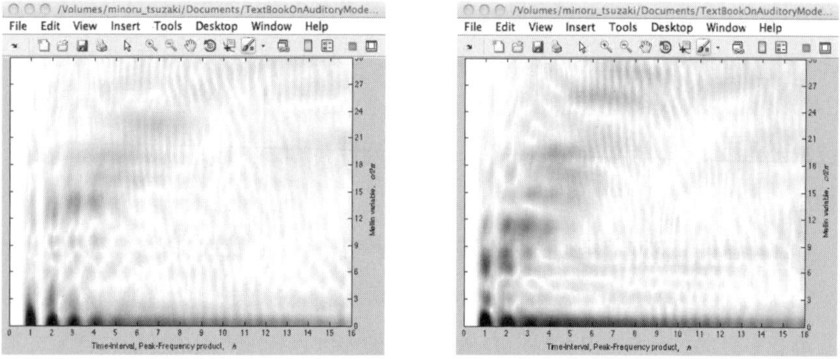

図 7.21　図 7.20 と同様の刺激に対するメリンイメージ（MI）

になる。

7.7 ま と め

以上，それぞれの段階で行われる処理の具体的な内容や，その背景にある計算論的な議論にはほとんど立ち入らずにモデルが入力刺激に対してどのような表現を与えるかを紹介した。モデルである以上，何らかの意味で近似している部分はあり，その近似がどのような範囲であるかを知らずにモデルを使うのは時として危険である。フーリエ変換がどのような性質をもつかを知らずにスペクトログラムをながめて，知覚現象との対応を考察するレベルと，ある意味では変わらない。その一方で，理論的理解が不十分な段階でも実際に動作するモデルを使ってみることは，理解を進めるうえで非常に助けになる。文献を読んだだけでは養われなかった直感力がつく場合もある。また，論文上に掲載されている図表などがそのモデルにとってのチャンピオンデータで，それ以外の場合にはモデルに則った説明がそれほどきれいにつかないこともあることを発見できることもある。

ここで紹介した聴覚モデルはまだ発展途上であり，騒音計のように規格化されたものではない。この点に関して利用することに不安を感じられる方もいるであろう。たしかに，騒音計には Zwicker らの研究成果に基づく音の大きさのモデルが内包され，それは規格化されたものとしての信頼性をもっている。しかし，騒音計は音圧を計る役目は果たすが，ピッチなどのほかの知覚研究のためのモデルとしては使えない。

このような知覚現象を研究するうえでは，知覚現象の背景となりうる表現を得るためにどのような処理をするのが妥当かを調べ，モデル構築をすることが必要である。そのためには過去に提案されてきたモデルの長所短所を理解し，自分の対象としている問題に適用することが肝要である。それとともに，自分が着目している知覚的な質の差がモデルで得られた表現のどこに現れているかを探索し，特徴の定量化をするための新たな演算処理を提案していくことがそれぞれの研究者の責務である。今日では，最安値のパソコンでもモデルを十分速く動かす高速演算が可能となっている。また，モデル側での GUI などの環境も整備されているので，たとえソフトウェアが苦手であっても，これらの聴覚モデルに触れずにいるのはもったいないことであろう。

引用・参考文献

1) J. C. R. Licklider：A duplex theory of pitch perception, Experientia, **7**, pp. 128–133 (1951)
2) G. Langner：Topographic representation of periodicity information：The 2nd neural axis of the auditory system, in Plasiticity and Signal Representation in the Auditory System, J. Syka and M. M. Merzenich Eds., NewYork：Springer (2005)
3) K. Voutsas, G. Langner, J. Adamy and M. Ochse：A brain-like neural network for periodicity analysis, IEEE Transaction on Sytem, Man, Cybernetics, Part B：Cybernetics, **35**, pp. 12–22 (2005)
4) G. Langner, H. R. Dinse and B. Godde：A map of periodicity orthogonal to frequency representation in the cat auditory cortex, Frontiers in Integrative Neuroscience, **3**, pp. 1–11 (2009)
5) A. Bahmer and G. Langner：Oscillating neurons in the cochlear nucleus：II. Simulation results, Biological Cybernetics, **95**, pp. 381–392 (2006)
6) A. Bahmer and G. Langner：A simulation of chopper neurons in the cochlear nucleus with wideband input from onset neurons, Biological Cybernetics, **100**, pp. 21–33 (2009)
7) A. Bahmer and G. Langner：Parameters for a model of an oscillating neuronal network in the cochlear nucleus defined by genetic algorithms, Biological Cybernetics, **102**, pp. 89–93 (2010)
8) R. J. MacGregor：Neural and Brain Modeling, San Diego：Academic Press (1987)
9) G. Langner：Evidence for neuronal periodicity detection in the auditory system of the guinea fowl：Implications for pitch analysis in the time domain, Experimental Brain Research., **52**, pp. 333–335 (1983)
10) G. Langner：Neuronal mechanisms for pitch analysis in the time domain, Experimental Brain Research., **44**, pp. 450–454 (1981)
11) A. Bhamer and G. Langner：Oscillating neurons in the cochlear nucleus：I. Experimental basis of a simulation paradigm, Biological Cybernetics, **95**, pp. 371–379 (2006)

12) T. Dau, D. Püschel, A. Kohlrausch：A quantitative model of the effective signal processing in the auditory system. I. Model structure, J. Acoust. Soc. Am., **102**, pp. 2892-2905 (1997)

13) J. B. Nielsen and T. Dau：Revisiting perceptual compensation for effects of reverberation on speech identification, J. Acoust. Soc. Am., pp. 3088-3094 (2010)

14) R. Meddis：Simulation of mechanical to neural transduction in the auditory receptor, J. Acoust. Soc. Am., **79**, pp. 702-711 (1986)

15) R. Meddis：Simulation of auditory-neural transduction：Further studies, J. Acoust. Soc. Am., **83**, pp. 1056-1063 (1988)

16) R. Meddis and M. J. Hewitt：Virtual pitch and phase sensitivity of computer model of the auditory periphery. I：Pitch identification, J. Acoust. Soc. Am., **89**, pp. 2866-2882 (1991)

17) R. Meddis and M. J. Hewitt：Virtual pitch and phase sensitivity of a computer model of the auditory periphery. II：Phase sensitivity, J. Acoust. Soc. Am., **89**, pp. 2883-2894 (1991)

18) D. Pressnitzer, R. D. Patterson and K. Krumbholz：The lower limit of melodic pitch, J. Acoust. Soc. Am., **109**, pp. 2074-2084 (2001)

19) L. Wiegrebe and R. Meddis：The representation of periodic sounds in simulated sustained chopper units of the ventral cochlear nucleus, J. Acoust. Soc. Am., **115**, pp. 1207-1218 (2004)

20) R. Meddis and L. P. O'Mard：Virtual pitch in a computational physiological model, J. Acoust. Soc. Am., **120**, pp. 3861-3869 (2006)

21) R. Meddis and L. P. O'Mard：Virtual pitch in a computational physiological model, in Hearing-From Sensory Processing to Perception, B. Kollmeier, G. Klump, U. Langemann, M. Mauermann, S. Uppenkamp, and J. VerheyEds., Berlin：Springer (2007)

22) M. J. Hewitt and R. Meddis：A computer model of a cochlear-nucleus stellate cell：Responses to amplitude-modulated and pure-tone stimuli, J. Acoust. Soc. Am., **91**, pp. 2096-2109 (1992)

23) M. J. Hewitt and R. Meddis：A computer model of amplitude-modulation sensitivity of single units in the inferior colliculus, J. Acoust. Soc. Am., **95**, pp. 2145-2159 (1994)

24) R. D. Patterson：The sound of a sinusoid：Spectral models, J. Acoust. Soc. Am., **96**, pp. 1409-1418 (1994)

25) R. D. Patterson：The sound of a sinusoid：Time-interval models, J. Acoust. Soc. Am., **96**, pp. 1419-1428 (1994)

26) R. D. Patterson, M. H. Allerhand and C. Giguère：Time-domain modeling of peripheral auditory processing：A modular architecture and a software platform,

J. Acoust. Soc. Am., **98**, pp. 1890–1894（1995）

27）H. Helmholtz：On the Sensations of Tone：As a Physiological Basis for the Theory of Music, NewYork：Dover（1954）

28）M. Tsuzaki and R. Patterson：Jitter detection：A brief review and some new experiments, in Psychophysical and Physiological Advances in Hearing, A. R. Palmer, A. Rees, A. Q. Summerfield and R. Meddis Eds., London, U. K.：Whurr Publishers Ltd., pp. 546–553（1998）

29）T. Irino and R. D. Patterson：Temporal asymmetry in the auditory system, J. Acoust. Soc. Am., **99**, pp. 2316–2331（1996）

30）R. D. Patterson and T. Irino：Modeling temporal asymmetry in the auditory system, J. Acoust. Soc. Am., **104**, pp. 2967–2979（1998）

31）T. Irino and R. Patterson：Segregating information about the size and shape of the vocal tract using a time-domain auditory model：The stabilised wavelet-Mellin transform, Speech Communication, **36**, pp. 181–203（2002）

32）D. R. R. Smith, R. D. Patterson, R. Turner, H. Kawahara and T. Irino：The processing and perception of size information in speech sounds, J. Acoust. Soc. Am., **117**, pp. 305–318（2005）

33）M. Tsuzaki, C. Takeshima and T. Irino：Perception of size modulated vowel sequence：Can we normalize the size of continuously changing vocal tract?, Acoust. Sci. & Tech., **30**, pp. 83–88（2009）

34）D. T. Ives, D. R. R. Smith and R. D. Patterson：Discrimination of speaker size from syllable phrases, J. Acoust. Soc. Am., **118**, pp. 3816–3822（2005）

35）M. Tsuzaki, C. Takeshima, T. Irino and R. D. Patterson：Auditory stream segregation based on speaker size, and identification of size-modulated vowel sequences, in Hearing-from Basic Research to Applications, B. Kollmeier, G. Klump, V. Hohmann, U. Langemann, M. Mauermann, S. Uppenkamp and J. Verhey Eds. Heidelberg：Springer Verlag, pp. 285–294（2007）

36）C. Takeshima, M. Tsuzaki and T. Irino：Temporal characteristics of extraction of size information in speech sounds, J. Acoust. Soc. Am., **120**, p. 3129（2006）

37）K. von Kriegstein, D. R. R. Smith, R. D. Patterson, D. T. Ives　and T. D. Griffiths：Neural Representation of Auditory Size in the Human Voice and in Sounds from Other Resonant Sources, Current Biology, **17**, pp. 1123–1128（2007）

38）S. Shamma：Speech processing in the auditory system I：The representation of speech sounds in the responses of the auditory nerve, J. Acoust. Soc. Am., **78**, pp. 1612–1621（1985）

39）S. Shamma：Speech processing in the auditory system II：Lateral inhibition and the central processing of speech evoked activity in the auditory nerve, J. Acoust. Soc. Am., **78**, pp. 1622–1632（1985）

40) S. Shamma, J. W. Fleshman, P. R. Wiser and H. Versnel：Organization of response areas in ferret primary auditory cortex, Journal of Neurophysiology, **69**, pp. 367–383 (1993)

41) K. Wang and S. Shamma：Spectral shape analysis in the central auditory system, IEEE Transaction on Speech and Audio Processing, **3**, pp. 382–395 (1995)

42) D. J. Klein, D. A. Depireux, J. Z. Simon and S. Shamma：Robust spectrotemporal reverse correlation for the auditory system：Optimizing stimulus desing：Journal of Computational Neuroscience, **9**, pp. 85–111 (2000)

43) S. Shamma：On the role of space and time in auditory processing, Trends in Cognitive Sciences, **5**, pp. 340–348 (2001)

44) S. Shamma：Encoding sound timbre in the auditory system, IETE Journal of Research, **49**, pp. 193–205 (2003)

45) M. Elhlali, T. Chi and S. Shamma：A spectro-temporal modulation index (STMI) for assessment of speech intelligibility, Speech Communication, **41**, pp. 331–348 (2002)

46) M. Elhilali, T. Chi, D. Pressnitizer and S. Shamma：Neural Basis of Timbre of Musical Instruments, In "Mathematical and Computational Musicology", Ed. by Timour Klouche and Hans-Reinhard Wirth. Berlin：Veröffentlichungen des Staatlichen Instituts für Musikforschung, Preussischer Kulturbesitz

索　　　引

—— 編者・著者略歴 ——

森　周司（もり　しゅうじ）
1983年　京都大学文学部哲学科卒業
1986年　京都大学大学院博士課程前期修了（心理学専攻）
1991年　ブリティッシュコロンビア大学（カナダ）心理学部
　　　　Ph.D. 課程修了
　　　　Ph.D. in Psychology（ブリティッシュコロンビア大学）
1991年　長崎大学講師
1993年　長崎大学助教授
1995年　富山県立大学助教授
2001年　東京都立大学助教授
2006年　九州大学教授
　　　　現在に至る

香田　徹（こうだ　とおる）
1969年　九州大学工学部通信工学科卒業
1971年　九州大学大学院工学研究科修士課程修了
　　　　（通信工学専攻）
1974年　九州大学大学院工学研究科博士課程修了
　　　　（通信工学専攻）
　　　　工学博士
1974年　九州大学助手
1981年　九州大学助教授
1991年　九州大学教授
2010年　九州大学名誉教授
　　　　九州大学特任教授
　　　　最先端数理モデル連携研究センター
　　　　（合原プロジェクト）特任教授
　　　　現在に至る
2014年　九州大学退職

日比野　浩（ひびの　ひろし）
1994年　大阪大学医学部医学科卒業
1994年　大阪大学医学部耳鼻咽喉科医員
1999年　大阪大学大学院医学系研究科博士課程修了
　　　　（耳鼻咽喉科学専攻）
　　　　博士（医学）
1999年　大阪大学助手
1999年　ロックフェラー大学（米国）研究員
2007年　大阪大学准教授
2010年　新潟大学教授
　　　　現在に至る

任　書晃（にん　ふみあき）
2000年　京都府立医科大学医学科卒業
　　　　京都府立医科大学付属病院耳鼻咽喉科研修医
2002年　松下記念病院耳鼻咽喉科医員
2005年　京都府立医科大学耳鼻咽喉科・頭頸部外科
　　　　専攻医
2009年　京都府立医科大学大学院医学研究科博士課程
　　　　修了（統合医科学専攻）
　　　　博士（医学）
2010年　ロックフェラー大学（米国）研究員
2012年　新潟大学助教
　　　　現在に至る

倉智　嘉久（くらち　よしひさ）
1978年　東京大学医学部卒業
1978年　東京大学医学部附属病院研修医
1980年　生物科学総合研究機構助手
1981年　岡崎国立共同研究機構助手
1982年　マックスプランク生物物理化学研究所（西ドイツ）
　　　　研究員
1985年　東京大学医学部第二内科医員
1985年　東京大学医学部附属病院助手
1985年　医学博士（東京大学）
1990年　メイヨークリニック（米国）コンサルタントおよび
　　　　助教授
1992年　メイヨークリニック（米国）准教授
1993年　大阪大学教授
　　　　現在に至る

入野　俊夫（いりの　としお）
1982年　東京工業大学電気電子工学科卒業
1984年　東京工業大学大学院理工学研究科
　　　　博士前期課程修了（電気電子工学専攻）
1987年　東京工業大学大学院理工学研究科
　　　　博士後期課程修了（電気電子工学専攻）
　　　　工学博士
1987年　日本電信電話株式会社研究員
1993年　英国ケンブリッジ MRC-APU 客員研究員
1997年　ATR 人間情報通信研究所主任研究員
2002年　和歌山大学教授
　　　　現在に至る
2005
～08年　統計数理研究所客員教授（兼務）

鵜木　祐史（うのき　まさし）
1994年　職業能力開発大学校情報工学科卒業
1996年　北陸先端科学技術大学院大学情報科学研究科
　　　　博士前期課程修了（情報処理学専攻）
1998年　日本学術振興会特別研究員
1999年　北陸先端科学技術大学院大学情報科学研究科
　　　　博士後期課程修了（情報処理学専攻）
　　　　博士（情報科学）
1999年　ATR 人間情報通信研究所客員研究員
2000年　ケンブリッジ大学（英国）客員研究員
2001年　北陸先端科学技術大学院大学助手
2005年　北陸先端科学技術大学院大学助教授
2007年　北陸先端科学技術大学院大学准教授
　　　　現在に至る

鈴木　陽一（すずき　よういち）
1976年　東北大学工学部電気工学科卒業
1978年　東北大学大学院工学研究科博士課程前期修了
　　　　（電気及通信工学専攻）
1981年　東北大学大学院工学研究科博士課程後期修了
　　　　（電気及通信工学専攻）
　　　　工学博士
1981年　東北大学助手
1987年　東北大学助教授
1991年　ミュンヘン工科大学（ドイツ）客員研究員
1999年　東北大学教授
　　　　現在に至る

牧　勝弘（まき　かつひろ）
1995年　法政大学工学部電気工学科卒業
1997年　北陸先端科学技術大学院大学情報科学研究科博士前期課程修了（情報処理学専攻）
2000年　東京工業大学大学院総合理工学研究科博士後期課程修了（知能システム科学専攻）
　　　　博士（理学）
2000年　同志社大学博士研究員
2002年　日本電信電話株式会社勤務
2010年　情報通信研究機構勤務
2011年　愛知淑徳大学准教授
　　　　現在に至る

津崎　実（つざき　みのる）
1980年　東京大学文学部第Ⅳ類（行動学）卒業
1982年　東京大学大学院人文科学研究科修士課程修了（心理学専攻）
1982年　新潟大学助手
1985年　東京大学助手
1988年　株式会社国際電気通信基礎技術研究所研究員
2004年　京都市立芸術大学助教授
2007年　京都市立芸術大学准教授
2011年　京都市立芸術大学教授
　　　　現在に至る

聴覚モデル
Models in Hearing

2011年8月30日　初版第1刷発行
2014年6月15日　初版第2刷発行

検印省略

編　　者　一般社団法人
　　　　　日本音響学会
　　　　　東京都千代田区外神田2-18-20
　　　　　ナカウラ第5ビル2階
発 行 者　株式会社　コロナ社
　　　　　代 表 者　牛来真也
印 刷 所　萩原印刷株式会社

112-0011　東京都文京区千石4-46-10
発行所　株式会社　**コロナ社**
CORONA PUBLISHING CO., LTD.
Tokyo Japan
振替 00140-8-14844・電話(03)3941-3131(代)
ホームページ　http://www.coronasha.co.jp

ISBN 978-4-339-01323-8　（安達）　（製本：愛千製本所）
Printed in Japan